Reconstructing the Past
Parsimony, Evolution, and Inference

過去を復元する
最節約原理, 進化論, 推論

エリオット・ソーバー
Elliott Sober

三中信宏 [訳]
Nobuhiro Minaka

勁草書房

Copyright@1988 Massachusetts Institute of Technology
Japanese translation rights arranged with The MIT Press
through Japan UNI Agency, Inc., Tokyo.

復刊によせて

　系統推定における最節約法は，観察された生物の形質データにもとづいて，その形質状態の変化総数を最小化する系統樹がベストであるとみなします．旧版の「日本語版への序文」でも言及したように，最節約原理についてはこれまでグローバルな哲学の観点から論じられてきました．しかし，ローカルな個別科学である現代の系統推定論において，最節約原理をすぐれた方法とみなす立場の歴史をさかのぼると次の2つのルーツにたどりつきます．

　その1つは，1966年に出版されたWilli Hennigの著書『系統体系学（*Phylogenetic Systematics*）』です．彼のこの本は，のちに分岐学（cladistics）と呼ばれる体系学の一学派を築きました．もう1つは，Anthony W. F. EdwardsとLuigi L. Cavalli-Sforzaの論文「進化樹の復元（Reconstruction of evolutionary trees）」[1964]です．ともに集団遺伝学者Ronald A. Fisherの薫陶を受けた彼らは，尤度基準にもとづく系統樹と近似的に一致する結論を導く方法として最節約法を導入しました．

　この2つのルーツに連なる最節約法に対立する方法として，のちに2つの系統推定法が提唱されました．第一の方法は，1970年代に発展した最尤法です．この新しい最尤法は，最節約基準とはまったく関係なく，自立して正当化できると支持者の多くはみなしています．第二の方法は，1990年代に入って登場したベイズ法です．このベイズ法は，系統樹に関して事前確率の仮定とデータにもとづく尤度から計算される事後確率を基準として系統推定を行ないます．

　『過去を復元する』を出した1988年の時点では，私の主たる関心は最節約法と最尤法の関係にありました．ベイズ的アプローチの妥当性を議論しなかったのは，その手法が当時はまだ系統学の世界に出現していなかったからです．しかし，統計学における頻度主義（frequentism）が攪乱母数（nuisance parameters）をどのように処理してきたか，そしてベイズ主義

(Bayesianism) や尤度主義 (likelihoodism) がしたがう方法論とのちがいがどこにあるかに関しては，その後，考察を進めてきました．

系統推定論を含む一般的な観点からの頻度主義・尤度主義・ベイズ主義の詳細な比較検討については，私の最新刊『証拠と進化：科学の背後にある論理』(*Evidence and Evolution: The Logic Behind the Science*, 2008) を参照していただければ幸いです．

2009年12月

Elliott Sober

＜引用文献＞

Edwards, A. W. F. and Cavalli-Sforza, L. L. [1964]: Reconstruction of evolutionary trees. pp. 67-76 in: V. H. Heywood and J. McNeill (eds.), *Phenetic and Phylogenetic Classification*. The Systematics Association Publication No. 6, London.

Hennig, W. [1966]: *Phylogenetic Systematics*. Translated by D. D. Davis and R. Zangerl. University of Illinois Press, Urbana.

Sober, E. [2008]: *Evidence and Evolution: The Logic Behind the Science*. Cambridge University Press, Cambridge.

日本語版への序文

　科学理論は観察データが支持するときにのみ受け入れるべきであると一般には考えられています。けれども，観察された現象に矛盾しない科学理論がただ1つではなかったとしたら，どうすればいいのでしょうか。科学者はどのような基準で，それらのなかからもっとも妥当な理論を選んでいるのでしょうか。単純性（simplicity）や最節約性（parsimony）が基準として求められるのは，まさにこのときです。単純なすなわち最節約的な理論ほど，より美しくそしてより真実らしくみえるという意味で，他の対立理論よりもすぐれていると考えられています。

　単純性や最節約性が科学的推論のなかで果たしてきた役割はいったい何でしょうか。これは哲学者にとってきわめておもしろい問題を提起します。哲学からの問いかけは，なぜ単純性と真実がむすびつくのかという疑問です。いうまでもなく，単純な理論はしばしばまちがっています。あたりまえのことですが，自然現象は時に複雑で，観察データをうまく解釈できるのはかなり複雑な理論だけであるということも稀ではないでしょう。けれども，それを指摘したところで，科学的推論のなかでの単純性基準の権威は揺らぎません。単純性を判定基準として用いることは，自然が単純であることを要求してはいません。単純性が主張するのは，観察データと矛盾しない理論がいくつかあるとき，もっとも単純な理論を選択すべきであるという点です。選ばれたもっとも単純な理論が，観察されたデータを説明しようとして複雑な理論になってしまうこともあり得るでしょう。要は，データによって等しく支持されているかぎり，さらに複雑な他の対立理論ではなく，もっとも単純な理論を，たとえそれが実際には複雑だったとしても，選ぶべきであるという点です。

　哲学者は，科学的推論に関わるこの問題をめぐって，2つの設問を立ててきました。それは，理論の単純性すなわち最節約性を何によって評価するの

か，そして，自然現象についての私たちの信念を導く指針としての単純性や最節約性は，いかなる根拠によって正当化できるのか，という２つの疑問です．これらの問題はどちらも容易ではありません．実際，哲学側からの満足できる回答には今日もなお到達してはいないのです．

この最節約性の問題に対する哲学からのアプローチの大半は，上の２つの疑問について「一般科学的」(global) な回答を与えようとしてきました．その背景には，単純性や最節約性の果たす役割はすべての科学において同一であるという仮定がありました．生物学での理論の単純性は，物理学での単純性と同じであり，それらは社会学での単純性とも等しいという仮定です．さらに，ある科学分野で単純性が理論評価基準として正しいならば，他の科学分野でも同様に正しいという仮定も置かれていました．これらの仮定の正しさが明確に示されることはまずありません．それらは，暗黙のうちに，多くの哲学者のこの問題へのアプローチのしかたに制約を与えてきました．

本書は，このような一般科学的な仮定が成立しないかもしれない，ある科学問題を論じた本です．進化生物学者は，種間の系統関係の仮説を評価する基準として，仮説の最節約性を比較してきました．系統仮説の最節約性は，生物の観察された属性を系統仮説が説明するときに仮定しなければならない独立な進化起源の回数によって評価されます．ここでの最節約性が物理学や社会学での最節約性と同一であるかどうかは，けっして自明ではありません．また，進化生物学の理論において最節約基準を用いることの正しさが立証されたとしても，その立証が他の科学に通用するか否かも自明ではありません．おそらく，いま必要なのは，「一般科学的」(global) ではなく，「個別科学的」(local) な最節約性の説明だといえるでしょう．

これは，哲学者だけが相手にしていればすむ問題ではありません．実際，進化生物学のなかでは，1960年代以降，いかなる方法で系統推定を行なうべきかをめぐり論議が絶えませんでした．本書では，この問題についての生物学者の議論の輪に入っていきます．その議論に関わってきた生物学者は，科学と科学哲学をまたにかけてきました．そこでは，科学と哲学の境界線はすでになくなりつつあります．

この問題は進化生物学の研究にとって重要ですが，人間の知識に関わるもっと広範な哲学的考察にとっても同じくらい重要です．科学的論証は「客観的」であるとみなされてきました．ある理論が他の理論よりもすぐれているというためには，個人の主観的な好みなどではだめで，自然界の真実を求めるすべての人間が満場一致でそれに同意できなければならないと考えられて

きました。しかし，科学者が単純性基準にしたがって信じるべきものを決めているとしたら，自然現象に関する彼らの主張ははたして客観的であるといえるのでしょうか。科学において単純性のはたす役割がいまだ未解決の謎である以上，科学者が主張する客観性なるものにも疑いの目を向けるべきでしょう。

本書が日本語に訳されたことは，私にとって大きな喜びです。著者ならだれしも思うでしょうが，自分の本が新たな読者の手に取ってもらえるのは，それだけでも光栄なことです。しかし，この日本語訳を私がとりわけうれしく思うもう1つの理由があります。それは，本書の出版後に私が知ることになったある日本人科学者の研究に関わっています。その日本人科学者とは，赤池弘次名誉教授（文部省統計数理研究所）です。赤池学派が行なってきた研究内容は，科学的推論において単純性と最節約性が果たす役割をさらに追究するための深い洞察を与えると私は信じています。この「日本語版への序文」の終わりに，関連する文献をいくつか挙げておきました。このように日本人研究者の数かずの研究は，最節約性の問題の解決に大きく貢献してきました。最節約性を論じた私の本が，哲学と科学に関心をもつ日本の多くの読者のみなさんに読んでいただけることを心から願っています。

1996年2月

Elliott Sober

参考文献

Akaike, H. [1973]: Information theory and an extension of the maximum likelihood principle. *Second International Symposium on Information Theory,* Ed. B. Petrov and F. Csaki (Budapest: Akademiai Kiado), pp. 267-281.

Forster, M. and E. Sober [1994]: How to tell when simpler, more unified, or less *ad hoc* theories will provide more accurate predictions. *The British Journal for the Philosophy of Science,* 45: 1-36.

Sakamoto, Y., M. Ishiguro and G. Kitagawa [1986]: *Akaike information criterion statistics.* Dordrecht: Kluwer Academic Publishers. [日本語原

書：坂元慶行・石黒真木夫・北川源四郎 [1983]：『情報量統計学』. 情報科学講座 A・5・4. 共立出版, 東京.]

   Sober, E. [1996]：Parsimony and predictive equivalence. *Erkenntnis,* **44**：167–197

目　次

復刊によせて　1
日本語版への序文　3
序　　言　9
謝　　辞　15

第1章　生物学からみた系統推定問題　17
1.1　過去について知るためには　17
1.2　パターンとプロセス　23
1.3　対象と属性　31
1.4　形質不整合とホモプラシーの問題　48

第2章　哲学からみた単純性問題　59
2.1　局所的最節約性と大域的最節約性　59
2.2　2種類の非演繹的推論　63
2.3　存在論としての凋落　74
2.4　方法論としての批判　78
2.5　ワタリガラスのパラドックス　82
2.6　Humeは半分だけ正しかった　92

第3章　共通原因の原理　97
3.1　表形学の2つの陥穽　98
3.2　相関・共通原因・濾過　104
3.3　存在論からの1問題　111
3.4　認識論からの諸問題　117
3.5　尤度と攪乱変数の問題　131
3.6　結　論　140

第4章 分岐学：仮説演繹主義の限界　143
4.1 生まれ出る問題　144
4.2 反証可能性　151
4.3 説明能力　162
4.4 仮定最小化と最小性仮定　167
4.5 安定性　174
4.6 観察と仮説の区別　176

第5章 最節約性・尤度・一致性　181
5.1 攪乱変数による攪乱　182
5.2 最良事例にもとづく2つの便法　190
5.3 統計学的一致性　200
5.4 なぜ一致性なのか？　207
5.5 悪魔と信頼性　220
5.6 必要性と十分性　225
5.7 終わりに　236

第6章 系統分岐プロセスのモデル　239
6.1 進化モデルへの要望　239
6.2 一致は近縁の証拠である　246
6.3 スミス/コックドゥードル問題　254
6.4 歴史への回帰　258
6.5 形質進化の方向性　263
6.6 頑健性　272
6.7 モデルと現実　281
6.8 付録：3分類群に対するスミス/コックドゥードル定理　284

訳者あとがき　298

訳者解説　305

参考文献　319

索　引　327

序　言

　　ある概念は，ひとたびそれが事物の体系化に役立つことが認められると，いとも簡単にわれわれの上に権威として君臨し，その結果，われわれはもともとその概念がどこから由来したかを忘れてしまい，不変不朽の事実として受け入れてしまう．そして，その概念は「概念的必然」とか「先験的状況」などというレッテルを貼られるようになる．科学的進歩の道程は，しばしばこのような誤りによって長期間にわたってさえぎられてきた．したがって，身近な概念を分析する能力を鍛え，それらの概念が正当化され有効であるための条件を示し，経験的データからそれらが次第に確立されてきた過程をたどることは決して無駄なことではない．そうすれば，概念にまとわりつく不要な権威性は剥ぎ取られる．

Albert Einstein

　　生物哲学 (philosophy of biology) は，その名が示すとおり，2つの学問が交わるところに位置する．生物学固有の問題が一般的な科学哲学の問題と接するのは，まさにそこである．生物学の大半は，哲学の大部分がそうであるように，この交わりの外側で活動している．生物学は概念的混乱や方法論的問題に出会わないかぎり，科学史家 Thomas S. Kuhn のいう「通常科学」(normal science)——きれいに定式化された問題を十分に理解されている手法を用いて解こうとする——の姿をしている．一般化された哲学の問題は，個々の科学での理論や問題には言及しない．個別科学は，たとえば説明や確証のための実例を提供するが，それらの実例から導かれるのは個別科学に限定されない一般的な規則性であるとしばしば考えられている．
　　従来，Kuhn 流の通常科学と一般的な哲学研究とは別々のものであるという

見解に立って，科学と科学哲学での研究者の行動が記述されてきた．しかし，こうしたイメージは実態とは大きくかけ離れていることが次第に明らかになってきた．通常科学の延長線上に，境界領域にまたがる科学があり，そこでは，受容されるかどうかとは無関係に絶えず理論が開発され，いくつもの新しい問題が定式化を待っている．また，科学全般に目を向けてきた伝統的な哲学を延長すると，特定の科学理論や個別の科学問題から発展してきた哲学問題と出会う．この種の哲学問題は，物理哲学では古くからあったが，最近になって心理哲学や生物哲学でも認識されるようになってきた．

　本書は，進化論と科学哲学が交わる領域に位置している．この本では，現代進化論のなかで激しい概念的・方法論的論争を巻き起こしてきた系統推定 (phylogeny estimation) の問題について論じる．同時に，本書は理論の確証と評価をめぐる哲学上の諸問題とも絡んでいる．これらの問題は，従来は一般的な哲学の問題として論じられてきたが，特定の科学論争とのつながりができれば得られるものが大きいだろう．この系統推定という問題は，生物学的側面と哲学的側面をあわせもっている．したがって，ある論議がどちらの学問領域に属しているかは区別できないことが多い．

　進化学者は，種間の類縁関係を復元するにはどのような方法を用いるべきかについて白熱した議論を繰り広げてきた．現在みられる生物が変化を伴った由来 (descent with modification) すなわち進化の産物であるとしたら，種間の類縁関係にもとづく系統樹が描けるだろう．われわれはこの分岐プロセスを観察することはできない．ヒトとチンパンジーがヘビと比べれば互いにより近縁であるといえるのは，その分岐を目撃したからではない．その代りに，進化学者は，この分岐プロセスの最終結果を調べることでそのプロセスが生み出した類縁関係を復元しようとする．この目で観察できるのは，種とその特徴だけである．それらの類似と差異を手がかりにすれば，ある類縁関係の仮説を支持し別の仮説を棄却できる．

　過去約20年にわたり，生物学者は類似と差異の事実から類縁関係を推定するためのいくつかの方法を作り上げてきた．これらの方法は，しばしば互いに結果が矛盾する．そのため，系統発生の問題に取り組もうとする生物学者は，その前に否応なく方法論の問題に言及せざるを得なくなった．

　しばしば科学者は方法論の問題に出くわすが，よく考えもせずに不問に付してしまう．しかし，系統推定問題ではそれがあてはまらなかった．約20年にわたる議論にもかかわらず，いまだに同意に達してはいないのである．この方法論的問題に限ってどうしてこんなにもめるのだろうか．その大きな理

由は，それが科学理論の選択に関して哲学界を一時期ゆるがせた難問をよみがえらせたということにある．広く用いられている系統推定の方法として**最節約性**(parsimony)にもとづく推定法がある．第1章で論じるように，この方法は，ある観察データの集合のもとでは，ホモプラシーすなわち非相同的な複数回進化（並行進化や収斂進化）の回数が最も少なくなる系統仮説が最良であると判定する．この方法の使用が進化プロセスに関してどんな仮定を置いているのかという疑問が生じるのはしごく当然のことである．最節約的な仮説を選ぶことは，進化が最節約的に進むことを前提にしているのだろうか．

このようにして，現代生物学の一問題が科学哲学の古くからの問題を再燃させることになった．哲学者は，科学者が対立する説明を評価するときに用いる基準の1つは単純性であるとしばしば主張してきた．しかし，科学が自然は単純であるという同様の仮定を置いていないとしたら，果たしてこの基準は正しいといえるのだろうか．

すでにおわかりのように，本書の中心テーマの1つは最節約法，すなわち系統推定法としての最節約性である．われわれは，最節約性と単純性をめぐる哲学的議論との関連をつねに視野を置きながら，この生物学的問題を詳しく分析しよう．第1章では，生物学の観点からこの問題を述べる．続く第2章では，哲学がこの方法論的問題をどのように一般的に考察してきたかを論じる．

普遍的問題である仮説検証と理論評価を考え合わせなければ最節約性の正しい理解はおぼつかないだろう．最節約性には何か長所があるだろう．しかし，その論拠を理解するには，関連する他の方法論的制約条件を見なければならない．何の根拠もないのに，多いよりは少ないほうがいいのだなどという言い分は，愚にもつかないおまじないと同じで話にならない．必要もなく複数の物事を立ててはならないと述べた14世紀の唯名論者William of Ockhamは正しかったのかもしれない．しかし，われわれとしては，彼がどんな点で正しいのか，そしてその論拠は何かを考える必要がある．

第2章では，現代哲学の観点から単純性という概念の起源をたどる．そのためには，18世紀の哲学者David Humeの帰納論を詳しく分析する必要がある．帰納は自然現象の斉一性を前提とするというHumeの説は，科学的推論が単純性基準に依拠するという現代の学説の祖先型である．帰納に関するHumeの懐疑論のどこが正しくまたどこが間違っていたのかをみれば，方法論的基準としての最節約性と単純性の立場を探る上で役立つだろう．

第3章では，哲学からのアプローチをさらにほり下げる．この章では，帰納的推論から論議の矛先を転じ，結果の観察からその原因を推論するという問題に目を向ける．2つの事象の発生に相関があるとき，その原因はこの2つの事象が同一の共通原因に起因していたためかもしれない．しかし，もしもそれらの事象がまったく別々の原因に由来するものであったとしたら，この相関は単なる偶然によるのかもしれない．Hans Reichenbach はこのような推論問題を統括する原理を擁護し，後に Wesley Salmon はそれを精緻化した．彼らのいう共通原因の原理とはオッカム的理念のあらわれである．この原理は単一の（共通の）原因を想定するほうが2つの（個別の）原因を想定するよりもしばしば妥当であると主張する．第3章では，この原理を支持する2つの論拠を述べる．これらの論拠はその原理が成立する十分条件を提供するが，もっと重要な点は，この原理は普遍的な有効性をもち得ないということだろう．

したがって，第2,3章の結論として，世に広まっている大域的な方法論的規約に向けられた素朴な疑念が引き出される．事物や過程の数が少ない説明は，それらをより多く想定しなければならない説明よりもすぐれているのだろうか．いつもそうとは限らない．共通原因にもとづく説明は個別原因にもとづく説明よりもつねにすぐれているのだろうか．これもまた，いつでもそうとは限らない．この2つの章では，そういう慎重さを求めるとともに，ある推論原理が意味をもつかどうかを判定するための手法をつくり始よう．

第4,5章では，再び生物学での論争を詳細に分析することにしよう．分岐学（cladistics）と現在呼ばれている系統推定論に賛同する生物学者は，最節約性への批判をものともせず，強い根拠をそれに与えることに多大な努力を払っている．第4章では，彼らが提出してきた統計学にもとづかない議論を取り上げ，その長所短所を検討する．第5章では，分岐学的最節約法を支持あるいは否定しようとする統計学的議論を論じる．

これら2つの章の判決は大枠では否定的である．最節約性を正当化しようとする試みはいまだに成功していない．しかし，それが根本的に間違っているということを示そうとする試みもまた成功してはいない．系統推定の方法論的問題は，いくらかの進展はあるものの，今なお未解決の問題なのである．

第4章で主として述べることは，Karl Popper の反証可能性と単純性に関する説を踏まえた分岐学者の論議である．この章での私の論点は，Popper を批判することではない．また，分岐学者が彼を誤解してきたと糾弾することでもない．私のいいたいことは，仮説演繹主義——仮説は観察予測命題を補

助的仮定との連言命題として演繹することにより検証できるという説——は系統推定の問題が採用すべき論理的形式ではないということである．この章では，理論と観察との区別に関して，流行からははずれるがきっと現実には近い結論が導かれる．

　第5章では，すでに述べたとおり，統計学的議論を詳細に検討したい．しかし，ここでもまた一般哲学から見ておもしろい題材がある．たとえば，合理的な推論方法は最終的に真実に収束する必要があるのかという問題を私は取り上げる．この問題は，系統推定問題にとどまらず，正当化の信頼性理論やDescartesの悪魔が投げかけた認識論的問題とも関わってくる．同時に，この章では，尤度(likelihood)を用いた推論における攪乱変数(nuisance parameters)の問題をも議論する．これは，第3章で最初に言及した論点の拡張である．

　以上をまとめると，科学における最節約原理の利用を考えていくための一般的な枠組を提出するとともに生物学研究にみられる最節約性の議論（その擁護と批判）を詳細に検討することである．最終章では，生物学的問題に関するより生産的な議論を展開した．進化的分岐プロセスの単純なモデルを考察することにより，最節約性が系統推定の手法として意味をもち得る状況があることを示そうとした．

　本書の読者が多岐にわたることを私は十分に承知している．本書には，生物学，哲学およびいくつかの統計学的概念がもりこまれている．読者に，それらの学問領域のどれか1つの素養があったとしても，それ以外の2つの領域に由来する概念にはおそらくなじみがないだろう．しかし，私は，ほとんどすべての概念について一から組み立てていくようにした（確率論の初歩は前提にしているが，それは数少ない例外である）．読者諸兄には，すでにご存じの事柄に文中で出会ったときの寛容さとなじみのない事柄に対する粘り強い関心を期待したい．

　学問領域が細分化されるとともに，哲学者が，自分たちだけの特殊な問題であると長らく考えてきた方法論的問題を論じるために，生物学や統計学に足をつっこまねばならないというのは気が滅いる．同様に，生物体系学者はやっかいな方法論的問題に直面しており，その解決のためには哲学や統計学に由来する根本的な概念が必要なことはわかっても，それは楽なことではない．しかし，学問領域の境界の線引きはその大部分が歴史上の偶然によるものである．研究の過程で生じた問題が，ある単一の学問領域に固有の方法によってのみ解決されるという保証がいつもあるわけではない．学問領域の境

界を越えることによってはじめて系統推定の問題について何らかの前進があるのだというのが私の持論である．生物学者ならば，本書を通じて最節約性に関する知識を得るだろうし，哲学者もまたその点については同様であることを私は期待したい．もちろん，生物学者であるか哲学者であるかによって，本書から得られる知識が大きく異なるだろうということはいうまでもない．

　分岐学の創始者である Willi Hennig は，理論と観察とは**相互観照**(reciprocal illumination)の過程を通して互いに関係しあっていると主張した．さまざまな概念を一緒にすると互いに光を当てあい，その結果ある統一的な結論が得られる，というのが本書の提示した作業仮説である．本書のようなもくろみは時として読者につらい要求をすることになるだろう．この問題の論理を突き詰めた結果そうなったのだというのが，私にできる最良の言い訳である．望むらくは，粘り強さと開かれた精神をもった読者が同意してくれることを願っている．

謝　辞

　本書を書く上でお世話になったすべての方々に感謝したい．彼らとは系統推定の問題について哲学的・科学的な議論をしたり，あるいは草稿に対するコメントをいただいたりした．なかでもまず感謝したいのは，本書が完成するまでの間，Ellery Eells ならびに Carter Denniston としばしば詳細にわたる討論ができたことである．長期間にわたる彼らの寛大な援助にはお礼の申し上げようもない．また，本書の内容を改善するにあたり，注意深く有益な助言をいただいた以下の方々に謝意を表したい．Martin Barrett, Nancy Cartwright, Joel Cracraft, A.W.F. Edwards, Berent Enc, Steve Farris, Joe Felsenstein, Malcolm Forster, Ted Garland, Ian Hacking, David Hull, John Kirsch, Philip Kitcher, Arnold Kluge, Carey Krajewski, Ernst Mayr, Alexander Rosenberg, Mark Springer, Dennis Stampe, Ed Wiley の諸氏である．

　Philosophy of Science 誌には "Likelihood and Convergence" (Sober [1988]) からの引用を許可していただいた．深く感謝する．

　最後に，資金的援助を受けた the National Science Foundation, the National Endowment for the Humanities および the Graduate School of the University of Wisconsin, Madison に謝意を表したい．

1988 年 1 月

第1章 生物学からみた系統推定問題

　この章では，系統推定の基本構造を生物学の観点から述べる．1.1節の一般論は序論である．われわれが過去について知ることができるかどうかは，過去と現在を結びつける物理的プロセスが情報保存的なのか，情報破壊的なのかという点にかかっている．そして，この問題は**アプリオリに**（先験的に）解決できることではなく，現実に進行している個々のプロセスの特性と研究者が利用できるデータに依存している．次の1.2節では，生物体系学者がいう系統発生パターンと進化プロセスとの区別について論じる．系統発生パターンの仮説は，種間の血縁関係および類似性・差異に関係する．一方，進化プロセスの仮説は，なぜ新しい系統が出現したのか，なぜ新しい形質が進化したのかを論じることにより，系統発生パターンにおける血縁関係と類似性（または差異）を説明しようとする．続く1.3節では，単系統群・共有派生形質・共有原始形質という専門用語を説明する．また，系統関係の推定手段としての全体的類似度法と分岐学的最節約法の違いについても述べる．最後の1.4節では，ホモプラシーと形質分布不整合がいかに系統推定の研究をむずかしくしているかを示す．

1.1 過去について知るためには

　過去を認識できるかどうかという問題は，哲学では知識の可能性に関する一般的な問題を論じるときの一実例とみなされることが多かった．たとえば，Bertrand Russell [1948] は，この問題を明確にするために，この世界がほんの5分前に創造されたものであって，そのわずかな時間に，さも大昔からこの世界があったかのような錯覚を引き起こさせるおびただしい量の記憶の痕跡と化石が創られたのであるという説を，われわれはどのようにして否定するのかという問題を提出した．彼の設問はうわべは歴史に関係していたが，一般的な経験的知識の問題とみなされてきた．Russellの代わりにDescartesの

抱いた疑問に目を向けてもまったく同じ問題が生じる．彼は言う．自分が夢を見ているのではないということをどのようにして当の本人は知るのか．私の五感が悪魔によって故意に操作されているのではないということを，どうやって私自身が知るのか．

　哲学者は，人間の五感を通した知見の信頼性をめぐるこういった根本的問題を前にして長いあいだ頭を悩ませてきた．それに対し，科学者は一般に自らの五感により精神の外にある世界に関する証拠が得られるということを初めから受け入れている．このことは，科学者の五感が完全無欠であるとか，自然が人間を惑わせることは絶対にないということを意味しているわけではない．けれども，科学者は入念にクロスチェックしながら観察を反復することを重視するよう教えられてきたが，これは多分この方法がありのままの世界を知るという目的と何がしか関連をもつという前提に立っていたからだろう．人間の五感がこの種の信頼性をもっているとなぜみなせるのかという疑問は，これまで哲学者を悩ませてきた．五感がこうした性質をもつという確たる証拠はあるのか．それとも，五感の信頼性とは，もっともらしくラベルを貼られた「科学」なる行為を支える，これまで弁護されたこともその可能性もない前提なのだろうか．後者の見解は，科学に対する懐疑論——科学は砂上の楼閣であるというイメージを植えつける——に結びつくおそれがある．

　私はこの種の懐疑論に対して積極的に戦いを挑むよう提言しているわけではない．多くの科学者と同じく，私もまた五感を通して得た知見は尊重されるべきであると考えよう．過去を知ることができるかという私の問題は，Russellの提出した問題と比べれば，ずっと小さなものである．これは，経験的知識全般の可能性をめぐる一般論を避けて通ろうという言いわけではない．むしろ歴史科学に特有の認識論的な問題点と関わりをもっているということが言いたいのである．

　DescartesやRussellが指摘した懐疑論的な難問は，ともにある共通の構造をもっている．科学をもち出すまでもなく常識的に考えれば，過去はある特定の因果の経路をたどって現在を生み出している．このとき，哲学者はいま観察されたものに対して別の異なる因果的説明を提出した上で，その説明の方が誤りであり，科学や常識が導き出した判断の方が真実であることをわれわれがどうやって知るのかと問いかける．この認識論的問題が生じたのは，すでに確証されているその歴史的プロセスの記述の**外側**に踏み出したためであることに注意されたい．別の説明を見出すために科学の領域の外側に踏み出すことによって，DescartesやRussellは，科学それ自身の合理的信頼性への

彼らの疑問を鋭く見すえたいと考えたのである。

哲学者はこの認識論的問題に大きな関心を払ってきたが，その理由は，もしこの種の懐疑論的難問の答えが見つかっても見つからなくても，自然界についての可知性が明らかになると思われたからだろう．何らかのやり方で悪魔のお話とか 5 分前に世界ができたという説を捨て去ることができたとしたら，それだけでもう十分に，過去についての知識を少なくとも原理的にはいつでも得ることができると言えるのではないだろうか．いまわれわれが知らねばならないことは，哲学者のいう認識論的悪夢から目覚めるだけでは不十分であるということである．すなわち，過去に関する知識の獲得をめぐる認識論的問題は，科学の領域の**内側**でも生じ得るということである．たとえ十分に確証された科学理論の枠内であっても，現在に残された痕跡から過去を復元できるかという点についてはさまざまな認識論的問題が待ちかまえているのである．

David Hume は，現在から未来が演繹できないという事実がもつ哲学的意味を考察しなければならないと主張した[1]．演繹的論証でもって現在と未来とを関係づけようとするならば，別の前提が必要になるだろう．現在と未来とを結ぶ非演繹的論証を考えたときにも同じことが起こる．ある系（システム）の現在の状態が与えられているとき，その系が将来ある状態を取り得る確率の方が他の状態を取り得る確率よりも高いということを言うためには，その系の現在の状態を記述する前提だけではなく，さらに別の前提を置かねばならない．

以上述べてきたことは，推論の時間方向を逆転させたときにもそのまま当てはまる．すなわち，現在から過去を推論するためには，別の前提を置く必要がある[2]．この推論上の関係を保証する明白な前提条件としては，過去と現在を結びつける一般理論がある．したがって，プロセスに関する理論があれば，将来予測（prediction）だけでなく，過去予測（retrodiction）ができるのである．

註 1　帰納法の正当化に対する Hume の懐疑論については，第 2 章で詳しく考察する．

註 2　この点については，命題間の論理的関係からもっと厳密に定式化する必要があるだろう．すなわち，現在のみに関する命題を用いて厳密に過去に関する命題を推論することはできない，というように．ここでの議論にかかわる「"に関する"とはどういう意味か」（aboutness）に関しては深入りしない．しかし，「に関する」を正確に規定するという問題は，ここにかぎったことではない．たとえば，決定論という一般的問題を厳密に定式化するという場面でもこの問題は生じている（Earman [1986] を参照されたい）．

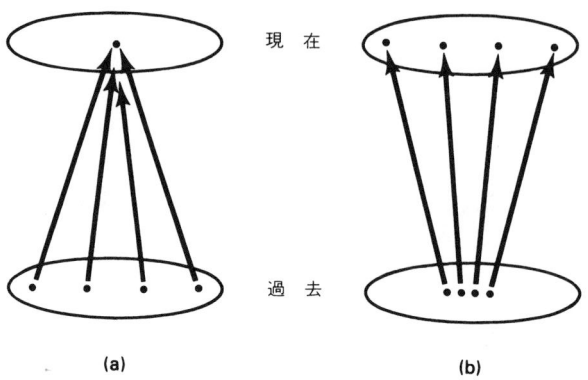

図1 ある系の現在の状態を観察することがその系の過去に関する証拠を与えるかどうかは，現在と過去を結びつけるプロセスが(a)情報破壊的（このときは不可能），(b)情報保存的（このときは可能）による．

　プロセス理論というのは，任意の初期条件からその後に生じ得るすべての結果を対応させる写像のようなものと考えられる[3]．この写像の性質によって，歴史的推論が認識論的に容易であったり困難だったりする．歴史科学の観点からみて最悪の状況というのは，過去と現在を結ぶプロセスが**情報破壊的**(information destroying)である場合である．すなわち，ある系が過去にどのような状態をとったかとはまったく無関係に現在の状態が得られたとしたら，現在の状態をいくら観察したとしても，その系の過去の状態はわからないだろう．一方，過去の状態のちょっとした違いが現在の状態に大きな差異をもたらしたとしたら，現在に関する情報は歴史を復元する上で強力な武器になるはずである．これらの両極端の場合をそれぞれ図1aと1bに示した．

　図1aに示した最悪の状況は，対象となる系が**平衡状態にある**(equilibrate)ときに生じる．完全な半球型の容器の縁にボールを置き手を放したらどうなるだろうか．ボールは容器のなかをころころ転がって最終的に容器の底で平衡状態に達するだろう．ボールが容器の側壁を転がっているうちは，ある時点でのボールの位置からその初期状態について推論することができる．ボールから手を放せばそれは容器の「大円」に沿って転がることはわかっている．したがって，動いているボールの位置に対応する大円上の容器の縁の点を2つ

註3　この考え方は，確率論的(probabilistic)なプロセス理論があるという事実を考慮していない．しかし，当面は問題のない単純化だろう．

見つければ，そのどちらかがボールの出発点ということになる．けれども，いったんボールが底で平衡に達してしまったら，もうその出発点を推論することはできなくなる．

歴史科学は，研究対象である系が複雑で，その系を記述できるだけの理論がまだできあがっていないから，過去を復元するときに問題がよく起こるのだとされることがある．たいていはその通りなのだが，上で挙げた容器のなかを転がるボールの例には当てはまらない．その例では，系が複雑であるとか，精密な理論がまだ作れないでいることが，ボールについての歴史的推論を困難にしている原因なのではない．ボールの動きを支配する物理的プロセスについてはすでに十分に確証された理論にもとづいて正確に理解できているのに，そのプロセスそのものが情報破壊的だからである．読者諸氏，悪いのはわれわれ人間ではなく，容器の方である．

初期状態が何であれ結果は同じであるという上の状況とはまったく対照的なのが，初期状態の違いが相異なる最終状態を生み出すような物理的系である．上で使った半球状の滑らかな容器のかわりに，縁から底に向かってたくさん溝をつけた半球状の容器を用いよう．このとき，縁に乗ったボールはその真下の溝に沿って底まで移動する．この状況では，ボールの最終位置を見ればその出発点がどこなのかがはっきりわかる．滑らかな容器では，ボールの最終位置を見ても最初の位置が縁のどの点であるのかがまったく見分けられなかった．一方，たくさんの溝をつけた容器では，最終状態にもとづいて出発点をもっとせまく限定できるのである．

滑らかな容器の例は，大域的安定平衡点に向かう傾向をもったすべての歴史プロセスにたとえられるだろう．物理的系が，初期状態とは無関係に，ある特定の状態を最終的にとるとすると，最終状態をみて初期状態を復元することは不可能になる．このことは，容器のなかを転がるボールでも，生物の個体群でも，星の集団でも何にでも当てはまるのである．

一方，たくさんの溝をつけた容器の例は，局所的平衡点が複数個含まれる歴史プロセスにたとえられるだろう．初期条件の許容範囲はいくつかのグループに分類できる．それぞれのグループのなかでは，系はある1つの平衡点に向かって動く．しかし，初期条件の異なるグループ間では，最終状態もまた異なる．こういう物理プロセスのもとでは，現在から過去を復元することは比較的容易である．ほかの条件が同じならば (*ceteris paribus*)，局所的平衡点の数が多いほど，過去はより正確に現在まで保存されていることになる．極端な場合，あらゆる可能な初期状態がそれぞれ別々の最終状態に対応して

いるとすれば，その物理的プロセスは完璧に情報保存的(information preserving)であるといえるだろう．

しかし，情報保存的とか情報破壊的というふうに歴史プロセスを区別することは，次の2つの問題があるため簡単ではない．まず始めに，観測誤差という問題である．ある系の最終状態が完全に正確には記述できない場合を想定してみよう．この場合でも，過去についての2つの仮説から導かれる現在に関する予測が大きく食い違っていれば，それらの仮説を区別することができる．けれども，その予測の間にほとんど差がない場合，観察が正確でないならば，それらの仮説を判定することはまず無理である．

第1の問題と無関係ではない第2の問題は，過去と現在を結ぶプロセスが決定論的ではなく，確率論的かもしれないという点である．ある初期状態が導くその系の将来の状態に複数の可能性があり，それぞれの状態をとる確率が決まっているとしよう．現在観察されている系の状態を与える確率が似ているほど，過去に関する2つの仮説は区別しにくくなるだろう[4]．

しかし，上で挙げた問題点をもちだすまでもなく，私の論点ははっきりしている．すなわち，過去と現在をつなぐ物理プロセスが情報破壊的なのかそれとも情報保存的なのかは経験的に見分けられる．さらに，過去について知ることができるかという一見単純そうな1つの問題は細かく分けて考える必要がある．つまり，過去を知ることができるかどうかという問いはおかしいのである．むしろ，過去についての特定の側面について知ることができるかどうかという問いかけをしなければならない．

したがって，進化の歴史がつねに復元可能であるというアプリオリな主張は何の役にも立たない．それが真かどうかは，進化プロセスがたまたまもっていた性質によって左右される．一般論としての哲学をもち出して，過去はその全体を知ることができるにちがいないと論じることはさらに輪をかけて意味のないことである．たとえば，星や生物や人類の言語の歴史が復元可能なのは，それぞれを支配する物理プロセスが過去の復元に対して協力的であったからにほかならない．それは，悪魔の存在みたいな荒唐無稽な認識論をひねり出してまで哲学者が解こうとした普遍的な問題などではけっしてない．この問題は，視野の広さからいえばむしろ個別科学的な問題であって，天文学者や進化学者や言語学者は，手持ちのデータとプロセス理論の判別能力を

註4 第3章で導入する尤度(likelihood)の概念を用いれば，ここでの論点をもっと正確に表すことができる．

考えに入れながら，その問題に取り組んでいるのである．

1.2 パターンとプロセス

血縁推定（genealogical inference）の問題は，歴史科学に固有である．その代表例が，**系統推定**（phylogenetic inference）である．たとえば，ヒトはゴリラよりもチンパンジーとより近縁かどうかといった問題である．しかし血縁関係があるのは，種だけではない．個々の生物個体には家系図がある．言語も進化し，その結果として近縁度は言語間でいろいろ異なっている．かつて書写生の手で書き写されてきた古文書の間にもまた血縁関係がある．さらにまた，社会的・政治的・経済的・芸術的伝統も進化するのだから，それらの伝統のなかではやはり祖先子孫関係が見られることになる[5]．

対象物の集合においてどれがどれを生んだかという由来関係は，それらの血縁関係を特定することにほかならない．ここでいう由来関係（begetting）とは，特別なタイプの因果関係である．あるものが他のものを生み出すということは，特定の性質ではなく，存在そのものをその子孫に与えることである．生殖関係で結ばれる親子の間には類似性が見られるために，両概念はともすれば混同されがちである．親は子をこの世に存在させ，同時に自らの特徴をたくさん子に伝える．けれども，概念上，繁殖は必ずしも遺伝率を必要としない．自然選択による進化は形質の遺伝率を要求するが，血縁の概念そのものはそうではない．特性（trait）の遺伝がたとえまったく忠実に行なわれないような場合でも，親子関係はやはり存在するのである．そもそも，遺伝が忠実ではないとか遺伝率がゼロであるなどということ自体，遺伝機構の忠実性を評価できるはっきりした血縁の存在を前提にしているのである．

本書では，**木**（tree）として表示できる血縁関係だけを議論の対象とする．そういう木では，根元から枝先に向かう方向での枝の分岐はあっても，枝の融合はみられない．1つの祖先はそれに直接連なる多くの子孫を生んでいるかもしれないが，1つの子孫に直接連なる祖先はただ1つしかない．言い換えれば，木の根元とある枝先を結ぶ祖先子孫関係の連鎖は一意的に決まる．樹状の血縁関係においては，a と b がある対象物の祖先であるならば，a が b の祖先であるか，あるいは b が a の祖先であるかである．

交雑などの方法で遺伝物質をやりとりしない種には，この樹状の血縁関係

註 5　Platnick and Cameron [1977] は，種の系統・言語の系統・古写本（テクスト）の系統の復元の間には類似性があることを指摘している．言語学の問題を議論した Hoenigswald [1960] をも参照されたい．

がみられる．無性生殖をする生物でも同じことである．しかし，木の枝が分岐するだけでなく融合するような場合も多い．そういう場合の血縁関係は**網状**（reticulate）と呼ばれる．交雑する種や有性生殖する個体ではこの種の血縁関係がみられる．上述の言語とか政治体制といった文化的対象の場合もまた，複数の直接祖先が存在することがよくある．

分岐的な木と網状のネットワークは，実際面よりも理論面においてはっきり区別されている．言語の系統発生における**二次的借用**（secondary borrowing）の現象を考えてみよう．現代フランス語は英語からいくつかの語を借用している．しかし，英語は現代フランス語の祖先ではない．フランス語はさまざまな言語の影響を受けてきた．しかし，ラテン語に負う部分がきわめて大きいという理由から，英語ではなくこのラテン語が祖先であるとみなす．英語もラテン語もともに現代フランス語の成立に貢献してきた．だからといって，この両者をともに祖先であるとはどうしてもみなせない．その理由は，ラテン語に比べれば英語の方はほとんど貢献していないという事実が挙げられよう．もし両言語が同程度に貢献していたとしたら，それらをともに祖先とみなしただろう．

系統関係の場合，上の二次的借用の現象は種が成立した後で生じる遺伝子流動（gene flow）に相当する．種間での生殖隔離は不完全なことが多い．ウイルスが宿主の細胞の遺伝物質を再編成してしまう現象も知られている．種の遺伝的組成の大部分が単一祖先種との祖先子孫関係によって形づくられたものであり，その後の二次的借用の影響はたいしたことではないとしたら，系統発生は網状ではなく樹状であるというべきである．

明らかに，これは微妙な線引き問題である．この問題は，本当は由来関係を十分に理解した上で考察すべき問題なのだろう．しかし，以下の部分では，樹状の血縁関係だけが私の議論の対象となる．祖先子孫関係の意味がよく知られている場合について話を進めることにする．

進化生物学の一分野である体系学（systematics）は，生物界の多様性の背後にある血縁関係の復元を目標としている．またそれは，たまたま偶然に生物分類を構築する進化生物学の一分野でもあった．生物学者はかねてより血縁と分類が互いにどんな関係にあるのかという点について大論争を繰り広げてきた．**分岐学者**（cladist）は，分類の基礎は血縁関係だけであると主張してきた．一方，**表形学者**（pheneticist）は系統的近縁性ではなく全体の類似性（overall similarity）のみにもとづいて分類すべきであると反論する．また，**進化分類学者**（evolutionary taxonomist）は分類は血縁関係と適応的類

似性の両方を反映すべきであるという立場を取ってきた[6]．この論争についてはここでは深入りしない．私が興味をもつのは，どのようにして血縁関係を推定するのかということである．推定された系統発生をどのように分類に反映させるのかについてはここでは論じない．

こういうふうに問題をはっきり分けておくことは重要である．というのは，体系学の各学派はそれぞれ二重の責務を担っているからである（Felsenstein [1984]）．分岐学は，分類に対してある見解を主張するが，同時に系統推定についても独自の方法を備えている．同様に，表形学も分類方法に関する主義主張だけでなく，ある原理をもって血縁関係を推定しようとしている．そして，進化分類学はといえば，分類構築の方法に関しては分岐学とは見解を異にしているが，系統推定という点についてはそれと同じ立場をとることがしばしばある．

種の系統発生を復元しようとする際に，体系学者は**パターン**（pattern）と**プロセス**（process）との区別が重要であるという．種間の祖先子孫関係（進化的類縁関係）がパターンに当たる．パターン論では，ある種が別の種の祖先であるという言い方をする．あるいは，こちらの方がむしろ重要なのだが，ヒトとチンパンジーはゴリラに比べて互いにより近縁であるというように，生物間の近縁性を論じることもある[7]．

体系学者がプロセスといったとき，系統発生の過程での変化の原因に関するさまざまな因果的説明のことを指している．ヒトがサルから進化したというのは，生物界のパターンについての事実である．一方，そういう種分化が**なぜ**生じたのかという質問は，プロセスの問題である．ヒトがそれと最も近縁なサルがもっていない新しい特徴を有しているということは，パターンに関する事実である．しかし，その進化的新形質が**なぜ**生じたのかは，プロセス論の問題である．

鋭い読者ならば，この生物学的な区別が抱える問題点にもう気づいている

註 6 Hull [1970], Eldredge and Cracraft [1980], Wiley [1981], Ridley [1986] を参照されたい．

註 7 本書は系統推定論が目的であり，分類を論じることではない．したがって，いわゆる「パターン分岐主義」（"pattern" cladism）をめぐる最近の論争については言及しない．私が理解する限り，パターン分岐学者の信念とは，形質にもとづいてグループ化された分類群は系統関係を表すと解釈する必要はないということである．この信念が矛盾のない主張であるかどうかは，系統発生を類似性や差異からどのようにして推定するかという問題とはまったく別の問題である．一次文献を調べるためには，Ridley [1986] を参照されたい．

だろう．つまり，ヒトがサルから進化したという命題は，必然的にヒトとその祖先種をつなぐ進化のプロセスが存在したということを意味するわけだから，その命題が，パターンの仮説であってプロセスの仮説ではない，などとは言えないのではないのか．

この反論に応えるためには，パターンとプロセスの区別をもっと慎重に行なわなければならない．ヒトとゴリラとチンパンジーの問題を論じている体系学者は，これら3種の系統発生を時間的に遡ればいつかはある共通祖先に到達するという仮定を最初に置くのが普通である．これを「プロセス仮定」(process assumption) と呼ぶことにするが，その仮定は上の3種に関する問題を考察するときには，議論の対象にはなっていない．その生物学者は，血縁関係の存在を前提としたとき，その血縁関係とはどんなものなのかという点を問題にしているのである．

もちろん，そもそも何らかの血縁関係が存在するという仮定を置いてもいいのかという疑問はある．体系学者ならば，それに答えて，霊長類に属する種は，たとえばウマよりは互いにずっと近縁であるという証拠を集めてくるだろう．しかし，ここでもまた体系学者は，ウマと霊長類は最終的にある共通祖先にまで遡れるという仮定を置いている．したがって，分類の対象となる生物群は時間的に遡ればある1つの生成現象に帰着できるという仮定は，系統推定の問題を解く上で最低限必要な仮定であるといえよう．

しかし，常識的なこの仮定をひっこめた上で，分類群に類縁関係があるという仮定を置いてもいい理由がどこにあるのかをあらためて考えてみたい．近年，創造論者がこの問題を声高に論じたために，その問題を一笑に付してしまう研究者もいるかもしれない．確かに，「創造科学」(Creation Science) が事実を歪めたどうしようもない議論を繰り広げたことは，厳しく批判されるべきである（Kitcher [1982] を参照のこと）．けれども，その問題自体はしごく正当なもので，Darwin [1859] も本1冊を費やしてその問題に答えようとした．つまり，Darwin の『種の起源』の大部分は進化すなわち変化を伴う由来の仮説を擁護することに当てられていたのである．このことは，自然選択が生命の多様性を生み出した主要因であるという Darwin の提唱したもう1つの大仮説とは，はっきり区別しておく必要がある[8]．

現在に目を向けても，すべての生物が単一の起源から発したといえる理由

註 8 変化を伴う由来を支持した Darwin の議論については，Ghiselin [1969]，Ruse [1979]，Kitcher [1985] を参照されたい．

がどこにあるのかを問うことができる．その問題に対しては，たいてい2種類の答が帰ってくる．その1つは，現生生物にみられる形質を拠りどころにし，もう1つは，進化プロセスの仮定を引き合いに出している．

第1のタイプの証拠の1つとして，遺伝子コードが挙げられる．生物の伝令RNAにみられる64種類のヌクレオチド三連暗号（コドン）は，それぞれ20種類のアミノ酸のどれか1つの暗号となっている．現在では，些細な例外はあるものの，今述べたヌクレオチド三連暗号によるアミノ酸のコード化は，すべての現生生物種を通して普遍的であることが明らかになっている（たとえば，Lane, Marbaix, and Gurdon [1971] のデータを見よ）．すべての現生生物から遡ると，それらに遺伝暗号を伝えたある単一の共通祖先にたどりつける証拠として，進化学者はこの点を挙げている．つまり，すべての生物の間に類縁関係があるとしたら，遺伝暗号の共有はもっともなことである．一方，遺伝暗号が別々の系統で互いに独立に生じたとしたら，その共通性は驚くべきことと言わねばならない（Crick [1968]；Dobzhansky et al. [1977, pp.27-28]）[9]．

この種の推論のパターン——観察された類似性にもとづいて共通起源（common ancestry）の存在を仮定すること——については，後でじっくり分析しよう．ここでは，以下の点を指摘しておきたい．それは，共通起源説では，アミノ酸の別の遺伝暗号化が可能であるという前提が置かれており，その仮定がなかったとしたら，遺伝暗号の普遍性は共通起源説だけでなく，複数起源説によってもうまく説明できてしまうことになるだろうということである（Crick [1968]）．ここでは，現存の全生物の間に類縁関係があるとする進化学者の主張の根拠がどこにあるのかを示す1例として，遺伝暗号の問題を取り上げたのである．

観察された類似性のほかに，始源状態での進化プロセスを仮定すれば類縁性の仮説を支持することができる．無機物質から始まって最終的に生命体を誕生させる一連の現象は，何度も繰り返し生じては失敗に終わり，やっとのことで生命体を生み出したと考えられる．しかし，いったんこの一連の現象がかなり進行して確かに生命体と呼べるものが出現したとすると，それらの生物体は，無生物からのプロセスがその後再び進むための必要条件を破壊し

註9 もちろん，神が同一の遺伝暗号を共有させるという意図をもってそれぞれの種を創造したとしたならば，この観察された類似性は驚くべきことではないだろう．遺伝暗号の普遍性は，生命の多重起源ではなく単一起源を支持する証拠である．単一起源説のもとでは，多重起源は神にご登場いただかなくても自然プロセスのみによって（naturalistically）解釈される．

たのである．たとえば，出現した生命体が新たな生命体の祖先となったはずの大分子を食料とするならば，このようなことが起こるだろう[10]．

上述の無生物段階での進化に関する仮定から，現在観察される生物界を産みだしたプロセスが生じる前にも生じた後にも，無生物から生命体を進化させた一連の現象は何度も繰り返し生じたということになる．進化学者は，すべての有機分子が，それらの祖先，ひいては全現生生物の祖先となった単一の分子にまで遡れるなどという前提を置いているわけでは決してない．ただ，すべての現生生物は単一の祖先生物にまで遡れるというもっと穏やかな主張をしているのである．このように，無生物進化のプロセスについての前提は，現生生物で観察される類似性にもとづく推論とうまく調和する．

上の簡単な議論から，観察された種に互いに血縁関係があるのかどうかも実はもっともな質問であることがわかる．上の説明は，この当を得た質問に対して，十分な回答になっているとは思わない．私は，体系学者がその研究の実践のなかでつねづね提起している疑問とはまったく別物の問題があるということを指摘したかったのである．生命の起源という一般的問題を論じる分野は，進化論の別の側面である．体系学では，現生生物・化石生物の如何を問わずすべての生物は互いに類縁関係にあるという前提のもとで，その類縁関係の構造を見出そうとする．これが，変化を伴う由来という進化説そのものを，系統復元に専心している生物学者がプロセス仮定とはみなしていない理由なのである．また，たとえそれがプロセス仮定であることを認めたとしても，進化そのものは害のない最低限の仮定であるとみなすだろう．

パターンとプロセスとを分離するには，**論理的強度**（logical strength）にしたがって仮説を並べてみることがおそらくもっともよい方法だろう．私のいう論理的な強弱とは，仮説がもっている相対的な真実らしさの程度とか証拠による支持の程度を意味しているのではない．ある命題がもう1つの命題を論理的に含んでいるとき（ただし逆の包含は成立していないものとする），私は前者は後者の命題よりも論理的に強いということにする．論理的に強い仮説は，より慎重な（弱い）仮説よりも「主張内容」が多い．だから，ヒトとチンパンジーとゴリラの間には類縁関係があるという仮説は，それらの間の類縁関係をもっと正確に記述した仮説と比較すれば，きわめて弱い主張なのである．また，系統関係の記述だけでなく，想定される種分化現象が生じた原因についての説明まで与えている仮説は，もっと大胆な（リスクの大き

註 10　生命の起源をめぐる最近の理論に関しては，Shapiro[1986]の手頃な解説を参照されたい．

い）仮説ということになる．

　すでに述べたように，本書の主題は血縁推定である．われわれが取り組もうとする大問題は，パターンとプロセスの関係である．系統発生パターンを復元しようとするならば，進化プロセスに関してどの程度の知識をもっていなければならないのか．ヒトとチンパンジーとゴリラを調べて，それらの生物の特徴を記録することはできる．3種すべてにみられる特徴もあれば，もっと限られた分類群にしかみられない特徴もある．現在得られるこういうデータから，過去についての結論に到達したい．しかし，これらのデータだけからでは，血縁関係がどうであったかを演繹することはできない．それでは，この歴史的推論をするためには他にどんな知識が必要になるのだろうか．

　「少ないほど多くなる」(less is more)という原理がこの問題にあてはまる．つまり，パターンを推論するにあたって必要な進化プロセスの知見が少なければ少ないほど，得られた結論に対する信頼度がより高まるということである．系統関係を解明しようとする進化論の観点からいえば，パターンを発見するのに必要なプロセスの仮定がもっとも少ないときが，もっともよいということになる．一方，過去の進化プロセスの機構について詳しく知る必要があるならば，パターンの推論をする前にプロセスについての詳細な理解が必要である．しかし，この点については悲観的な現状を伝えなければならないだろう．パターン以上にプロセスについてはよくわかっていないのがごく普通のことだからである．ある種群の系統関係を知らなければ，過去に生じた特定の進化プロセスなどとうていわからないだろう．

　次の図式は，パターンとプロセスについての認識論的問題を示している：

　　　　形質分布データ　＋　プロセス仮定　→　系統発生パターン

特定の血縁仮説だけが真であり，それ以外の対立仮説はすべて間違っているという結論は，データのみからひとりでに湧きでるものではない．信憑性の高いプロセス仮定をできるだけ少なく置き，データにもとづいて対立する複数の系統仮説を比較したいというのがわれわれの望みなのである．そのような仮定をできるだけ減らし，なおかつ期待される結果——形質と系統の間に証拠にもとづく関連をつけること——を得るにはどうすればよいのか．これが，系統推定の根底にある大問題なのである[11]．

註 11　「パターン」という言葉には，「パターン分岐学者」が好んで用いる弱い用法がある．その用法にしたがえば，パターンは生物間にみられる類似・差異を示すだけであり，生物間の系統関係とは無関係であることになる．この用法では，データからパターンを「推論」するという言い方は間違っている．むしろ，その意味でのパターン仮説は単にデータを要約するだけであって，それから一歩も

上の図式の矢印については，深く考えてみる必要がある．前提であるプロセス理論が完全に決定論的であったとしたら，形質とプロセス仮定から系統発生パターンを**演繹する**（deduce）ことが望めるだろう．生物学以外でそれに当てはまる1例として，「逆行決定論的」（backward deterministic）なニュートン物理学がある．閉じたニュートン系において，粒子の位置と運動量がわかれば，（Laplace が強調したように）その粒子の「将来」だけでなく，それがたどってきた「過去」をも演繹できる[12]．けれども，プロセス理論がもともと確率論的（probabilistic）であるとしたら，そのような演繹は決してできない．

系統推定についていえば，明らかに後者のほうがぴったり当てはまる．進化においては確率論的要素がきわめて重要な役割を演じているからである．偶然要因が進化論においてどの程度重要かについて現在活発に議論されているが，偶然要因を無視できないという点についてはもう議論の余地はない[13]．したがって，上の図式での矢印は，演繹による帰結を意味しているとはいえない．われわれが期待できることは，妥当なプロセス仮定を置くことによって，対立する系統仮説の**相対的な確証度および非確証度**（degrees of confirmation and disconfirmation）に関する評価を形質分布にもとづいて下すことである．形質分布とプロセス理論にもとづいてある系統仮説が真実であることを演繹しているわけではない．むしろ，ある系統仮説が他の仮説よりもより強く支持されているという推論をすることであるといえる．

パターンとプロセスの関係から系統推定の問題をこのように提起することは，この分野の過去20年間にわたる発展の歴史に照らすと，必ずしも真実とはいえない．体系学者は，たいていの場合，プロセス理論をまず作りあげ，ついでそれにもとづく系統関係の推定法を考察するなどという手順は踏まなかった．実際はその逆であって，形質分布を用いて系統関係を推定する**方法**（method）をはじめに開発した．そうして作られた方法を実際に適用した後で，

踏み出してはいない．しかし，本書での用法では，系統発生パターン（phylogenetic pattern）の仮説とは種間の系統関係を特定するものであり，それに対して進化プロセス（evolutionary process）の仮説とは系統樹にみられる類縁関係と形質の説明を提示するものである．

註12　この記述は，ニュートン理論が逆行決定論的（backward deterministic）であるという説をおおまかに表したものである．より詳しい説明と制約条件については Earman [1986] を参照されたい．

註13　進化論における偶然性の概念については，Sober [1984c，第4章] を参照されたい．

はじめてなぜその方法に意味があるのかを生物学者は考えはじめたのである．現在，体系学はいくつかの学派に分かれている．各学派は自派の方法が正しくて，他学派の方法が誤っている理由を挙げる．体系学でこれまで開発されてきたのは，データの解析方法であって，プロセス理論ではなかったのである[14]．

先の図式のプロセス仮定という語句を推論方法と入れ替えると，次のようになる：

形質分布データ ＋ 推論方法 → 系統発生パターン

ここで問題になるのは，与えられたデータのもとで，対立する方法が時として相異なる系統仮説を最良のものとして選択してしまうことである．明らかにしなければならないことは，どの方法が理にかなっているのか，その根拠はどこにあるのかという点である．

プロセス仮説は，データと系統仮説の間のギャップを橋渡しすることができる．同様に，体系生物学者 (systematic biologists) が考えだしてきたさまざまな推論方法もその働きをする．ということは，両者には何か根本的な関連性があるにちがいない．つまり，推論方法は進化プロセスの仮定に対応するにちがいない．最良の方法がもし1つあるとしたら，それはプロセスに関する最も妥当な仮定を置くことだろう．もしも，プロセスに関する知識が乏しいならば，プロセス仮定の妥当性は，その仮定の論理的な弱さだけにかかっているだろう．簡単にいえば，体系学の方法論をめぐるこの論争を解決するには，対立する主たる方法論が置いているプロセス仮定をはっきりさせることである．

1.3 対象と属性

形質データと系統仮説との関係についてまず考えられることは，**類似性** (similarity) が近縁性の証拠である，という見解だろう．ある2つの種が第3の種と比べて互いによりよく似ているならば，その証拠にもとづいて最初の2種は第3の種よりも互いにより近縁であるという結論が出せるだろう．たとえば，King and Wilson [1975] は，遺伝学的・生化学的データをいろいろ

註14　1960年代半ばまでの体系学をみれば，方法論もプロセスモデルもどちらもはっきり定式化されていなかったことがわかる．1960年代に現われた体系学の諸学派は，それまでなんとなく「直観」に頼っていた手法を払拭し，明確に定式化された推論方法を体系学にもち込んだ．それらの方法がプロセスに関してどのような前提を置いたかという点については後で論じる．

調べた結果，ヒトとチンパンジーの類似度は99%であるということを見出した．この両種が，たとえばキツネザルと比べて互いにきわめてよく似ているならば，それはヒトとチンパンジーがキツネザルと比べて互いに近縁であるということの確かな証拠といえないだろうか．

類似性が共通起源からの由来を正しく示すという上の見解は，以下で検討する主要な学派の1つが前提としている直観的理念だった．**表形主義**(pheneticism)と呼ばれるこの学派の主張は，2つの部分に分けられる：その1つは分類学に関係し，もう1つは系統復元に関係している(Sokal and Sneath [1963]；Sneath and Sokal [1973])．まず始めに，分類群は**全体的類似性**(overall similarity)にもとづいて種・属・科などのリンネ階層に分けていくべきであるという分類上の主張があった．進化上の仮定は不要であるとしてはっきり除外され，進化的な解釈は単に付随的なものと考えられた．分類学はプロセス理論から独立すべきであり，その目標は，系統関係を表す特殊な分類ではなく，「汎用的分類」(all-purpose classification)を構築することであった．

表形主義は当初より，分類研究にとって進化上の仮定は無縁であり，進化的解釈は重要ではないという見解を述べてきたが，その支持者の多くは，全体的類似性にもとづく分類は進化的意味をもっていると主張した (Colless [1970]；Sneath and Sokal [1973])．全体的類似性が系統関係を正しく推定する手段であるというこの考え方が，われわれがここで検討しようとしている表形主義である．

全体的類似性の考え方に対抗するのは，さまざまなタイプの**特殊類似性**(special similarity)の概念である[15]．それは，単に系統的類縁性を確証できる類似性を指しているのではなく，特殊なタイプの類似性のみを指す，現代の体系学の中で用いられているこの概念を作り上げてきた主役の一人は，Willi Hennig [1965, 1966] の研究に由来する**分岐学的最節約法** (cladistic parsimony) である[16]．

全体的類似性やある種の特殊類似性が由来の近さを示すもっともよい尺度であると判断するには，どうすればよいだろうか．そもそも，類似性なるも

註 15　この用語はFarris [1979] によるものである．

註 16　系統推定における最節約法の利用は，Edwards and Cavalli-Sforza [1963, 1964] やCamin and Sokal [1965] によっても論じられている．彼らの説については，Hennigの説とともに第4章で論じることにする．

のを証拠と考える根拠はどこにあるのだろうか．より近縁な種は互いに「似ない」傾向があるという説はなぜすんなりと棄却できるのか．私がこういう質問を提起するのは，非類似性が近縁性の証拠であるとまともに信じられているからではない．そういう信念のよりどころを明らかにしなければならないと私はいいたいのである．つまり，「非類似性」(dissimilarity)が系統的類縁性を表し得ない進化プロセスとはいったい何なのだろうか．

　われわれの目標は，さまざまな系統推定法を検討して，それぞれの方法の前提となるプロセス仮定を明らかにすることである．まずはじめに，単純なプロセス仮定がどのようにして自らある推定方法を選択するのかを調べよう．その際，必要となる専門用語を説明しておけば，いずれ直面することになるやっかいな認識論的問題と取り組むための準備ができるだろう．最初に，現実にはあり得ない認識論上の状況を考えてみよう．「もし」進化プロセスが，私が以下に示すとおりの性質をもっていたとしたら，全体的類似度法ではなく，分岐学的最節約法という推定方法が選ばれることになる．

　進化プロセスをめぐる私のこれからの話は現実にはあり得ないことである．それが間違いであることをわれわれは知っているからである．とすると，分岐学の方法は砂上の楼閣なのだろうか．決してそうではない．私がこれからする話は，分岐学的最節約法が正しいための**十分条件**についてである．以下の誤ったプロセス仮定が，最節約法が意味をもつための**必要条件**であるなどとは一言も述べていない．必要性の問題については，後でまた考えることにしよう．われわれは最終的に，ある推定方法がどんなプロセス仮定を置かねばならないかという問題と直面することになるだろう．しかし，ある推定方法が意味をもつための十分条件を求めることは，その問題とは関係がない．

　しかし，このプロセス仮定を述べる前には，あらかじめ形質進化が生じる系統樹の構造についてもっとはっきりと理解しておく必要がある．まず最初に，系統仮説の主張する内容が何であるのかを的確に把握しておかねばならない．そのときはじめて，置かれたプロセス仮定が観察された類似性とどのように関連しているのかがわかるだろう．

　図2の分岐プロセスを考えよう．最初，ある祖先種ゼロがいるとする．一定時間が経過した後，この祖先種は2つの子孫種1, 2に分かれる．さらに同じ時間間隔をおいて，種1は子孫種3, 4に，また種2は子孫種5, 6に分かれる．こうして，この過程がn世代経過すると，2^nの新種が生まれることになる．こうして得られた分岐構造は，祖先種ゼロを根(root)とし，それ以外のすべての種を内部分岐点と末端点（後者は「末端分類群」(terminal taxa)

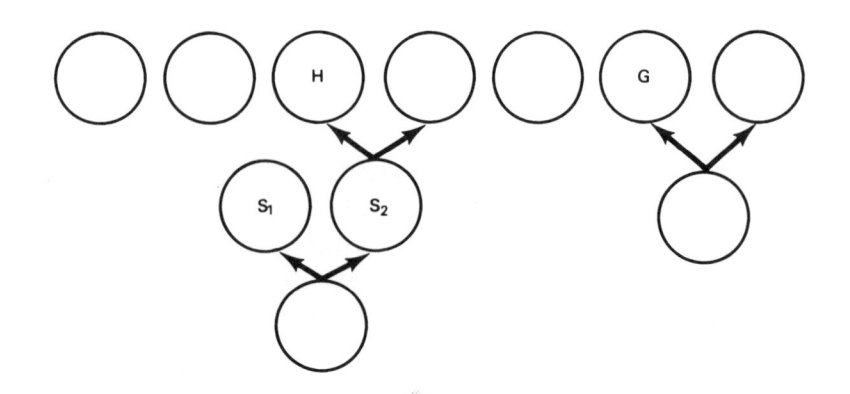

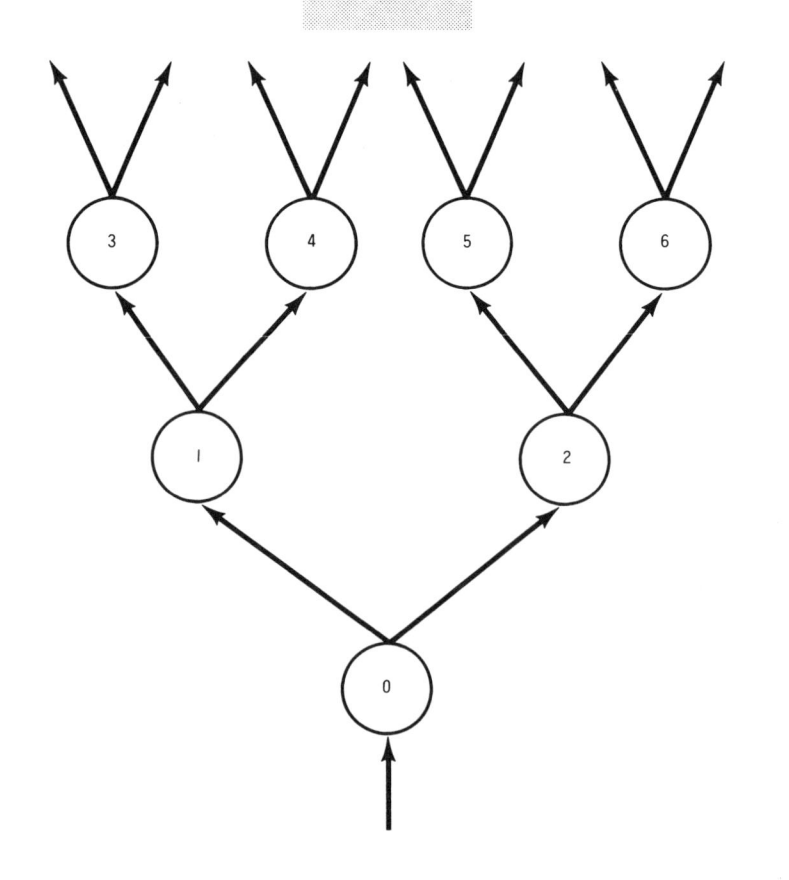

図2 2分岐的な分岐プロセス．一定時間の経過後それぞれの種は2種の子孫に分かれる．

と呼ばれることもある）に配置した二分岐的な系統樹になる．図中の丸は種を表し，丸の間を結ぶ矢印は「由来」（begetting）関係を意味している．

この分岐構造では，現実に起こり得る多くの可能性をまったく考慮していない1つの理想的状況である．この系統樹は各世代で二分岐するが，ある祖先種から生じる子孫種の数に変異があったり，種分化が生じる時間に変異があったりすると考える方がより現実的だろう．さらに，生じた系統は樹状であって網状ではないと仮定した．しかし，前節で指摘したように，この仮定は交雑による種分化の可能性を排除してしまう．

系統推定の基本問題は，サンプル抽出（sampling）の問題とみなすことができる．つまり，系統樹から多くの種を抽出して，それらの間の類縁関係を推定しようとする．まずはじめに，サンプルした分類群についていくつかの特徴を観察する．すなわち，形態学・行動学・生理学・遺伝学・生化学に関するさまざまな事実を観察する[17]．次に，これらの形質データを，ある系統推定の方法——全体的類似度法とか分岐学的最節約法など——によって解釈し，そのデータのもとで最良の仮説を選択する．このとき進化学者のいう類縁関係の仮説とは何か，どんな種類の形質が潜在的データとみなし得るのかについて理解しなければならない．

体系学の研究を知らない門外漢は，複数の種間の系統関係を明らかにすることは，家系図の上に個人を配置するようなものであると考えるだろう．たとえば，サムとアロンが同じ家系図上にあるならば，サムとアロンの続柄（兄弟・叔父・父・従兄弟・息子など）を決められるだろう．図2の系統樹に含まれる種の間にはそういうさまざまな類縁関係が見られる．

けれども，系統推定の作業は，分岐学の理論にしたがうかぎり，そこまで求めているわけではない．むしろ**単系統群**（monophyletic group）を見つけ

註17 別のタイプの証拠（たとえば，対象生物群の生物地理学的分布）も無関係とはいえない．しかしここでは論点をもっとしぼっている．すなわち，種の「内的」（intrinsic）な形質がもたらす系統関係についての証拠を論じているのである．
　ここで，分子的データとか生化学的データを用いれば系統推定の問題が魔法のように解決されるわけではないという点を指摘しておく必要がある．それらのデータはたしかに有用な（しばしば大量の）証拠を提供している．しかし，系統発生は，分子的な類似性がわかったからといって自ずと明らかになるわけではない．その点では，形態学的類似性を用いた場合と変わりない（Wiley[1981, p.339]）．データを仮説と結びつける推論方法を正当化する問題は未解決のまま残されている．

るほうが重要である．ある群が単系統的であるといえるのは，その群がある種およびその種のすべての子孫種だけを含んでいるときに限られる．群のもつこの性質を理解するためには，「切り落とし法」(cut method) と私が名づける方法が役立つだろう．図2の系統樹のある枝を「切り落とす」．その切り口のすぐ上にある種およびそのすべての子孫は1つの単系統群を作る．すべての単系統群は次の原理にしたがっている：ある種が単系統群に属しているならば，その種のすべての子孫種もまたその群に属している[18]．

　進化学者が，単系統群の**すべての構成種**を見つけようとはまず考えない．ふつう目標となるのは，ある種が単系統群に属しているかいないかを明らかにすることである．図2に示された種とゼロの子孫ではないある種 X （外群：outgroup) とを比較すると，図示されている種は X を含まないある単系統群に属している．この結論を得るためには，図2が**完全**である必要はない．すなわち，種ゼロの子孫をすべて枚挙する必要はない．図示されている種がゼロまたはその子孫でありさえすればよい．

　図2には他にももっと小さな単系統群が数多く示されている．たとえば，種3と4は5を含まない1つの単系統群に属している．また，種6と2もゼロを含まないある単系統群に属している．しかし，3と4が1の**直接**の子孫であるならば，この3種のうちどの2種もそれだけでは単系統群を作ることはできない．切り落とし法が定義している単系統群は**分岐群**(clade：ギリシャ語では「枝」という意味）なのである．

　この単系統性の定義のもとでは，ある単系統群の補集合そのものは単系統群ではない．切り落とし法によると，種2とその子孫のみからなる群は単系統的であることが保証される．しかし，その群を切り落とした残りの系統樹の部分はそれ自身では単系統群とはいえない．その部分には種ゼロが含まれているからである．種ゼロがある単系統群に含まれるならば，それに由来す

註 18　この単系統性の定義は，これまで提唱された他の定義よりもせまい．たとえば，Simpson [1961, p.124] の定義では，切り落とし法をパスしなかった分類群でも，ある点で類似していれば，単系統群を構成することがある (Mayr [1969] も同意見)．Mayr は，Ashlock [1971, 1972] にしたがって，分岐学者がいう「単系統」(monophyly) に対して「完系統」(holophyly) という用語を当てる．単系統性の意味は，すべての分類群が単系統的であるべきだという点に同意するならば，単なる言葉の問題ではすまされなくなる．しかし，それは系統推定論ではなく分類の問題であることに注意されたい．私の関心の対象は系統推定の問題だけだから，今論じている問題にとって最も都合のよい単系統性の定義を選択した．上で論じた分岐学での単系統性の定義は，分岐プロセスの特徴のみにもとづいており，ここでの最良の選択である．

るすべての子孫もまたその群に含まれていなければならない．上の切り落とし法を用いれば，単系統群の「切り残し」(補集合)が単系統的ではないということを読者自身の目で確かめることができるだろう[19]．

　上の単系統性の定義から，2つの単系統群は互いに交わらなかったり，一方が他方の部分集合となることはあっても，**部分的に**オーバーラップすることは決してない．種 A と B が，C を含まないある単系統群に属していたとすると，B と C は，A を含まないある単系統群に属することはできない．この2つの仮説——(AB)C および A(BC) と略すことにする——は互いに矛盾しているからである(この点は1.4節で重要な意味をもってくる)．これまた，切り落とし法を用いれば，その理由がすぐ理解できる．

　単系統群を系統復元における「自然な存在」とみなすと，より伝統的な分類学的カテゴリーにかかわる意外な結論が出てくる．これらのカテゴリーの多くは，上で述べたタイプの補集合分類群である．Eldredge & Cracraft [1980, p.164] は，脊椎動物(脊索動物)のごく標準的な分類体系として，以下の体系を示している：

　A．無脊椎動物 Invertebrata（脊索動物以外）
　AA．脊索動物 Chordata（脊索・背部神経索などを有する）
　　B．無頭類 Acrania（頭蓋・脊椎・脳を欠く）
　　BB．有頭類 Craniata（＝脊椎動物）（頭蓋・脊椎・脳を有する）
　　　C．無顎類 Agnatha（顎・対になった付属肢を欠く）
　　　CC．顎口類 Gnathostoma（顎・対になった付属肢を有する）
　　　　D．魚類 Pisces（四肢動物以外，「水棲」の有顎動物）
　　　　DD．四肢動物 Tetrapoda（四肢をもつ，「陸棲」の有顎動物）
　　　　　E．両生類 Amphibia（羊膜のない卵を産む）
　　　　　EE．羊膜類 Amniota（羊膜のある卵を産む）
　　　　　　F．爬虫類 Reptilia（鳥類・哺乳類がもつ派生形質を欠く）
　　　　　　FF．鳥類 Aves
　　　　　　FFF．哺乳類 Mammalia

註 19　この点に関する分岐学の考え方は，自然の単位であるギリシャ人に対して，その補集合である野蛮人(非ギリシャ人)は自然の単位ではないというプラトンの指摘(『政治家』262 d)と同じである (Nelson and Platnick [1981, pp.67-68] は肯定的に引用している)．「A/非 A の二分法」については，Eldredge and Cracraft [1980, 第5章] を参照されたい．

この分類体系のなかで，無頭蓋動物・魚類・爬虫類そしておそらくは両生類も単系統群ではないと彼らはいう．進化論的な考え方は生物学者が作った分類にあまり変更を迫らなかったと考える研究者は，この分岐学革命の細部にまで注意を向けてこなかった．

　爬虫類は単系統群ではない．鳥類とワニ類は，ヘビ類に対して互いにより近縁だからである．それは，爬虫類がある単系統群の**メンバー**ではないということを意味しているのではない．とはいっても，爬虫類に属する種は脊椎動物であり，その脊椎動物類は単系統である．ただ，爬虫類の**すべての種のみ**からなる単系統群は存在しないということが言いたかったのである．

　種のリストを入手した分類学者は，それが完全である——そのリストが研究対象となる種の近縁種をすべて含んでいる——とはまず考えないだろう．たとえば，鳥（種 B とする）とワニ（種 C）とヘビ（種 S）の3種を考えるとしよう．$B+C$ が単系統的であるいう主張は，それらが S を含まないある群のメンバーであるという意味である．また，$C+S$ が単系統的ではないという主張は，それらを含み B を除外するような群は存在しないという意味である．しかし，別の「外群」を考えると，その結論は変わることがある．たとえば，C と S をともに含みヒトを除外する単系統群は「確かに」存在する[20]．単系統性の判定は**対比的**(contrastive)である．すなわち，2つの対象がある単系統群に属すると判定されるときには，必ずその群に属さない第3の分類対象と対比されているのである．

　単系統群を見つけ出せたとしても，ある種が他の祖先種であることがわかるわけではない．たとえば，原始人的な形質を多くもっているある化石が復元できたとする．それは，ヒトとその化石が属している種とがかなり小さい単系統群をつくっていることを示しているといえる．だからといって，その化石は *Homo sapiens*（図2の種 H）の祖先（S_2）であるとか，その祖先の「姉妹種」（S_1）であるとはいえない．分岐学者は，一般にこの問題は解答不能である（とはいわないまでも，解くのが「きわめて」難しい）と考えており，自らの仕事はより容易な単系統群の発見であるとしている．彼らは，H とその化石（それは図2の系統樹における S_1 や S_2 に対応するものだろう）が，たとえばゴリラ（G）を含まないある単系統群に属しているということは，証拠にもとづいて証明することができるという(Nelson [1972])．

註20　この部分については，C と S がある単系統群のメンバーであるという主張と C と S のみから成る単系統群が存在するという主張とを混同しないことが重要である．後者から前者は導かれるが，その逆は成立しない．

系統関係を復元する上での最大の障害は,「化石記録の不完全性」であるとしばしば指摘される.確かに,それが問題であることは,疑う余地がない.化石の年代を決定できれば,その化石が属していた単系統群すべてについての最古の出現時期を特定することができる.しかし,化石が出たからといって,系統関係が一目でそこから読みとれはしない.現生のチンパンジーがヒトに類似しているのと同様に,ある化石がヒトとの類似性を示すこともあるだろう.また,ある化石が,新たに発見された新種と同様に,それが属している群の系統発生についての有力なデータを提供することもあるだろう.しかし,特徴にもとづいて類縁関係を復元するという認識論的問題は,化石でも現生種でも基本的には同じである.現生人類の「祖先」の発見などという曖昧なもののいい方でその点をうやむやにしてしまうべきではない.われわれが最初に得る知見は,他の多くの現生種と同様に,そういう絶滅種が現生人類の**近縁種**（relatives）であるということである[21].

　私がここで指摘したい点は,A と B は近縁種であるという仮説よりも A は B の祖先であるという仮説の証明の方が,絶対に不可能とは言わないが,たいてい困難であるということである.化石記録がほぼ完全であって,種内進化が十分に漸進的であるならば,ある程度自信をもって A は B よりも長い期間存続していたといえるだろう.さらに,A と B に特殊類似性を与えた第3の種 C（A と B の共通祖先）が存在しないという確信があったとしたら（C の存在を示す化石の証拠はまったくないのだから）,B の祖先は A であるという説は確証されるだろう.おそらくこういう理屈を盾に,われわれは胸を張ってシロクマはヒグマから由来したのだなどといっているのだろう.別の場合として,ある雑種（allopolyploid：異質倍数体）がそれと近縁な別の種の対から生じたということがほぼ間違いない事例がよく見られることを考えてみよう.種 A と B の分布が近接しているところに,種 C が見つかったとする.さらに,C は A と B の染色体をあわせもっているとする.このとき,C は A と B を祖先とする雑種であるという妥当な仮説を立てることができる.以上の例から,祖先／子孫関係に関してこう言ってもいいだろう：A が B の祖先であると生物学者が主張するとき,それを支持するためには,A と B が近縁であるという弱い仮説を支持できるだけでなく,それ以上に強力な証拠が必要である.A と B の形質が似ているというだけでは,祖先子孫関係につ

註21　ある種が別の種の姉妹種ではなく祖先種であるかどうかを推論する問題は,Hennig [1966, pp.140−142], Schaeffer, Hecht and Eldredge [1972], Nelson [1973], Farris [1976], Eldredge and Tattersall [1982] を参照されたい.

いてうんぬんすることはできない[22]．

　図2に示された分岐構造では，明らかに種が祖先になっている．しかし，種からなる単系統群はいかなるものの祖先にもなれないという点は重要である（Wiley [1979 a, b, 1981]）．単系統群は，ある種を出発点としてそれに由来する種を系統樹の末端に至るまですべてを含んでいる．ちょうどソーバー家が私の先祖とはいえないのと同じく，この単系統群は系統樹の頂点近くにある種の祖先ではない．

　哺乳類の祖先は脊椎動物であるという説を耳にした分岐学者がうんざりしてしまうのにはそういうわけがあったのである．この2つの群はそれぞれ単系統群であって，哺乳類は脊椎動物のなかに完全に含まれる真部分集合である．しかし，部分集合はそれが含まれている全体集合の子孫ではないのだから，第2の群がどうやって第1の群の祖先となれるのかはちょっと理解できない．この手の主張が何も問題ないとしたら，たとえば哺乳類（単系統群）は脊椎動物（これも単系統群）の1種で，哺乳類ではない種（哺乳類ではない，種全体はもちろん単系統群を作らない）から由来した子孫であるという意味なのだと聞き流すこともできよう．

　鳥類は爬虫類の子孫であるという主張には，大きな間違いが2つも含まれている．鳥類は単系統的であると考えられているが，爬虫類はそうではない．上の説が，鳥類は爬虫類的な特徴をいくつかもった種の子孫であるということだけならば，その主張は正しいだろう．けれどもこの控えめな解釈を，爬虫類という群が鳥類の祖先となる1つの進化的単位（＝単系統群）である，という二重の誤りを含んだ説と混同してはならない．

　祖先子孫関係と単系統概念との関係についてさらに考察をすすめると，別種の祖先である「種」は単系統ではあり得ないことがわかる．図2で用いた切り落とし法によると，分岐点それ自身は単系統的ではない．種は単系統群に**属している**が，それぞれの種が単系統群と**同一である**という主張は誤りである．**すべての分類群は単系統的でなければならない**という分岐学の主張は，種レベル以下には適用できない（Rosen [1978]，Ereshefsky [1988]）．

　結局，系統推定の目標は，対象分類群がどのようにして大小さまざまな単系統群を形成するのかを記述することであるといえる．最も簡単な問題として，対象生物種が3種（A, B, C）のみである場合を考えよう．このとき系統推定の問題は，3種のうちどの2種が単系統群をつくり，残る第3の種を除

註 22　この点を教えてくれた David Hull（私信）に感謝する．

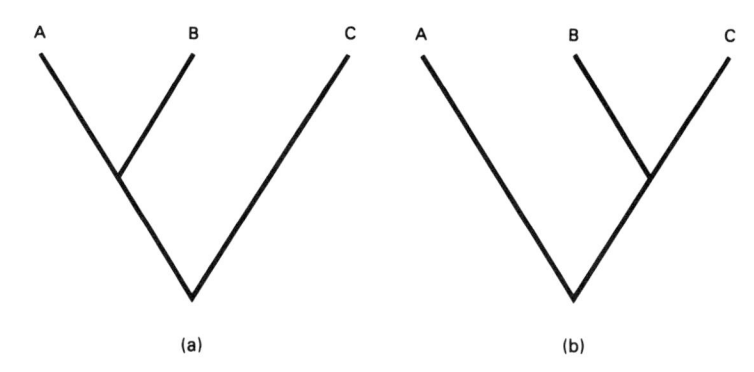

図 3 分岐図(a)は，A と B が，C を含まないある単系統群に属するという仮説を表す．一方，分岐図(b)は，B と C が，A を含まないある単系統群に属するという仮説を表す．この2つの分岐図は互いに矛盾する．

外するかという点である．対立する群構造としては，(AB)C，A(BC)，(AC)B の3つがある[23]．

単系統性に関するこれら3つの仮説は，**分岐図**(cladogram)と呼ばれる樹状図として表現されるのが普通である．たとえば，(AB)C に対応する分岐図は図3a であり，A(BC) に対応する分岐図は図3b である．

これら2つの樹状図は，ある2種からなる単系統群が，第3の種を除外しているということだけを示している．けれども，すでに指摘したように，A と B を1つのグループにして C を除外するような祖先子孫関係は一通りではない．たとえば，(AB)C は次の2つの祖先子孫関係と矛盾しない．その1つは，これら3種のうちどの種も祖先種ではなく，A と B は C の祖先ではないある共通祖先をもっているという場合である．もう1つは，A は B の子孫であり，B と C はある祖先を共有しているという場合である．これら2つの対立仮説は，図4a と 4b に図示されている．切り落とし法をそれぞれの仮説に適用すると，同一の単系統構造(AB)C が得られる．図4c-4f には，(AB)C 仮説と矛盾しないそれ以外の祖先子孫関係が示されている．

図4は，6つの**系統樹**(phylogenetic tree)を示している．私の用語法では，系統樹は分岐図を導くが，その逆は真ではない．分岐図は単系統群の存在を主張するだけで，それ以上のことは何もいわない．一方，系統樹は，単系統

註 23　3分岐を種分化の一様式として考えるならば，さらに別の系統仮説——3種のうちのいずれか2種だけから成る群がないという仮説——があり得る．図2で仮定した2分岐的な分岐プロセスは，この可能性を除外している．

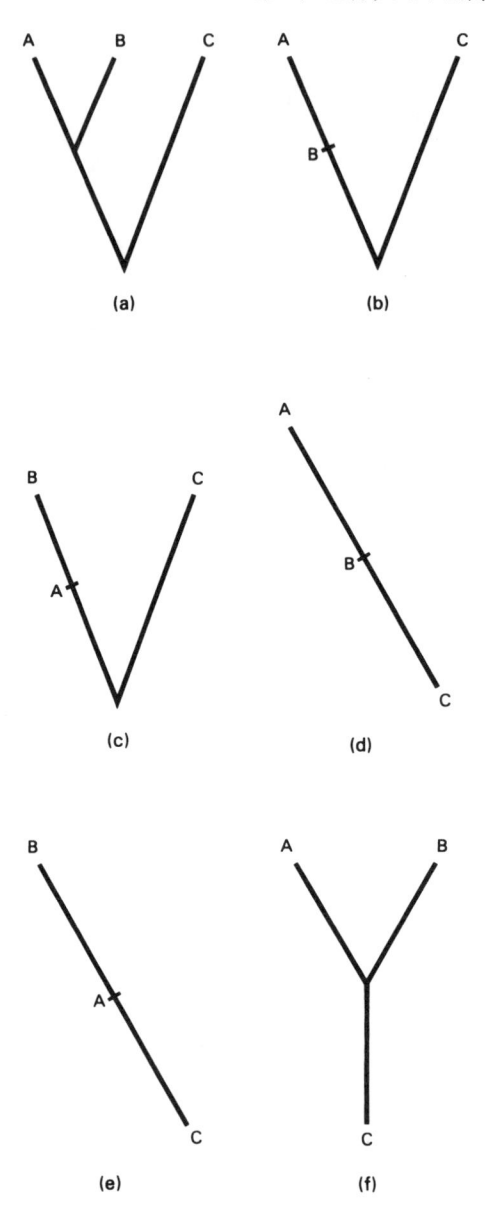

図 4 (AB)C という分岐群に対応する6個の系統樹．それぞれの系統樹に対して切り落とし法を適用すると，A と B が，C を含まないある群に属していることがわかる．

群の存在「だけでなく」，個々の祖先子孫関係についてさらに踏みこんだ主張をしている．分岐図では分類群は枝の末端にのみあるが，系統樹では末端だけでなく分岐点や根にも分類群が位置することがある．

　系統樹と分岐図とをこのように区別することは，分岐学の理論発展においてきわめて本質的な問題であるが，初めてこの分野に足を踏みいれた者が一度はつまづく点でもある．この2つの概念が混同されやすい理由の1つとして，系統樹の1つ（図4a）とそれが導く分岐図（図3a）とが形の上でまったく同一であるという点が挙げられる．上の説明によって，この2つの概念は互いに関係はあるが同じではないという点をきちんと理解してほしいと思っている[24]．

　図4b-4fは，系統樹の分岐を伴わない種分化が可能であると主張している「ように見える」．しかし，そうではない．ある系統が変化した結果，その系統に属する後期の個体が初期の個体と「よく似ている」とはみなされなくなる現象を指す**系統内進化**（phyletic evolution）とか**向上進化**（anagenesis）という説をDarwinは弁護した．しかし，現在の理論では，ある種が別々の個体群に地理的に分割されること——生殖隔離機構が固定される前（異所性：allopatry）またはその後（同所性：sympatry）に——が種分化にとって重要な要因であるという点がよく強調されている（たとえば，Mayr [1963] を参照のこと）．さらに，分岐現象は重要であるだけでなく，理論的に不可欠であると多くの進化学者はいう．彼らは，向上進化が一種の種分化であるとは認められていないと主張する．系統は時間的に変化することはあっても，やはり同一の種である．それは，人は出生から死亡にいたるまでの間に変化するが，なお数の上では同一個体であることと同じである．この説のもとでは，種分化とは，ことばの定義からして分岐現象を必要とする[25]．

註24　系統樹と分岐図との区別は，最初 Nelson [ms] によって提案された．この区別については，Cracraft [1974]，Platnick [1977]，Wiley [1979 a, b, 1981] がさらにくわしく論じている．Nelson and Platnick [1981] は，これらの初期の考えをさらに進めて，まったく非進化的な意味を分岐図にもたせている．彼らの考えでは，分岐図は分類群間のある種の類似性を表しているだけであり，それらの分類群がどのように単系統群として分類されるのかを表してはいない，という．Wiley [ms] はこの新しい用法には反論しているが，私は分岐図も系統樹もともに進化的な仮説であるという立場である．これらの言葉の生物学的用法は私の定義とあまりにも異なってきたので，すべての生物学者の定義と一致するとは考えられない．むしろ，私の定式化に内部矛盾がなく，直面する問題にふさわしいものであることを望みたい．分岐学の用語の変遷史については，Hull [1979] を参照されたい．

註25　この論点と密接に関係する，種が「個物」（individual）であるという主張については，Ghiselin [1974]，Hull [1978] を参照されたい．

図4は種分化プロセスについての上の疑問を不問に付してはいない．いま，対象となる3種 (A, B, C) が図2の分岐構造から選ばれたとする．図4の系統樹のなかには分岐現象が図示されていないものがあるが，それは分岐が起こらなかったという意味ではない．たとえば，図4dは，C が分岐して B が生まれ，次に B が分岐して A が生まれたという現象の歴史的経緯と矛盾しない．同様に，図2の異なる分岐点に私は別々の種を配置したが，その図は，ある種とその子孫を結ぶ枝において多くの向上進化的な種分化が生じたという可能性を否定してはいない．図4の系統樹は，種分化プロセスに関してはほとんど何もいっていない．分岐点は種を意味し，それらを結ぶ枝は由来関係を表している．祖先子孫の由来関係が分岐現象を必要とするかどうかは別問題である．それ以上の内容を系統樹の概念に組みこむ必要はどこにもないと私は考える（もちろん，別の概念規定をするのは自由だが）．

図4のいくつかの系統樹と図2の系統樹はどちらも，分岐後に種が存続しつづけるかどうかに関しては不可知であるという主義をとる．Hennig[1966]は，祖先種はそれが分岐して子孫種を生んだ時点で存在しなくなるという．分岐学者のなかには，いつもそうであると仮定する理由はどこにもないという人もいる（たとえば，Eldredge and Cracraft [1980]，Wiley [1981]）．汎世界的な分布をする種に属する，ウィスコンシン州のマディソンのその種の周辺個体群が別種に分化したならば，もとの祖先種は単一の子孫種を生んだ後も存続しつづけたという説の方が妥当だろう．Hennigの原理は，完全に対称的な分岐が生じるときには，理にかなっている．けれども，それが一般則であるとはどうしても考えられない[26]．

図2では，それぞれの種はある世代の分岐現象の結果出現したものとして表示されており，それ以降の世代では，以前に出現したそれらの種はもう表示されていない．これは，われわれが用いた表示方法が種の同一性条件に関するHennigの一般則を必要としていることを意味しているのだろうか．そうではない．家系図と対比してみよう．すでによく知られているこの表現形式

註 26　哲学者ならば，この問題は持続する物理的存在の同一性条件という一般的問題（たとえばHobbesのいうTheseusの船の話を参照のこと）の特別な場合であることに気づくだろう．完全に対称的な分岐ならば，一方の子孫種が他の子孫種より祖先種と同一であると解釈することは最良とはいえないだろう（どちらの種をとるのかは恣意的だからである）．また，子孫種がどちらも祖先種と同一であるという説も退けられる．なぜなら，同一性という関係は推移律（transitivity）にしたがうから，それらの子孫種が互いに同一であるということになってしまう．子孫種は分岐後も存続しているのだから，祖先種はもはや存在しないということになる．種を個物化（individuate）するという問題に関する一般的議論については，Splitter [1988] と Kitcher [ms] を参照されたい．

は，子供が生まれた時点で親が存在しなくなることを仮定しているわけではない．確かにそういう状況はあり得るだろうが，家系図による表示方法自身がそれを主張しているわけではない．つまり，系統樹は種が出現した時間的順序を表現しているだけであって，それらの種がいつ消滅したかについては何も言っていない．

対象生物群からなる単系統群の決定という系統推定の目標については，すでにこれまで十分に論じてきた．さて次に，類縁関係の対立仮説に関係する分類群の特徴を全体的類似度法と分岐学的最節約法がどのように解釈しているのかに話を進めよう．

図2に示されたそれぞれの種は数多くの特徴をもっている．たとえば，種ごとに，脊髄があるかとか，あるタイプの心臓をもっているかとかを調べられる．以下では，単純な場合として，各形質がちょうど2つの形質状態をもっていると仮定しよう．種ゼロは図2の分類群全体の祖先であるから，ゼロがもっているすべての形質状態は定義により**祖先的**(ancestral)——あるいは**原始的**(plesiomorphic)——状態ということになる．慣例的に，これらの原始的状態は"0"というコードで表現される．種ゼロの子孫はもちろんいくつかの形質状態が0ではなくなっているだろう．原始的状態とは異なるこれらの形質状態[27]は，**子孫的**(derived)——もしくは**派生的**(apomorphic)——と呼ばれ，"1"というコードで表される．

さてここで，解くべき系統推定の問題を述べよう．図2の系統樹の末端点から3種を抽出したと想定する．この3種をA, B, Cと呼ぶことにする[28]．この3種を調べ，各形質ごとに原始的状態と派生的状態のどちらをもっているかを決める．このやり方で各分類群を記載するには，それぞれの形質の**方向性**(polarity)——どれが原始的であり，どれが派生的なのか——を知らねばならない[29]．これら3種の形質にもとづいて，$(AB)C, A(BC), (AC)B$という対立する類縁関係の仮説のうちどれが妥当かを推定したい．

以下の考察をするために，その3種について得られた仮想的な51個の形質

註27　祖先的／派生的という区別が階層のレベルとともに変わるという点は，次の節で論じる．

註28　議論を単純にするため，私はここで系統樹の内部からのサンプル抽出の可能性を除外している．(AB)Cという分岐群が正しいならば，系統樹の末端からのサンプル抽出は，図4(a)の系統樹を支持する．

註29　ここでは，形質状態の方向性は既知であると仮定している．それをどのように推論するかは，6.5節で論じることにする．

を考え，その形質状態を下表にまとめた．当面の間，最後の51番目の形質は無視して，それ以外の50個の形質の分布パターンだけを考えることにする：

		種		
		A	B	C
形質	1-45	1	0	0
	46-50	1	1	0
	51	0	1	1

　形質1-50だけを見ると，BとCはきわめて類似していることがわかる．類似度を計算すると，BとCは90％，AとBは10％，そしてAとCは0％である．したがって，全体的類似度法にもとづいて系統推定をするならば，A(BC)という仮説がこのデータによって最も強く支持されていることになる．

　この全体的類似度法の計算では，全く異なる2つの共通性を込みにしているという点に注意されたい．すなわち，形質1-45は100型の分布をしている[30]．このとき，それらの形質は，**共有原始形質**(symplesiomorphy)——原始的状態の共有による類似性——である．一方，残りの形質は，110型の形質分布をもっていて，**共有派生形質**(synapomorphy)——派生的状態の共有による類似性——である．ここでのデータには，第1のタイプの類似形質は45個もあるのに対し，第2のタイプの形質は5個しかない．したがって，全体的類似性のもとでは，A(BC)が真の系統仮説であるという結論に達する．

　一方，分岐学的最節約法は，共有派生形質は系統関係の証拠であるが，共有原始形質はそうではないとみなす．データとして与えられた50個の形質のうち，分岐学的最節約法は，形質1-45は無視し，形質46-50だけを考察の対象とする．その結果，最もよく支持された類縁関係の仮説は，(AB)Cであるという結論に達する．ここで，分岐学的最節約法とは**特殊**類似性の理論の発展形態であるという点に注意しよう．その理論のもとでは，単に共通形質があるというだけでは，共通祖先から生じた証拠にはならない．証拠として役立つ類似性は，派生形質共有であって原始形質共有ではない．

　こんなに単純な例でも，上の2つの方法で結論が異なる．では，どちらが正しいのだろうか．それは，形質進化に関して置かれる仮定が妥当かどうか

註30　以下の部分では，形質分布をアルファベット順に並べて表現するという規約にしたがう．したがって，100分布とはAが派生形質(1)をもち，BとCが原始形質 (0) をもつことを意味する．

による．全体的類似度法が敗北し，最節約法が勝利をおさめる例として1つの仮想状況を想定しよう．その状況とは次のようなものである．図2に示した系統樹において，各形質がたかだか1回だけ変化できると仮定しよう．種ゼロは定義によりそのすべての形質状態が原始的状態0である．したがって，上の制約条件のもとでは，どの形質も0から1へという形質状態の変化は可能だが，1から0へという逆方向の変化はできないということになる．また，この変化が一度しか生じないという規則のもとでは，同一形質は二度にわたって0から1へ変化することはできない．

新形質はただ1回生じてその後は消滅しない[31]というこの制約条件は，形質46-50にみられる派生形質共有は，ある単系統群(AB)Cに対応していなければならないということを意味する．このことは，たとえこの110分布をする形質がたった1つしかない場合でもいえることである．その理由は，このような場合に進化がどのように進行したかを想像してみればわかる．種ゼロは最初は原始的状態(0)をもっていた．その後の世代で，派生的状態(1)がはじめて出現した．ここで系統樹を切ることにしよう．系統樹の末端にいたるまでのすべての子孫はこの新形質を保持しており，また系統樹のそれ以外の部分ではその新形質が再び進化することはなかったはずである．つまり，系統樹からサンプルをとったとき，AとBの間の派生形質共有にもとづく類似性は，AとBが，Cを含まないある単系統群に属していることを意味しなければならない．

それでは，最初の45個の形質がもっている証拠としての意味は何だろうか．それらの形質はすべて原始形質共有を示している．それらを類縁関係の証拠として用いれば，形質46-50の主張と矛盾してしまうだろうから，それら45個の形質は使えない．しかし，BとCの間に原始形質共有にもとづく類似性があるということは，どんな類似性の仮説とも矛盾しないという点に注意しよう．たとえば，BとCの近縁性が最小であり，それらに最も近い共通祖先が種ゼロであるという場合であってもそのことは成り立つ．一方，形質進化に関するわれわれの仮定のもとでは，共有派生形質をもった種の間では近縁性を最小にすることはできない．それらは，種ゼロよりも新しいある共通祖先をもっていなければならない．

共有派生形質と共有原始形質がもつ証拠としての意味については，後の章

註31 ここでは，「新形質」(novelty)の定義としてではなく，きわめて偶発的な（一般には通用しない）仮定としてこの規則を置こうとしている．「真」の新形質は，定義により，多重起源ではあり得ないという説については，4.2節で論じることにする．

でも詳しく議論することになるだろう．ここで私が指摘したかったことは，分岐学的最節約法と全体的類似度法が方法としてどのように異なっているかを示す単純な例を与えることだけだった．全体的類似度法は共有派生形質と共有原始形質に同等の重みづけをする．一方，分岐学的最節約法のもとでは共有派生形質だけが系統関係の証拠とみなされる．

　もちろん上の議論では，分岐学的最節約法と全体的類似度法のどちらが優れているのかという点についてはまったく言及しなかった．その理由は，新形質は一度だけ生じ，生じた新形質は決してなくならないという明らかにまちがった仮定に沿って議論してきたからである．進化がこの条件を満たしていたとしたら，全体的類似度法は間違っており，分岐学的最節約法のほうが正しいということになるだろう．だからといって，もっと現実的なほかの仮定のもとでのこれらの2つの方法の長所短所に関しては何もいえない．

　全体的類似度法は，共有派生形質と共有原始形質のどちらにも同じ重みを与えるので，ある形質のどの状態が原始的であり，どれが派生的であるかを決める必要がない．一方，分岐学的最節約法は，この2種類の共有性についての証拠としての価値は根本的に異なるという見解に立っている．したがって，分岐学的最節約法を用いるときには，各形質についてどの形質状態が原始的であるのかを確認しなければならないのである．種ゼロの形質状態は，直接観察すればわかるわけではなく，推定されるものである．この推定，すなわち形質の「方向性」の決定をどのようにして行なうかについては，第6章で論じることにする．

1.4　形質不整合とホモプラシーの問題

　哲学者にとっては，誤解，勘違い，紛らわしい証拠，論理の誤りなどといったものがいっさい存在しない世界では知識が得られるという証明は簡単なことである．しかし，どのように理念化したり単純化しようが，現実の世界を認識論的にみると，決してそういう理想郷ではないという事実を哲学はいつでも念頭に置いている．五感がいつでも正常に機能するとはかぎらない．またたとえ正常に機能していたとしても，世界はしばしば紛らわしい証拠を提供するため，真実よりもむしろ誤りを示している方が多いようにも思える．これまで論じてきた単純な進化モデルは，ここでいう理想郷に相当するものである．すなわち，どの形質が派生的でありどれが原始的であるかという知識と，各形質はただ一度しか状態変化をしないという知識があらかじめあるならば，共有派生形質にもとづく単系統群の推定を誤るはずがない．けれども，

われわれはそろそろ理想郷での話をやめて現実の世界について考察しなければならない時期にきている．

今まで考えてきた形質は，すでにデータ表として示してあるとおり，100 および 110 という分布パターンをもつ最初の 50 形質だった．ここで，011 分布パターンをもつ 51 番目の形質をデータとして付け加えるとどうなるだろうか．そのときは，何らかの誤りがなければならないという結論が出てくる．すでに知っているように，どの形質もただ一度しか変化できないという形質進化に関する仮定のもとでは，46 から 50 までの形質にもとづいて (AB)C の仮説が真であることが**演繹**される．けれども，形質 51 を考えると，まったく同じ仮定のもとでこの新しい形質から A(BC) が真であることが**演繹**される．問題は，(AB)C と A(BC) という 2 つの仮説は両立できないことである．なぜなら，単系統群は部分的に交わることはできないからである．

形質の変化が複数回は生じなかったという確信があれば，形質のスコアの取り方に誤りがあったのだからそれを探す必要があるだろう．すなわち，形質進化についてのその仮定が正しかったならば，われわれの観察が誤りでなければならない．形質 51 が共有原始形質ではなく共有派生形質であったと考えたことが誤りだったのかもしれない．それとも，結局は形質の**方向性**の推定——形質状態の原始性・派生性の推定——そのものが誤っていたのかもしれない．それ以外の誤りも考えられるだろう．しかし，進化学者ならば，誤りを導いた原因の 1 つは形質進化の仮定であると考えるだろう．すでに指摘したように，進化的新形質はただ一度しか出現せず，また現われた新形質は消滅できないという主張そのものが不合理なのである．

ここで，上述したタイプの不整合データに照して分岐学的最節約法が対立仮説をどのように評価するのかを詳しく調べることにしよう．110 形質は A(BC) ではなく (AB)C を支持し，一方，011 形質はその逆を支持する．この不整合データのもとで分岐学的最節約法から導かれる帰結を論じる際，形質状態はただ一度しか変化しないというような非現実的な仮定はもちろん置かない．

われわれの実例の 51 個の形質を (AB)C と A(BC) がどのように説明しているのかをもっと詳しく調べてみよう．これらの 3 分類群が図 2 に示された系統樹の末端から抽出されたものであるという仮定をもう一度思いおこそう．サンプル抽出に関するこの仮定のもとでは，(AB)C および A(BC) の分岐群

註 32 　単純化のためのこの仮定——3 種のなかにはどれかの種の祖先となるものは含まれていない——は，最節約性の計算に関して言えば，無害である．以下の説明は系統樹ではなく分岐図の観点から理解していただきたい．

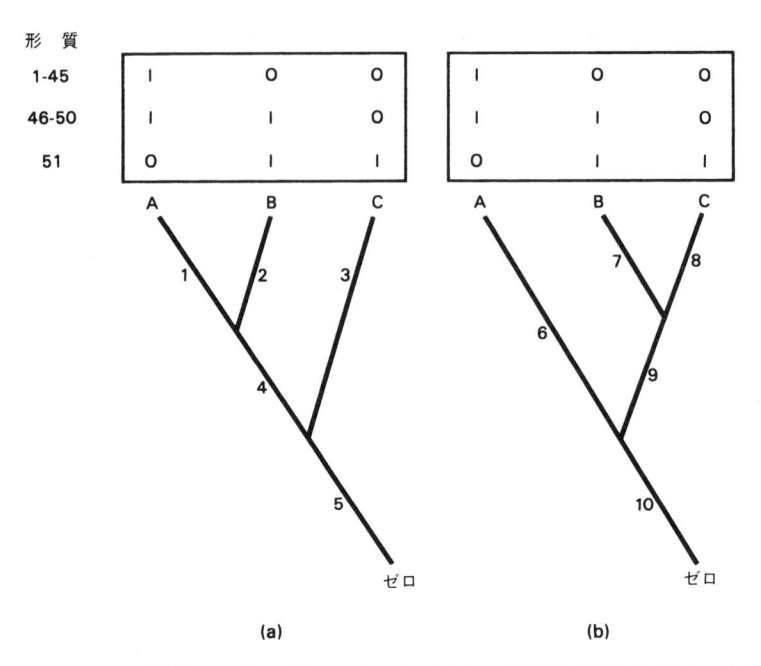

形質							
1-45	1	0	0		1	0	0
46-50	1	1	0		1	1	0
51	0	1	1		0	1	1

(a)　　　　　　　　　　　(b)

図 5　2つの系統樹と51個の形質から成るデータ集合．系統樹(a)はホモプラシーを仮定しなくても形質1-50を説明できるが，形質51についてはホモプラシーを想定しなければならない．系統樹(b)はホモプラシーを仮定しなくても形質1-45と51を説明できるが，形質46-50についてはホモプラシーを想定しなければならない．したがって，系統樹(a)の方が最節約的である．

のそれぞれに対して一意的な系統樹を対応させることができる．これらの2つの系統樹を図5に示した[32]．この図では，2つの系統樹の枝には番号がつけられており，また系統樹の上には51個の形質から成るデータ集合が示されている．

　110形質（すなわち形質46-50）は，(AB)C系統樹のもとではその系統樹の内部で生じたただ1回の進化的変化によって説明できる．種ゼロはもちろん形質状態0で始まる単一の0→1変化が枝4で生じ，それ以外の変化がどこにも起こらなかったならば，110という結果が系統樹の末端で得られる．もちろん，別の説明も可能である．枝4で奇数回の状態変化が生じ，そこ以外では何も変化が生じなければよいのである．また，枝4では奇数回の変化が起こり，別の枝では偶数回の変化が生じたという説明でも差し支えないだろう．

(AB)C系統樹での011形質（データ集合の形質51）は，別の解釈をしなければならない．もしある011形質が図5aに示された(AB)C系統樹の上で進化したならば，少なくとも2回の状態変化がなければならない．$0 \to 1$という2回の状態変化が枝2と枝3で生じればよい．あるいは，$0 \to 1$変化が枝5で生じ，$1 \to 0$変化が枝1で生じたとしてもよいだろう[33]．

　一方，図5bに描かれたA(BC)仮説のもとでこれら2種類の形質を説明しようとすると，まったく正反対の状況が現われる．011形質はこのA(BC)系統樹のもとでは，枝9で生じたただ1回の$0 \to 1$変化によって説明できるだろうし，大多数の変化はこの形質分布を生んだこの系統樹と矛盾しない．しかし，A(BC)系統樹が110分布を生じるためには，少なくとも2回の変化が系統樹の内部で起こらなければならない．たとえば，2回の$0 \to 1$変化が枝6と7で生じたか，または$0 \to 1$変化が枝10で生じ，$1 \to 0$変化が枝8で生じたと考えればよいだろう．

　ここで，分岐学的最節約法の名前の由来がわかる．この推論方法は，進化的変化の回数が最も少なくなる系統仮説が最良の仮説であると主張する．110形質は(AB)C仮説を支持するが，A(BC)仮説は支持しない．その理由は，110形質を説明する上で，(AB)Cがただ1回の変化を要求するのに対し，A(BC)が3回の変化を要求するからである．対照的に，011形質はA(BC)仮説を支持するが，(AB)C仮説は支持しない．その形質分布を説明する上で(AB)CがA(BC)よりも多くの変化を要求するからである．

　一方，100共有原始形質はどちらの仮説でもただ1回の変化を想定することにより説明できることに注目したい．進化的変化数を最小化するときに，証拠としての役割を果たしているのは，共有原始形質ではなく，共有派生形質の方である．分岐学によれば，共有原始形質はどんな系統仮説によっても同等に説明されてしまうから，仮説間の比較には役立たないのである．

　それでは，このデータ集合に含まれている形質51はどう処理できるのだろうか．形質1-45はここでの議論からは除外できる．それらの形質は(AB)Cか，それともA(BC)かという仮説の選択にとって何の役にも立たないからである．形質46-50のそれぞれは110パターンをもっているから，(AB)Cを支持することになる．形質51は011パターンをもっているから，A(BC)を

註33　ここで重要なことは，定義によりすべての形質に関して原始的であるのは，種ゼロであってA, B, Cの直接の共通祖先ではないという点である．それゆえ，互いにホモロジーである011分布をもつある形質の2つの派生的形質状態は(AB)Cと整合的なのである．ホモロジーの概念については，この節の後で論じる．

支持する．したがって，(AB)C を支持する「票」の数は5であるのに対し，A(BC) を支持する「票」は1票しかない．形質に与える重みがすべて等しいとすると，(AB)C は全部のデータを踏まえたときにより強く支持されることになる[34]．51個の形質を一括して考えたとき，(AB)C 仮説は 45＋5＋2＝52 個の進化的変化を要求するのに対し，A(BC)仮説の方は 45＋10＋1＝56 個の変化を要求する．

　分岐学的最節約法についてはこれまで二度にわたって説明してきた．この方法は，共有原始形質ではなく共有派生形質が系統関係の証拠であるとの立場に立っている．さらに，進化的変化の回数が最小である仮説が最良と主張する．これら2つの定式化は等価であり，仮説を評価する上での同一の基準を異なる観点から見ているだけである．しかし，最節約性を説明する際に，最良の系統仮説は**ホモプラシー** (homoplasies) が最少であるという説明もよくある．この新しい概念は定義しなければならない．

　2種の共有するある特性が，一方の種から他方に受け継がれたものかまたはその特性をもつ共通祖先から変化することなく遺伝されたものならば，その種の特性は他種の特性と**ホモロジー** (相同：homology) の関係にあると呼ばれる．しかし，この類似特性が別々の起源に由来するものならば，その共通特性は**ホモプラシー** (非相同：homoplasy) とされる[35]．

　110 形質にみられる共有派生形質は，(AB)C が真の系統樹であるならば，ホモロジーである「かもしれない」．(AB)C 系統樹はホモロジーを要求しないが，枝4で単一の進化的変化が生じたという可能性を残している．一方，011 形質は，もしも (AB)C が真であるならば，何らかのホモプラシーを想定しなければならない．$0 \to 1$ 変化が枝2と3の両方で生じたとすると，B と C がもつ共有派生形質はホモプラシーということになるだろう．一方，枝5での $0 \to 1$ 変化と枝1での $1 \to 0$ 変化がそれぞれただ一度だけ生じたとすると，B と C によって共有される派生形質はホモロジーであるが，種 A と種ゼロによって共有される原始的形質状態はホモプラシーということになるだろう．したがって，(AB)C のもとでは，011 形質を説明するためにホモプラシーを仮

註 34　形質の重みづけの重要性については，6.6節で述べる．

註 35　ホモプラシーとは，古くから使われてきた相似 (analogy) にほぼ対応する言葉である．ホモプラシーには，並行進化 (parallelism) と収斂 (convergence) が含まれている．どちらの場合も，2つの子孫種は独立にその形質を進化させた結果，それを共有するにいたったのである．収斂では，子孫どうしは祖先どうしよりも (その形質については) 互いによく類似している．一方，並行進化ではそれは成り立たない (Dobzhansky et al. [1977, p.265])．

定する必要があるが，110 形質についての説明のためにはその必要はない．

A(BC)系統樹の方に目を向けると，対照的な結論に達する．すなわち，この系統樹は，011 形質を説明する上でホモプラシーを何ら必要としないが，110 形質を説明するときにはホモプラシーが必要である．どちらの系統樹であっても，共有原始形質（このデータ集合では形質 1-45）の説明にはホモプラシーは不必要なことに注意しよう．

血縁群の仮説によって形質分布に対する説明がどう変わるかをこのように詳しく調べてみると，ホモロジーとホモプラシーでは認識論的性質が異なっていることがわかる．ある系統樹と（方向づけられた）形質分布データとの連言命題（conjunction：訳註 1）は，特定の形質がホモプラシーであることを意味するが，任意の形質の一致がホモロジーであることをそれだけでは決して意味しない．したがって，共有派生形質と共有原始形質はホモロジーであるかもしれないが，そうでなければならない必要はない．共有された派生形質または原始形質について論じるためには，ある祖先のもつ形質状態に照らして，2 つの分類群の形質状態が**一致** (match) することを示さなければならない．しかし，形質状態が一致する 2 つの分類群とその祖先の間の形質進化の詳細は，形質状態の一致を調べただけではわからない．もちろん，形質の変化がただ 1 回だけであるという上の理想的状況があてはまるとしたら，どちらのタイプの形質状態の一致もホモロジーということになるだろう．しかし，この保証がないとしたら，共有派生形質や共有原始形質がホモロジーであるかどうかという問題はさらに考察を必要とする[36]．

不整合的な形質があることは，前節で論じた分岐学的最節約法の原理に反することをすでに私は指摘した．新しい形質が 1 回だけ生じその後決して失われないとしたら，110 型形質と 011 型形質の分布（"0"は原始的状態であり，"1"は派生的状態である）が同時に生じることはない．ここで，複数回の形

訳註 1　連言命題 (conjunction) とは，2 つまたはそれ以上の命題を「かつ」(and) で結合した複合命題を指す．

註 36　共有派生形質 (synapomorphy) という用語は，共有派生形質とはホモロジーでなければならないという条件をつけてしばしば用いられる．この用語規定は，「推定上の」(putative)共有派生形質（派生形質の一致）と「真の」(real) 共有派生形質（相同派生形質）との区別をもたらすことになった．それに代わる私の用法では，共有派生形質は相同形質であってもなくてもかまわない．私の用法は，生物学ではこれまで前例がないが，いくつかの長所を持ち合わせている．第 4 章では生物学者がこの概念をどのように用いてきたかを検討し，第 4, 6 章では私の用法の長所を論じることにする．繰り返すが，私の用語設定における指針は，明瞭性と無矛盾性であり，さらに言えば，たとえ望ましくても現時点では不可能なありとあらゆる用法に対応できるかどうかという点にある．

質状態の生起と逆転をまったく禁じたこの規則を確率的な規則に置き換えてみよう．図2の系統樹にはたくさんの枝がある．各枝での変化確率が十分に小さく，系統樹全体にわたる各形質の変化回数の期待値が1よりもずっと小さいと仮定しよう．独立な生起と逆転が不可能であるという仮定の代わりに，ここではそれらの現象がきわめて起こりにくく，各形質はせいぜい1回だけ変化すると期待されていると考えるわけである[37]．

仮定をこのように変えることにより，いくつかのことがわかる．ここでは，形質と系統仮説との関係に関してこの確率モデルから得られる結論についてはおおざっぱに述べるだけにする．詳細な議論は第5, 6章にまわす．

第1に，共有派生形質は単系統群の証拠を与えるが，単系統群が存在しなければならないという絶対確実な保証を与えるものではない．110形質はAとBがCを含まないある群を**演繹的に導く**(deductively imply)わけではない．また，011形質もBとCがAを含まないある群を演繹的に導かない．われわれは（方向づけられた）形質分布から系統発生を演繹することなどできないのである．むしろ，症状と病気との関係と同じことが形質と系統仮説にもあてはまる．症状が観察されることは，ある特定の仮説をより強く支持するが，たとえ症状が実際にみられたとしてもその最良の仮説が誤りであることもあり得る．110形質がA(BC)仮説ではなく(AB)C仮説を支持するのは，前者がより多くの変化を要求し，その変化がきわめて起こりにくい現象であるとわれわれがみなしているからである．これとは対照的に，011形質は(AB)CではなくA(BC)を支持する．後者の仮説は，観測データを説明する上で必要な起こりにくい現象の数がより少なくてすむからである．あらゆる面からみて，説明する上で必要な起こりにくい現象の数を最小にする仮説を選ぶということになる．変化がきわめて生じにくいと仮定されるとき，不整合データの可能性を禁じない分岐学的最節約法が成立するための十分条件が導かれる[38]．

註37　この確率論的定式化は，不整合的な形質分布を可能にするだけでなく，進化樹がすでに述べたただ一度だけ変化が生じるという唯一則を満たすための遠隔影響（action at a distance）を除去するという長所がある．系統樹のある部分で変化が生じたときに，その変化が系統樹の別の部分で生じる変化の可能性をどのようにしてあらかじめ閉ざせるのだろうか．そのような因果的影響をおよぼす物理的機構は想像できないことはないが，一般則としてそのようなものがあると考えるのは妥当ではないだろう．

註38　尤度（likelihood）の概念を用いれば進化プロセスに関するある仮定のもとで，系統仮説の妥当性を形質データに照らして評価できるということである．詳しくは，第5, 6章で論じることにする．

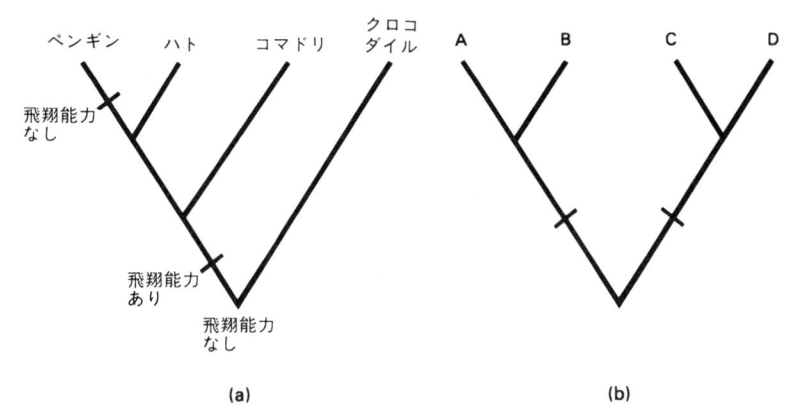

図6 (a)飛翔能力は，対象生物群がペンギン，ハト，コマドリ，ワニの場合には，派生形質といえる．しかし，分類群がペンギン，ハト，コマドリに限定された場合には，同じその形質が原始形質になる．(b) A と B の類似性および C と D の類似性はホモロジーであるが，A と C の類似性はホモプラシーである．

　さらにまた，最節約法のこの原理は（まだその大筋しか議論していないが）必要条件ではなく，十分条件でしかない．最節約原理が主張するように，共有派生形質と共有原始形質がまったく異なる意味をもつという考えを支持する根拠はおそらく他にもあるだろう．それらの根拠について調べる必要がある．確かに，上で指摘した十分条件が緻密な議論に耐え得るものかどうかという点は調べる必要があろう．とりあえず，われわれが最初に用いた不自然なプロセスモデル（各形質はせいぜい1回しか変化できない）に代わる別のプロセスモデルでも，全体的類似度法ではなく最節約法に軍配が上がることを明らかにしよう．また，全体的類似度法が推論方法として意味をもつような別のプロセスモデルも存在するだろう．それもまた，われわれの考察すべきことなのである．

　これまでの議論で得られた分岐学的最節約法の原理は，もう少し整備しておかねばならない．ある形質が派生的あるいは原始的であるというとき，それは絶対的な概念ではなく，分岐プロセスのあるレベルを基準にしたときの相対的な概念にすぎない．ハトとコマドリとワニを分類するとき，はじめの2種は飛翔能力をもつという事実を派生形質の1つとして数える．けれども，ペンギンとハトとコマドリを分類するときには飛翔能力は原始形質となるだろう[39] この相対性を図6aに示した．

　ホモロジーとホモプラシーの概念にも同じような相対性がある．図6bの系

統樹では，ある形質が2回生じ（図中の短線はこの現象を示している），その後の変化はないことが示されている．はじめの4種は問題の形質を共有している．A と B での一致は，C と D での一致と同様に，ホモロジーとして数えられるだろう．一方，A と C では，同一の形質が共有されているにもかかわらずホモプラシーとなるだろう．厳密に言えば，ホモロジーとかホモプラシーなのは，形質そのものではなく，形質の**一致**なのである．対象生物群で一致した形質に対して，形質がホモプラシーかどうかが議論できる[40]．

この種の相対性の1例として，**胎生**という形質を考えてみよう．この特性は哺乳類のなかではホモロジーであるが，魚類やヘビのある種においては独立に進化したとされている．哺乳類と魚類に関して言えば，それらの一致はホモプラシーとなる．一方，ヒトとチンパンジーではその一致はホモロジーとなる．鳥類のなかでの飛翔能力と鳥類と昆虫類の間での飛翔能力も同様の例を与える．

単純な特性が組み合わさった複雑な形質に対してホモロジーとホモプラシーを区別するときには，別の問題が生じる．鳥とコウモリにみられる「翼」を考えよう．それらの共通祖先の前肢に由来する（と信じられている）骨格形態のある部分はホモロジーであるが，飛翔のための形態の変形は2系統で独立に進化した．

形質と形質状態の違いが系統分析のレベルによって相対的に変わるという点も重要である．霊長類のなかでは，歩行という形質がみられるが，その状態には直立歩行と非直立歩行がある．けれども，より大きな分岐群のなかでは，歩行は形質状態の1つと数えられ，それ以外の形質状態は移動の別の様式である．ここでの階層性は，確定可能性質と確定性質（determinable/determinate）とを区別する哲学者にとってはおなじみのことだろう[訳註2]．

言葉の問題はまた残っているが，これまでのところで形質進化に関する単純な（妥当性には欠けるかもしれない）仮定が，分岐学的最節約法と呼ばれる方法論をどのように正当化するかを私は示そうとしてきた．先端に向かうプロセスで形質の変化がせいぜい1回だけならば，共有派生形質は間違いな

註39　飛翔能力が鳥類の起源を示す新形質かどうかについては疑問が呈されてきた．飛翔能力は，それを有していた爬虫類の祖先から由来したのかもしれない．それはともかく，ここでの論点は，原始形質／派生形質の相対性の問題であり，そういう歴史的問題とは関係ない．

註40　最節約性の程度を計算するためにホモプラシーの回数を数えるには，「余分な」（extra）変化の回数を数える．この例では，末端分類群の4対にホモプラシーによる一致がみられるが，ホモプラシーの回数そのものは1回である．

く単系統群を特定するが，共有原始形質にはそうした保証はない．形質の多重起源と逆転がまったく不可能ではなくごく小さい確率で生じ得るならば，共有派生形質は類縁性に関するきわめてよい証拠となるが，共有原始形質には証拠能力がほとんどない．この最後の論点を私はまだ証明してはいないが，直観的には妥当な主張であるということだけをここでは指摘しておきたい（より厳密な議論は，第6章にまわさなければならない）．全体的類似度法が合理的な方法かについて論じなかったが，その方法がいかなる条件でも満たすような適当な進化モデルは作れることがおわかりいただけるだろう．どんなに馬鹿げた方法であっても，それに正当性を与えるプロセスモデルを作ることは可能だろう．しかし，そんな小手先のごまかしで系統推定の問題が解決できる望みはまずない．

　対象群について確信がもてる詳細な進化プロセスのモデルが作れるならば，もっと有望だろう．けれども，すでに述べたように，パターンの場合と同様にプロセスについてもわれわれはあまりに無知なことが多い．こんなときには，系統推定が可能になる範囲で，プロセスモデルの仮定を論理的にどこまで弱められるかを考察することが自然であるといえるだろう．しかし，餌を減らそうとするあまり牛を死なせてしまったイソップ物語の農夫の話ではないが，プロセス仮定を弱めるといってもおのずと限度があることを知らなければならない．その限度を越えるほどプロセス仮定を弱めてしまうと，パターンはもう検出できなくなってしまうだろう．

　しかし，生物学の観点から議論をすすめる前に，いま直面している推定問題が何であるのかをもっと一般的な視点から論じることが役に立つだろう．系統推定での中心概念である最節約性は，一般には非演繹的推論に対する1つの制約条件としてこれまで議論されてきた．第2章では，この一般的な哲学の問題を論じる．第3章では，生物学的問題に光を当てるもう1つの哲学のテーマを取り上げる．この**共通原因の原理**(the principle of common cause)は，観察結果の因果的過去をたどる際の妥当な制約基準として支持されてきた．この原理の長所短所を明らかにすれば，系統関係をどのように究明できるのかという問題を解くための手掛かりが新たに得られるだろう．これら2つ

訳註2　たとえば「色」に対する「赤色」あるいは「形状」に対する「円」の関係は，確定可能性質(determinable)に対する確定性質(determinate)とみなされる．この関係を最初に指摘したW.E. Johnson [1921] *Logic, part* I (Cambridge University Press, Cambridge) は，確定可能性質が決まっても確定性質は決まらないが，後者が決まれば前者も決まると論じた．この階層関係は形質に対する形質状態にもあてはまる．

の章での哲学の議論をふまえて，第4章以降では体系学の諸問題を詳細に調べることにしよう．

第2章 哲学からみた単純性問題

2.1 局所的最節約性と大域的最節約性

第1章では，分岐学的最節約法という系統推定法について説明した．この方法は，共有派生形質（派生的形質の一致）は系統関係の証拠となるが，共有原始形質（祖先的形質の一致）はそうではないと主張する．言い換えれば，最も強く支持される系統仮説は，ホモプラシーが最も少ない仮説ということになる．そのために，この方法は「最節約法」（parsimony）と呼ばれる．問題は，ある量を最小にする説明がデータの最良の説明かどうかという点である．

第1章での私のもくろみは，答えはともかく問題点を提起することだった．それは，系統推定に最節約性を用いることが合理的であるためには，どんな進化プロセスがあればよいかという疑問である．ホモプラシーがないことは，共有原始形質ではなく共有派生形質の方が重要であるという最節約性の判断が正しいための**十分条件**であることはすでに示した．しかし，十分性は必要性ではない．分岐学的最節約法が何を前提としているのかについてはまだ答えていない．最節約性が現実にホモプラシーが稀であることを要求しているのではという疑いがもたれるかもしれない．しかし，今のところそれは疑いにすぎない．

分岐学的最節約法についての生物学者の議論は，いくつかの点で，最節約性と単純性に関する科学哲学者の議論の繰り返しである．ふつう哲学者は，どんな研究分野であっても，観察と整合的な対立仮説はいくつもあるとみなしている．どのようにしてそれらの仮説から1つを選べばいいのか．哲学者や科学者はおしなべて単純かつ最節約的な仮説を選択することは科学方法の根幹であるとしばしば主張してきた．ここで1つの疑問が生じる．この選択基準は何を前提としているのか．とりわけ，単純性礼讃は自然が単純であることを踏まえているのだろうか．

本章では，哲学での経緯をたどりながらこの疑問に答えたい．科学的推論で用いられる単純性が，自然現象に関する仮定を必要とするという主張は，旗色が悪くなってしまった．今世紀になって，ほとんどすべての科学哲学者はこんな説は話にならないと否定するにいたった．しかし，昔はそうではなかった．歴史を遡ると，単純性基準の使用が自然現象に関わる仮定を置いていると，かつては解釈していた（2.3節）．この「存在論的」（ontological）な立場[1]が，なぜ最節約原理は「純粋方法論的」（pure methodological）であるとする説に取って代わられたのかを調べる必要がある（2.4節）．さらに，現在ではむしろ標準となった後者の見解のもとで，すべてが解釈されたわけではないことを指摘したい．最節約性には直接言及していない科学哲学の別の研究が，この問題を再び提起することになった（2.5節）．

本章では，系統推定に固有の問題はほとんど言及されていない．それは，哲学者が最節約性を科学的思考に対する**大域的制約**（global constraint）とみなす傾向があるからである[2]．哲学者は，最節約原理そのものはただ1つしかなく，それが物理学や生物学をはじめあらゆる研究分野に応用されているといつでも考えてきた．

科学的推論に関するこの仮定は，演繹の妥当性だけでなく演繹と帰納の間にみられる魅力的な類似性によって強力に支持されてきた．演繹的に妥当な論証では，前提が真であるならば，結論も同様に真でなければならない．帰納的に強力な論証では，前提が真であるならば，結論が真であることが確証されたり，確率が高まったり，あるいは強く支持されたりする．演繹は帰納の極端な場合——前提が結論を支持する強度が最大となる場合——である，と哲学者はしばしば考えている．

この類似性に疑念がもたれなかったわけではない．しかし，その説に問題があることに気づいた哲学者でも，説得力のある類似性がそれ以外にもあると主張した．演繹的論証の妥当性はその論理形式に依存し，対象に依存してはいない．次の2つの論証はどちらも妥当である．さらに，それら2つの論

註1 「存在論的」（ontological）な主張とは，自然界のありさま（the way the world is）に関する主張のことである．したがって，この言葉を私が用いるときには，最節約性または単純性の使用が自然界における現象や様態に関する仮定を置くという観点を意味する．

註2 Hesseの総説[1967]は，関連する哲学分野の文献紹介として役立つ．彼女が論じたJeffreys [1957]，Popper [1959]，Kemeny [1953]，Goodman [1958] の理論のほかにも，Quine [1966]，Friedman [1972]，Sober [1975]，Rosenkrantz [1977]，Glymore [1980] によるさらに新しい研究がある．

証は，たとえ対象がまったく異なっていたとしても，同じ理由により妥当であると言える：

  すべての魚は泳ぐ．   すべての素粒子は質量をもつ．
  すべてのサメは魚である． すべての電子は素粒子である．
  ――――――――――― ―――――――――――
  すべてのサメは泳ぐ．   すべての電子は質量をもつ．

論理学者は，これらの論証が共有する属性を，次のように示すだろう：

  すべての B は C である．
  すべての A は B である．
  ―――――――――――
  すべての A は C である．

　この図式の文字は別の文字で自由に置き換えられ，いつでも演繹的に妥当な論証となる．したがって，妥当な演繹のための規則は，対象の変更に対して不変であるとみられる．それらの論証は，**あらゆる**科学分野の論証に通用するという意味で**大域的**（global）である．

　哲学者，科学者，統計学者が非演繹的推論の原理を論じるとき，それらの原理もまた大域的であると一般に仮定されている．どんな統計学の教科書をひもといても，信頼区間や尤度や適合度など，どんな経験的対象にもあてはめることのできる手法の計算手順が書かれているだろう．その教科書にはキリンの母集団の平均身長を推定する方法が説明されているかもしれないが，それが１つの例にすぎないことは誰もが知っている．この規則は大域的であり，どんな対象の母集団のどんな属性の平均を推定するときにも用いることができる．

　したがって，最節約性が科学の根幹であると信じている者が，それを大域的であると考えるのは実にもっともなことである．ふつうに考えれば，最節約原理は十分に抽象的であり，対象の如何を問わず，仮説の対立の裁決に適用できる．

　この仮定は正しいかもしれない．しかし，それはあくまでも仮定にすぎない．演繹的推論の場合には，妥当な大域的推論原理が存在するという主張の根拠はもっと確かである．納得のいく演繹的推論規則を実際に書き下し，対

象の変更に対して不変であることを指摘できるからである．けれども，すべての科学的推論への制約とみなせる大域的な単純性概念はいまだに形式化できていない．これは単純性が大域的ではないという意味ではない．非演繹的推論に対するわれわれの理解が，演繹に対する理解よりもはるかに初歩的な段階にとどまっているということなのである．

この点についての読者の見解がどうであれ，分岐学的最節約法の占める位置はもっとはっきりしている．分岐学的最節約法は共有派生形質，共有原始形質そしてホモプラシーの概念によって表現されている．それは系統関係の仮説にかぎられており，それ以外の対象に関する仮説に適用されているわけではない．分岐学的最節約法は，**局所的**(local)な非演繹的推論原理である．

では，科学哲学で論じられている大域的な最節約性の概念は，系統推定で用いられる局所的な最節約性概念とどのような関係にあるのか．これは重要な問題で，ここではとりあえず問題の指摘だけにとどめておく．第4章では，分岐学的最節約法は大域的最節約性の帰結であると考える生物学者がいることにも触れるつもりだ．その考えによると，科学的方法は単純な仮説が複雑な仮説よりも好ましいと主張するのだから，体系学者は分岐学的最節約法を用いて系統関係を推定すべきであるという．ここでは，私はその主張の正当性については論じない．私の今の論点は，その主張には証拠が必要であるということである．すなわち，最節約性の2つの概念すなわち，局所的および大域的概念から議論を始めなければならない．その後で，両概念の間にいかなる関連性があるのかを議論したい．

ここでは，大域的な最節約性概念に焦点を当てたい．なぜ科学的方法[3]には最節約原理が必要だと考えるのだろうか．また，この原理は自然界の現象に関して前提を置いているのだろうか．

この章の議論は系統発生的に進む．次の節では，今世紀の哲学者の最節約性や単純性に対する考え方の歴史的起源を論じる．その節では，それらの方法論的基準の内容について述べ，それらが置く自然界に関する仮定には触れない．すなわち，最節約性や単純性に依存する典型的な推論形態を述べようと思う．2.3節では，自然界がもつある蓋然的性質を理由に最節約性が科学的

註3　科学的方法「というもの」("the" scientific method) という言いかたをすると，時代を超えすべての科学分野が共有していた単一の方法論の体系が存在する，と受け取られかねない．しかし，私はそういう主張をしてはいない．たしかに単純性の占める地位に関して私が到達した結論は，科学方法論は現象面での世界観をもたねばならないという点だった．けれども，普遍かつ不変の方法体系が存在するとここで仮定したのは，議論を進めるためだけである．

推論における合理的手段であるとみなしたもっと古い思考伝統（今ではもうすたれてしまったが）をとりあげ，最節約性の前提への疑問を述べる．最節約原理が純粋に方法論的ではなく現象に関わるという説は批判されてきたが，それについては 2.4 節で論じる．したがってこの論点に立てば，最節約性は現象とは関係ない純粋方法論的な原理であるという主張を支持するようにみえるだろう．けれども，2.5 節では，この評決を翻す反論を展開する．最終的に，私は前章で示唆した予想に沿った結論に到達する．**科学者が最節約性のもとで観察データに照らして対立仮説のなかのある仮説をより合理的であると結論するときには，自然界の現象に関する仮定が置かれていなければならない．「純粋方法論的」な最節約性は現実にはありえない．**

2.2 2 種類の非演繹的推論

20 世紀の科学哲学での単純性の議論を遡ると，2 つの源に行き当たる．1 つは哲学にはじまり，もう 1 つは科学からはじまる．哲学側からみた最節約性の問題が，科学で生じる問題とは大きく異なっていることを考えれば，この二重の起源は重要である．

現代の単純性思想の哲学的根源は Hume の帰納問題に帰せられる．帰納が合理的に正当化できるのかを論じた Hume は自然の斉一性原理 (the Principle of the Uniformity of Nature) という主張を前面に押し出した．細かい点では見解を異にする 20 世紀の哲学者も非演繹的推論が単純性原理を抜きにしては考えられないという点ではほぼ彼に同意する．Hume の自然の斉一性原理はこの手の主張のはしりだった．局所的な時間や場所で観察できる現象は，ほかの時間や場所でも（おそらくは宇宙全体にわたって）生じ得るという考え方は，世界がある意味で単純であるという説である．斉一性，すなわち空間的均質性と時間的不変性の主張は，一種の単純性である．局所的な観察が大域的にあてはまるという考え方は，観察されたものから観察されないものへの単純な外挿をしているのである．

Hume の議論は今世紀にも継承されてきたが，議論の過程で変化が生じた．現代哲学で帰納といえば，前提と結論をある特定の推論規則によって結ぶ論証方法であるとふつう考えられている．この推論形式を解明するために，科学者や一般人による世界の認識にどんなパターンがあるのかが調べられたのである．

しかし，Hume は帰納的思考は推論過程などではなく習性 (habit) であると考えた．『人間知性研究』のなかで，Hume は「どんなに無知な農夫でも，

子供でも，いや野獣でさえ，生じた結果を観察することにより，経験から学び，自然物の特質について知識を得る」(Hume[1748, p.52])と述べている．Humeが引用した事例では，帰納とは自然が斉一的であるという仮定をふまえて結論を導くことではない．Humeにとって，この種の帰納は，理性を伴った推論では決してない．ある面で過去と未来が似ていると期待する習性は膝蓋腱反射と同じである，とHumeは主張した．医者がハンマーで膝を叩けば足は空を蹴る．その際，刺激から応答までの間には推論もなければ自然の斉一性という仮定もいっさいない．

Humeは，推論の助けを借りなくても帰納はできると考えた．しかし，Humeの本意は，意識的に斉一性原理を拠りどころとして過去から未来を見わたしたりは**決してしない**という点ではなかっただろう．Humeの引用例に反して，科学論争において帰納を行なうこともあれば，日常生活のなかでその信念が裏切られることもある．Humeは，未来への期待が**いつでも**推論過程によって心理的に生じるとみなすのは，知性主義に偏ったものの見方であると主張した．

Humeは，未来への期待がたいてい推論によるという説を否定し，同時に，帰納は自然が斉一であるという前提を置いていると論じた．この後者の主張こそ，帰納の合理的証明をめぐるHumeの懐疑論と呼ばれるものである．太陽が今日まで一日も欠かさず毎朝昇ったという観察から，明朝も太陽が昇るということがなぜわかるのか．合理的論証によってこの期待の正しさを示すには，未来が過去と似ているという仮定をどうしても置かねばならないとHumeは言う．しかし，太陽が明日も昇る**だろう**という主張（自然の斉一性原理）は，経験的証拠を踏まえたものではない．過去の観察例にもとづいてこの原理を支持しようとする試みは，問題を回避しているに過ぎないとHumeは考えた．この斉一性原理は**観察の前にも後にも**証明できないとHumeは結論した．こうしてHumeは，帰納に関する懐疑的な解答を導いた．すなわち，われわれが行なっている帰納は習性と習慣（custom）に依存しており，合理的論証によっては正当化できない[4]．

Humeは，未来についての推論は斉一性原理が前提であるという結論を出した．しかし，彼は，未来についての帰納的期待をするすべての人がそれを前提としているわけではないと考えた．では，多くの（全員ではないにしろ）**帰納をする人が信じてもいないことを帰納**はどのようにして前提とすることができるのだろうか．ここで，20世紀の科学哲学ではもう常識だが，**発見の場面**（context of discovery）と**証明の場面**（context of justification）とを

区別する必要がある．

　未来に関する信念をもつにいたる心理過程は，発見の場面に属している．いったんそういう信念が表明されたら，次にそれらの信念が合理的であるかどうかを調べることになる．たとえば，その信念を支持する最も良い証拠は何かを問題にする．帰納をする人の理由づけが論理的ではないときには，後者の問題に答える論証が発見の心理過程を説明できていないことがわかるだろう．しかし，証明の問題に興味があるのであれば，話は別である．ある信念が生じた動機とは関係なく，その信念を支持する最善の論拠を見つけたいのである．

　Humeの懐疑主義は，証明の場面に関して彼が得た結論だった．未来についてのわれわれの信念は，合理的には証明できない．この信念を支持する最良の論拠は，以下に示すものであるとHumeは考えた．前提は，観察だけでなく自然の斉一性原理をも含んでいる．この2つがあれば，太陽は明日も昇るだろうとか明日のパンも今日と同じく栄養になるだろうという信念にお墨つきが与えられる．この論拠自身を合理的に弁護できないという事実は，論拠を証明しなければという要求が度を越していることを示すものである．われわれが実践している帰納は，全体としては何も悪いことはない．だからこそ，Humeの「自然主義」(naturalism)は彼の「懐疑主義」(skepticism)と齟齬を来すことがないのである．懐疑主義はある種の合理的証明に関わることであり，人生において帰納が欠くべからざる要素であることを否定するわけではない．

　以下の部分では，Humeの帰納論の次の2つの論点（それはそれで重要だが）については議論しない．1つは，個人が帰納的期待をするときには，たいていその論拠は明らかではないというHumeの心理学的な見解である．発見の場面に関わるこの主張はここでは触れない．また，帰納的推論の合理的弁護はできないとするHumeの懐疑論についても深く議論しない．帰納的推論

註4　Humeは，人間がこの習慣を捨てないだろうと考えた．実際そんなことは不可能である．Humeの見解では，帰納をすることは息をすることと同じくらい人間の本性の一部となっているからである．また彼はいかなる経験的信念も同程度に非合理的であるというアナーキスティックな立場を信奉したわけでもない．Humeは迷信を批判し（たとえば，奇跡が存在するという信念を嘲笑している），強力な帰納的推論を弱い帰納的推論と区別するための原理を提示した．しかし，「何でもかまわない」というアナーキズムは，ある文脈のなかで排除される．帰納にもとづく期待を異論なく受けいれ，それでいいのだと考えるからこそ，強い帰納と弱い帰納に分けることができる．しかし，いったん人間にとって不可欠の要である帰納が何によって正当化されるのかを改めて問うと，それを支持する合理的証明が何ひとつないことがきっとわかるだろう．

についての Hume の分析が，懐疑論となったかどうかについてもふれない．私が興味をもっているのは，Hume の**帰納の合理的再構成**(rational reconstruction of induction) の論理構造である．Hume はそれを，未来への期待が合理的に証明できるという説を支持する「最良の証拠」であると考えた．帰納的推論の最良の合理的再構成は，自然の斉一性原理を拠りどころにしていると Hume は主張した．観察だけでは，それと矛盾しない多くの仮説のなかの1つを合理的な結論として選ぶことはできないと彼は論じた．もう1つ前提が必要である．それは単純性(斉一性)であるというのが Hume の見解である．それさえつけ加えれば，観察から未来への期待を抱くことができる．

Hume がどのようにして斉一性原理を定式化したかは注目に値する．帰納的論証は**世界**に関してある仮定を置いていると彼は論じた．すなわち，帰納は，**自然が斉一的である**，あるいは**未来**は**過去**と似ているという前提を置いている．20世紀の定式化では，世界を議論の対象にしないのがふつうである．そうすると，単純性原理は複雑な**仮説**ではなくより単純な**仮説**を選ぶという形でおそらくは定式化されるだろう．今まで太陽が毎日昇っていたという事実からは，明日も太陽は昇るだろうと考えた方が，明日は昇らないと考えるよりも単純である．ここで単純と言っているのは，自然それ自身ではなく，仮説のことである．ここで考えなければならない点は，世界から言葉へ論点を移すと何がちがってくるのかということである．**仮説**に関する原理を用いることは，**自然**それ自身が単純であることを前提としているのだろうか．

以上，帰納を，Hume にしたがい，過去の事象の観察にもとづく未来への推論の一種として合理的に再構成した．しかし，その見解はすべて当たっているわけではないし，大きく一般化できるものでもない．われわれの観察だけから過去を推測することはできないし，未来についてもそれは当てはまる．Hume にしたがえば，われわれが依拠しているのは**現時点**での観察と精神状態である．われわれは過去の日の出を記憶していて，その記憶の痕跡を踏まえて未来への期待を抱くのである．しかし，現時点での記憶が，はたして過去の実際のできごとについての信頼できる情報源かどうかを問題にすべきだろう．なんといっても，記憶にはまちがいがあるかもしれない．過去に関する信念は，たとえ合理的に証明できるとしても，現時点での精神状態によって証明するしかない．いつ観察しても太陽は昇るとわれわれが信じる根拠はそこにある．

もちろん，だれひとりとして観察したことがない**遠い**過去があることも忘れてはいけない．現在および近い過去の日の出にもとづいて明日の日の出を

推論するかわりに，同じデータから先史時代の日の出についての推論を同様に論じることもできるだろう．Humeの問題は，未来に関する推測だけでなく，過去をどのようにして推測するのかにもあてはまる．さらに，一般化への信念もその射程に入っている．別の例を挙げるならば，今まで目にしたエメラルドがすべて緑色だったという事実にもとづいて，エメラルドはどれも緑色であるという信念をもつとしたら，その観察がなぜ一般化できるのかが問題になるだろう[5]．

Humeの図式では，いまの観察および現時点での記憶の痕跡をデータとしてそれを越える推論をはじめる．このデータから導かれる信念には，少なくとも3つの仮説がある．どの場合も，下した結論を支持する証拠を手持ちのデータが与えていると確信できるのは，自然が単純であるという仮定できるからである．この論理構造は，次のように図示される．

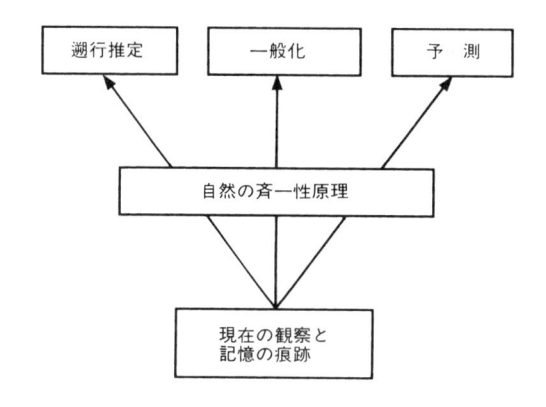

```
   ┌─────────┐  ┌─────────┐  ┌─────────┐
   │ 遡行推定 │  │ 一般化  │  │  予 測  │
   └────▲────┘  └────▲────┘  └────▲────┘
        │            │            │
        └────────────┼────────────┘
              ┌──────┴──────┐
              │ 自然の斉一性原理 │
              └──────┬──────┘
              ┌──────┴──────┐
              │  現在の観察と  │
              │  記憶の痕跡  │
              └─────────────┘
```

現代の科学哲学者の多くは，帰納の合理的再構成とHumeの単純性（斉一性）基準との関係は，いわゆる曲線あてはめ問題（curve-fitting problem）にも見られると考えてきた．観察可能な2つの量の間の一般的関係（たとえば，容器に気体を詰めたときの温度と気圧との関係）の推定を考えよう．単純な実験をまず行なうとしたら，密閉したポットをストーブにかけ，温度計と圧力計をセットすればよい．そして，ポットの温度を変えてそのときの気圧を記録すればよい．得られた温度と気圧のデータは，それぞれのデータ対

註5 以後，すべてのエメラルドは緑色であるかどうかを推定する例では，すべてのエメラルドが定義により緑色であるとは仮定しない．

ごとに直交座標系上の点として表示される．この実験系を用いて気圧と温度の間の一般的関係を推測することは，どんな曲線を引くのかという問題に行きつく．計測が絶対に信頼できれば，すべてのデータ点の上を正確に通る曲線が描けなければならないと考えるだろう．計測にそれほど確信がもてなければ，こんどは曲線からのデータ点の偏差(適当な適合度によって測られる)を最小化すべきであると言うだろう．すでに述べたように，Hume の問題は，過去推測，未来予測，一般化という 3 種類の仮説構築にあてはまる．同様の多重性は曲線あてはめ問題でも現われる．データ点から一般的な曲線を推定したり，あるいは補間や外挿を論じたりするからである．気圧と温度との一般的関係を調べたいのではなく，実験的に調べたデータにもとづいて，まだ調査していない温度設定に対するポットの気圧を知りたいだけのこともあるだろう．

　哲学者は，この推定問題をもち出して，科学では単純性が重要であるとしばしば弁護する．データ点さえ通過していれば，どんな曲線であっても観察とまったく矛盾しない．しかし，その条件を満たす曲線は無数にある．そのなかからどれを選ぶかは，証拠との整合性以外の基準が必要になる．これまでよく使われてきたのが単純性である．凹凸の少ない曲線は単純である．最も凹凸の少ない曲線を選んだ研究者は，それが単純だからという理由づけをする．この曲線あてはめ問題については図 7 を見られたい．

　Hume 問題でも曲線あてはめ問題でも，単純性原理が観察と仮説の橋渡しをするという哲学的議論がその核心にある．しかし，これらの問題に対してまったく別の答えを用意すべきではないだろうか．明日も日の出が見られることをどのようにして知ったのかという質問には，惑星の運動についての十分に確証された理論からそれがいえると答えてもいいだろう．閉じこめられた気体を加熱したときの気圧について問われたならば，気体理論を論拠にして答えてもいいのではないか．これらの理論を用いれば，単純性にまったく言及せずに，予測をすることができる．こういう答えが説得力があるとしたら，帰納的推論には単純性が必要であるという理屈は無用となるだろう．

　上の指摘に対する哲学者のお決まりの答えは，惑星運動論や気体分子運動論を証明する根拠は何かという反問である．それらの理論は，結局は観察を拠りどころとしているのだから，Hume の問題からは逃れられない．経験的理論にすがることは，帰納的推論は単純性に頼っているという認識をただ先送りしているだけである．まず始めに観察がある．すべての理論・未来予測・過去推測は，結局は，観察だけにもとづいている．帰納的推論に関するこの

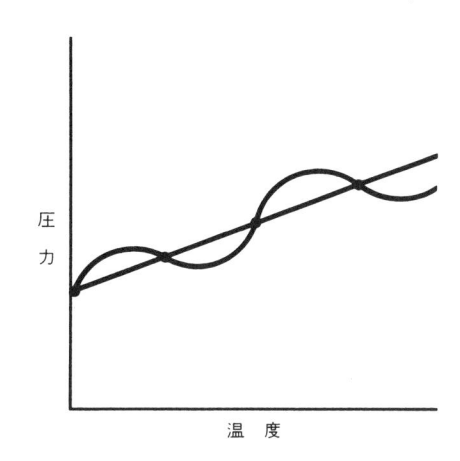

図7 曲線のあてはめ問題：データ点を通過する曲線は無数に存在する．そのなかからより滑らかな曲線を選ぶというのは，仮説の評価において科学者が暗黙のうちに単純性を用いていることの表れであるとされる．

説を**経験主義の原理**（the Principle of Empiricism）と呼ぶことにしよう[6]．

上では，現代の単純性の議論がそもそも Hume に由来していることを考察した．しかし，仮説評価の基準として単純性をこれまで重要視してきた第2の理由を哲学者は知っている．それは，科学的推論を理解するためのもう1つの主たる情報源である科学それ自体に見出される．Einstein の相対性理論と Einstein 以前の物理的空間の幾何学に関する科学的・哲学的議論（たとえば，Riemann, Gauss, Mach, Poincaré などの）は，20世紀の科学哲学にも強い影響を及ぼした．

ここでは，Einstein の特殊および一般相対性理論の発展に最節約性が果たした役割ではなく，むしろ，最節約性がわれわれの世界観に決定的影響を与えていると現代の多くの研究者に確信させた重要な思考実験について論じることにしよう．Hans Reichenbach [1949, 1951] は，数学的に矛盾のないさまざまな幾何学のうち，どれがわれわれの住む物理的世界にあてはまるのかを決めるため Gauss が提案した実験について論じている．ユークリッド幾何学では，三角形の内角の総和は180度になる．しかし，リーマン幾何学では，

註6 ここでの経験主義とは，感覚が自然界に関する情報の不可欠の源であるという自明の理を指しているのではない．それは，大まかに言えば，観察が信念を支持する上で十分な合理的基礎を与えるとする自明ではない主張である．この点については，たとえば Popper [1963, p.54] を参照されたい．

その和は180度を越えるし，ロバチェフスキー幾何学では180度を下回る．後者の2つの幾何学では，ユークリッド幾何学での内角の総和の値からの偏差は三角形の面積の関数である．

　Reichenbachによると，Gaussは3つの山の頂上を結んだ三角形の内角を測定すれば物理的空間の問題は解けるだろうと考えた．Gaussの考えた三角形の辺とは光線である．いま，Gaussがその実験をしたところ，ユークリッド幾何学の予測からまったくはずれていなかったとする．この事実は，空間がほんとうにユークリッド的であることを物語るのだろうか，それともユークリッド予測値からの偏差があまりに微小で，この実験での三角形の大きさを考えれば用いた測定機器では検出できなかったということなのだろうか．

　幾何学をテストするというこの問題は，それほど単純ではないとReichenbachは考える．たとえ，Gaussがユークリッド予測値からの有意な偏差を検出したとしても，光線が直線的には進まなかったという可能性は残るだろう．たとえば，光線の直線的進行を曲げるある力の影響があったならば，その測定値はGaussのもくろみとは違う意味をもつだろう．

　この点についての検証もまた容易であると言われるかもしれない．結局は，山の頂上の間にまっすぐの定規を差しわたして，光線がその定規に沿った最短経路を走るかどうかを調べればよいからである．しかし，この主張も反論から免れない．その奇妙な力は，光の直線進行を妨げるだけでなく，定規の長さをも変えてしまうという仮定もなりたつ．光が直線的に進むかどうかを調べるときに，たとえ定規を測定の過程で動かしたとしても，その長さは不変であると仮定しているだけなのである．

　あらゆる物理力の影響を考慮しながら，上の実験を巨大な三角形について実行したとしよう．光線の進行経路に影響する既知の物理力に対する補正を行なってもなお，内角の和が180度から有意に偏ったとする．Reichenbachによると，このとき，われわれはある選択を迫られる．1つは，現時点での物理学の理論を受け入れて，空間が非ユークリッド的であると結論することである．もう1つは，空間はユークリッド的なのだが，現在の実験器具では検出できないようなある仮想的な力を現在の物理理論につけ加えるという結論である．新しく仮定されたこの力は，その存在を示す独立の証拠があるわけではない．ユークリッド幾何学を反駁から救うためだけにその力の存在を仮定したのである．

　幾何学と物理学からなる複合科学に関する上述の2つの対立理論は，それぞれが幾何学的な命題と物理学的な命題を結合したものである．Reichenbach

はこれら2つの理論は**観察上は等価である**（observationally equivalent）と主張する．一方の理論と矛盾しない観察は，もう一方の理論とも矛盾しない．両者で異なるのは，理論の単純性であると彼は結論した．しかし，どちらかの理論だけが真であることを示す観察はないのだから，この最節約性の差は単に理論としての美しさの問題にすぎないとReichenbachは言う[7]．

Reichenbachのこの議論は，Descartesのいう悪魔の問題と根は同じであるといえるだろう．読者は，いま読んでいるページには活字が印刷されていると信じている．このとき，Descartesは読者に問いかける．読者の知覚が悪魔によっていま操作されているのではなく，読者の信念の方が正しいことを証明するものは何か．これらの「常識的仮説」と「悪魔操作説」をきちんと定式化すると，それらの仮説は**経験的には等価である**（experientially equivalent）ことがわかるだろう．すなわち，一方の説と矛盾しない経験は他方とも矛盾しない．Reichenbachに倣えば，悪魔が存在すると考えるほうが最節約的ではないことになるから，それを論拠として一方の説が真であり，他方は偽であるといえるだろう．

Reichenbachの問題がただこれだけの内容ならば，幾何学の位置づけに**特有のもの**を示したことにならないだろう．幾何学の仮説が「規約的」とか「検証不能」である**特有の理由**を他の仮説（「私が読んでいるページには活字が印刷されている」のような）には同じようには適用できないだろう．

けれども，そのよしあしは別として，20世紀の科学哲学は，彼の議論はきわめて重要であるとみなしている．経験的に等価な複数理論から最節約性にもとづいて選択することが，特殊および一般相対性理論をめぐるEinsteinの議論の核心にあると広くいわれてきた．Descartesの問題は純粋に哲学上の問題だったが，Reichenbachの問題に代表される一群の問題は科学の領域で実を結んだと考えられた．

Reichenbachの議論とそれが2つの相対性理論をめぐる科学上の疑問に関係するかどうかは，ここでは問題にしない．Reichenbachが抱いた疑問が，時

註7　太陽が明日も昇るだろうという仮説と昇らないだろうという仮説は，ともに私の過去の観察と矛盾していない．しかし，ここの文脈では，それら2つの仮説が観察上等価であるとはいえない．この2つの仮説は過去の観察に対しては一致するが，将来にわたって可能なすべての観察に対しては一致しないからである．同様に，現時点の観察では一致するが大昔の観察に対しては一致しない仮説は，適当な観察者が関連データを収集できたならば，観察上等価でなくなるかもしれない．2つの対立仮説の検証が「可能」であるという説は，さらに補足する必要がある．この説を信奉した論理実証主義者は，その説が曖昧であるという理由で厳しく批判されてきた．しかし，ここでのわれわれの目的は，単純性をめぐる哲学論議の背景を理解するだけだから，この点については深入りしない．

間・空間・幾何の物理理論に関する特有な問題に関係するのか,それともデカルト問題があらゆる場合にあてはまることを示しているだけにすぎないのかは,重要な問題だが,ここでは議論しない.私が論じてきたのは,それが単純性に関する20世紀の思潮を形づくった第2の要因だからである.哲学者と科学者は,こんにちオッカムの剃刀 (Ockham's razor)――「必然性がないかぎり複数の事物を立ててはならない」――と呼ばれている説をずっと以前から認めてきた.この方法論的規範は,最重要な科学研究において不可欠な要素とみなされ,現代の科学哲学にとってきわめて重要な意味をもつようになった.

現代の科学哲学は,Hume からは帰納において単純性が重要であることを[8],Mach, Poincaré, Einstein からは理論的説明においては最節約性が重要であることを学んだ.これら2つの点に関する Reichenbach [1938, 1949] の議論は,この文脈からみれば典型的な主張だった.観察上等価ではない対立仮説――それらはある観察(それを実際に行なったかどうかに関係なく)との整合性に違いがある――がいくつかあるとき,単純性の差はある仮説を真であると判断し,他の仮説を偽であると考える根拠である.太陽は昨日までと同じく明日も昇ると期待するのはより単純であり,その単純性を論拠としてこの仮説が成立すると期待できる.けれども,仮説間で観察との整合性にまったく違いがないとき――Descartes の悪魔とか Reichenbach のいう幾何学と物理学の複合科学の場合のように――,実質をふまえているのではなく規約にしたがって区別しているだけある.Reichenbach をはじめ多くの人たちの意見では,それらの対立仮説のうちどれが真または妥当であるかの決定は問

註8 科学的推論に関する Hume の見解に絶対反対を唱える哲学者も,彼の斉一性の議論から大きな影響を受けてきた.たとえば,「帰納」的推論を否定した Popper [1959] も,観察と矛盾しない対立仮説間の比較をする基準として単純性は不可欠であると考えた.Popper は,観察から一般化へのプロセスとして帰納を位置づけるのではなく,一般化のあるものがより強く「験証(裏づけ)」(corroborated) されるのだと考えた.2つの一般化がともに観察と矛盾しないとき,Popper はより単純な仮説の方が彼の意味ではより強く「験証」されていると主張する.単純性が重要であると考えたのは「帰納主義者」だけではなかった.Popper の見解については,第4章で議論する.

註9 観察上等価ではない2つの仮説については,単純性を理由に一方の仮説を真,他方を偽とみなすのに,観察上等価である仮説に対しては,なぜ突如として単に審美的な考察にすり代えるのだろうか.論理実証主義者は,意味の実証理論のなかに1つの答えを見出した.すなわち,観察上等価である複数の仮説は互いに同義であるから,異なる真値をそれらに与えることは無意味であると.けれども,この意味論を認めない人たちには,ここでの問題点は即決を要する.単純性が,ある種の問題では根拠となるが,別種の問題ではそうならない理由が私には見つからない (Sober [1975]).

題なく行なえるが，どの仮説がより便利であるかについては問題が残るとされている[9]．

観察上等価な理論をめぐる物理哲学の問題に相当するものは，系統推定の分野ではすぐには見つからない．第1章で論じたタイプの対立系統仮説は，哲学者が用いる意味での観察等価性はない．したがって，観察上等価な仮説が存在する場合に特有な問題は，以下では考える必要がない．しかし，最節約性と単純性に関する現代的な考え方の歴史的由来が2つあることは，われわれの考察になお関わりがある．

斉一性原理についての Hume の説は**帰納的論証**に関係する．まずはじめに対象のサンプルを観察し，その属性を記載する．次いで，サンプル抽出されていない対象に対してその記載を拡張する．こうして，たとえば Hume は，観察された**エメラルド**が**緑色**だったから，すべての**エメラルド**が**緑色**であると主張してよいかを論じた．帰納の結論に含まれている語彙が，前提のなかにすでに存在していることに注意しよう．帰納的論証の特徴はこれである．斉一性としての単純性は，この種の推論を支える規範であると考えられてきた．

一方，最節約性は一見しただけでは円滑な外挿に関与する原理にはみえない．それが関わっているのは，われわれが置いている仮定である．最節約性は，帰納にではなく，C.S. Pierce が**仮説発見**(abduction)——最良の説明を推論すること——と総称したさまざまな推論方法に関係しているのである．ここで，ある観察を踏まえて，対立仮説のどれがその観察をもっともうまく説明できるかを決めるという状況を想定しよう．選択肢である仮説は観察には含まれない語彙で表現されていることもあるだろう．仮説発見における最節約性によれば，ある仮説がより少数の存在物や過程しか要求しない場合，その他の条件が同じときには (*ceteris paribus*)，対立仮説よりもすぐれている．

これら2つの単純性原理については，まだ大枠を概観したにすぎない．斉一性をどのように測るのかとか，説明手段の貧弱さをどのように評価するのかについてはまだきちんと議論していない．単純性の本質は何かという疑問は，哲学の分野でもまだ説明には成功していない．しかし，以下の部分で，単純性をめぐるここでの問題は，ある理論・仮説・説明が他よりも単純であるといえる根拠を正確に詳述しなくても議論できることがわかるだろう．単純性を理解する上での大問題は，この単純性の測定方法を論じることではなく，仮説評価というより広い文脈のなかで単純性が果たしている役割を明らかにすることだからである．

したがって，生物学に話を限定すれば，単純性の構造ではなく，その役割

にわれわれの関心があるといえる．知りたいのは，単純性が**何であるか**ではなく**何をするか**である．最も重要な論点はすでに述べた．哲学者は斉一性や最節約性の定義に失敗したが，その議論のなかで単純性がきわめてはっきりした役割を果たしていることを明らかにした．帰納においても仮説発見においても，単純性は必ず次のような役割を果たす．すなわち，2つの仮説がどちらも観察と矛盾しないとする．このとき，単純性を理由にどちらかの仮説を選択する．単純性および観察との整合性は，1対の基準とみなされている．科学的推論における単純性原理の果たす役割についてのこの記述は，単純性が「純粋に方法論的」なのか，それとも自然現象面に関する仮定を要求しているのかに関わる重要な意味をもつことが以下の節でわかるだろう．

2.3 存在論としての凋落

帰納と演繹の間の類似性に基づいて，単純性は帰納的推論に不可欠であるという主張を認めるならば，単純性が「純粋に方法論的」であるという説はほとんど必然の帰結である．それは科学的方法の核心であり，演繹と同様に，自然界が実際にどうであるかとはかかわりなく経験世界の探求に用いても不都合ではない．演繹的推論規則を適用するに先だって，対象に関する経験的事実を知る必要はない．Goodman [1967, pp.348-349]はこの単純性に関する同様な見解を「必要とされる斉一性は，自然界の現象にみられるのではなく，その現象の説明のなかに存在している．……このように定式化された斉一性原理は，自然に対していかにふるまうべきかを述べているのではなく，われわれに対して科学的であるためにはいかにふるまうべきかを述べているのである」と簡潔に論じている．

単純性が「純粋に方法論的」であるという主張は，おそらく現在では多数派の見解となっているだろう．しかし，主流派の意見がどうであれ，それがいつも当たっているとはかぎらない．すでに述べたように，Humeは彼の原理を自然界の様態という点から定式化した．自然が斉一的であるという説は蓋然的(contingent)である——すなわち，矛盾を見つけても反駁できない——と彼はみなした．さらにHumeは，この基本となる存在論的仮定は合理的証明ができないと主張した．しかし，Hume以前の哲学者は，単純性原理を擁護するためにしばしば存在論的論拠をもちだした．

この存在論的伝統の歴史をここでは詳しく論じない．むしろ，私はこの伝統にのっとって行動した影響力のある科学者の1人について述べる．Newtonの科学方法論は，最節約性と単純性の規範を最重要視した．以下で見るよう

に，Newton はそれらの原理を正当化するに当たっては，ためらうことなく自然界の構造的特性をその論拠とした[10]．

Newton は，その著書『プリンキピア』のなかで，4つの「哲学における論証規則」をリストアップしている．最初の2つは最節約性を強調し，後の2つは斉一性を主張している（Newton [1953, pp.3-5]）．

1) **自然現象の説明にとって十分なだけの真の原因しか認めない．**これを実行するために，哲学者は，自然は無駄なことはせず，少なくてすむならばあえて多くをもちださないと論じている．なぜなら，自然は単純であることに満足し，わざわざ不要な原因を増やしたりしないからである．

2) **それゆえ，自然界にみられる同じ結果に対しては，できるだけ同じ原因を結びつけなければならない．**ヒトの呼吸と野獣の呼吸，ヨーロッパの石とアメリカの石の由来，かまどの炎と太陽光，地球による光の反射と惑星による光の反射．

3) **強調あるいは緩和をすることなく観察した対象の属性，実験で扱える範囲のすべての対象がもっている属性は，ありとあらゆる対象の普遍的属性とみなされるべきである．**なぜなら，対象の属性は実験によって初めて解明されるから，普遍的に実験と一致するものは普遍的なすべてにあてはめられ，縮小できないものは決して除去できないからである．われわれ自身が作った夢や空しい虚構のために実験証拠を捨てさるわけにはいかない．また，単純を旨とし自分自身と調和している自然のアナロジーを捨てるつもりもない．……

4) **実験理学**（experimental philosophy）**では，命題は，たとえ何らかの対立仮説が想定できるとしても，正確またはほぼ真実といえる現象からの一般的帰納によって推論されるとみなす．ただし，それはその命題がさらに正確になったり例外とみなされる別の現象が観察されるまでの話である．**仮説は帰納的論証から逃れられないというこの規則に，われわれはしたがう必要がある．

註 10　この存在論的伝統のもう1人の個性あふれる代表者は Leibniz である．彼は，世界の現象の多様性を最大化し，しかもそれを支配する法則を最小化するように創造主が世界を創造したと考えた．その意味では，現実の世界はあらゆる可能世界のなかで最良である．Leibniz はこの存在論的主張にもとづいて，詳細な方法論的提言をした．すなわち，そのような「極端な」(extremal) な法則は最も単純だから，科学とは，ある量を最小化もしくは最大化するように自然現象を表現すべきであると．

もしも読者に生物学の素養があれば，Newton が挙げた「人の呼吸と野獣の呼吸」という第2規則の実例は，とりわけ興味をひくだろう．Newton が生物の類似性はすべて共通祖先の証拠であると考えたのか，それともその一部(共有派生形質)だけが証拠になると考えたのかという疑問は，時代認識の誤りと言わねばならない．しかし，生物間の類似性の説明にすぐに使える一般原理をここに見ることができる．もちろん，ヒトの呼吸と野獣の呼吸が共通の原因にさかのぼれると Newton が言ったとき，彼の念頭にあったのは神であり，祖先種ではない．しかし，このくだりは，系統推定の原理が科学的方法の根本原理に直接由来するという主張がいかに無理がないかを示している．特徴の一致が共通原因の原理の観点からみて説明を要するという主張は，第3章で論じる．ここでは，Newton の主張はオッカム的な最節約原理を組みこんでいるという点だけを議論したいと思う．すなわち，類似性は，複数の（別々の）原因の結果であると考えるのではなく，単一の（共通の）原因に由来すると考えた方がいい．

　上述のように，Newton は，生物間の類似と適応のうまい説明としては，変化を伴う進化的由来ではなく，神の存在を念頭に置いていた．当時の多くの知識人と同じく，Newton も生物にみられるデザインは神が実在する強力な証拠であると考えた（Newton [1953, pp.65-66]）：

　　すべての鳥，獣，人間が左右対象の形をしていたり（内臓は別だが），顔に左右1対だけ目があったり，頭の両側に1対だけ耳があったり，2つの穴がついた鼻があったり，肩から1対だけ前肢や翼や腕が伸びていたり，腰の下に1対だけ足がついているのは偶然なのだろうか．あらゆる生物にみられる外形の斉一性は，創造主の深慮なくして可能だろうか．あらゆる種類の生物の目は，なぜ生物体でそこだけが完璧に透明になり，外側に透明な膜をもち，そのなかに透明な液が充満していて，内部には水晶体レンズがあり，その前面に瞳孔があり，どんな医者にも直せないほどそれらの部分すべてが精緻に組み合わさって，ものを見るのに適した構造をもつようになったのだろうか．ただの偶然が，光の存在を知り，その屈折率を測り，きわめて精巧なやり方ですべての生物の目を作りあげたのだろうか．このように考えてみると，万物を造り，それらすべてを支配下に置き，それゆえ畏敬されている創造主の存在を信じざるを得なくなるだろう．

上ではNewtonから2つの文章を引用した．第1の引用では，彼の方法論が自然界の基本事実を踏まえていることを，第2の引用では，生物にみられる適応の完成度の高さは神によるものであることを主張している．『光学』(*Optics*)から引用した次の教訓的な文章は，一般論としての自然の完全性（単純性）と，各論としての生物の適応の完全性が共通の原因に起因する，とNewtonが考えていたことを示している（Burtt [1932, p.284] の引用による）：

> 自然哲学の主たる仕事は，……この世界の機構を明らかにすることだけではなく，とりわけさまざまな問題を解決することも含まれている．物質がほとんど含まれていない場所には何が存在するのか．太陽と惑星はその間の空間には濃密な物質がないのに，どうしてたがいに引き合うのか．なぜ自然は無駄なことをしないのか．この世の秩序と美は何に由来するのか．何のために彗星は存在するのか．なぜすべての星が楕円軌道に沿って動くのか．どんな原因で恒星はたがいに衝突しないのか．なぜ動物のからだはこれほど精妙に作られたのだろうか．そして，動物のからだの各部分は何のために存在しているのか．たとえば，目は光学の技術もなく組み立てられたのか．耳は音響の理論もなく作られたのだろうか．……これらの問題に決着がついた暁には，実体をもたないのに知性と生命力を有した普遍的な存在があることがおのずから明らかになるにちがいない．……

上の文章から，Newtonは，神の存在が重力機構と最節約原理と生物の適応に関する筋の通った説明を与えると考えていたことがわかる．Newtonにとって，生物の完全性はより大きな完全性，すなわち科学という行為すべての基礎となる完全性の一部にすぎない．

Newtonの主張は，神の実在性が科学を可能にするための**十分条件**であるということである．なぜなら，神が単純かつ最節約的な自然——時間的にも空間的にも斉一で「無駄なものは何ひとつない」——を造ったからこそ，単純性と最節約性という方法論的規範が導かれたのである．しかし，私の知るかぎり，神の存在しない世界で科学がどのように実践されるのかについてはNewtonは考えたことすらなかった．だから，Newtonの方法論的原理が宇宙を創造したものが神であると**前提**することを彼に帰そうとは考えない．

第1章では，ホモプラシーが生じないプロセスは分岐学的最節約法が成立

するための十分条件であることを示した．だからと言って，分岐学的最節約法がホモプラシーが稀であるとか存在しないと仮定しているとはいえない．十分条件と必要条件の違いはきわめて重要である．同じことは，Newton の神の場合にもあてはまる．Newton は，大域的な最節約概念を科学的方法が使えるための十分条件を論じたのである．もしも神が単純な世界を創造したとしたら，単純性原理を用いて科学はこの世界の真実を首尾よく解明できるだろう．この十分条件は，もう少し一般化できる．**神**そのものはこの理論にとって不可欠の要素ではないからである．われわれが観察する現象の背後にあるプロセスが，単純性にしたがって現象を生成するという性質をもっているかぎり**どんなプロセス**でもかまわない．しかし，分岐学的最節約法の場合と同様に，ここでも十分条件は必要条件ではないことに注意すべきである．いまの時点では，大域的最節約性が蓋然的な生成プロセスに関する仮定に依存すると考えていいのかどうかはわかっていない．

　Descartes は，経験にもとづいて精神の外部にある世界についての知識をどのようにして獲得するのかと問いかけたとき，決して欺くことのない神の存在を擁護する必要があることを知っていた．Descartes の答えを拒否するならば，それに代わる解答を提示しなければならない．同様に，Newton が示した問題は，たとえ彼の神学に則った解答を受けいれないとしても，真剣に受けとめるべきである．現象を生み出したプロセスが何らかの点でその現象に単純性を与えないならば，理論の正しさの尺度として単純性を用いる理由づけは困難である．

　ここで突きつけられた問題は，最節約性や単純性が「純粋に方法論的」であるという説を擁護したい人びとは，自然界の構造とは関係なく，推論に対するこの制約条件に意味があることを示す必要に迫られているということである．現代哲学がこの挑戦にどのように受けて立ったかは，次の節で論じることにする．

2.4　方法論としての批判

　Hume の定式化した自然の斉一性原理に満足する現代の科学哲学者はだれ 1 人としていないだろう．「自然は斉一的である」という主張は，そのままではあまりにも意味が曖昧でつかみどころがないというのが定説となっている．さらに，それは，Hume の存在論的な斉一性原理の定式化への懐疑論への反論にもなっている．「自然は斉一的である」という一文がどうしようもなく曖昧であるということだけではない．むしろ，Hume が世界の大域的な構造特

性の観点から帰納の前提を記述しようとしたことが問題の本質である．

「自然は斉一的である」というスローガンは，ちょっと考えただけでも，Humeが想定した帰納にもとづく探求には使えないことがわかる．どうみても自然は単純であるとはとても信じられない[11]．したがって，斉一性原理は改良される必要がある．どのようにすれば世界に関する知見を得ようとする行為そのものの背後に斉一性があると期待できるのだろうか．

この問題は，変化しそうな属性とそうではない属性の2つに類別しても解決できない．たとえば，エメラルドの緑色は不変だが，葉の緑色は変化し得るとわれわれは信じている．一方，この期待をもっと詳細に記述しようとすれば，たまたま頭に浮かんだだけの帰納的信念の言い換えに過ぎない危険性が生じる．すべてのエメラルドが緑色であると信じるために，われわれは多くの緑色のエメラルドの観察にもとづいてこの仮説が強く確証されるための仮定を見つけようとする．この「仮定」は，少なくとも観察が我々のいだく信念の論拠に何らかの役割を演じていると考えるならば，すべてのエメラルドが緑色であるという仮定で決してない．この仮定は，おそらく，エメラルドは色に関しては斉一的であるということだろう．そんな仮定を置いてしまえば，緑色のエメラルドをただ1つ観察しただけで，すべてのエメラルドは緑色であるという結論が得られるだろう．

帰納的推論そのものが，すべてのエメラルドは色が斉一的であるという仮定を要求していると考えていいのだろうか．そんなことはとても信じられない．エメラルドは色がまちまちであるという信念を抱く状況は容易に想像できる．過去の経験からわり出したもっともな信念があれば，緑色のエメラルドを観察したとき，緑色というのはこの宝石がもっている色の1つである(唯一の色ではない)と結論するだろう．

帰納的推論がエメラルドの色の斉一性仮定を求めているという極論は棄却されても，なお緑色のエメラルドが「すべてのエメラルドは緑色である」という説を確証するために，もっと控え目なエメラルドの色の斉一性仮定を置くだろう．しかし，これもまた正しくない．たとえば，エメラルドの色は均一ではないが，そのうちの1つが緑色ならそれ以外もおそらくは緑色だろう

註 11 自然があらゆる点で斉一であることを自然法則が示すこともまた「不可能」である．この点は，Goodman [1965] のいう grue のパラドックスが明らかにした．[訳註：Goodman [1965] のいう "grue" とは，「ある時点 t 以前は緑 (green) であるが，t 以後は青 (blue) となる」という性質を意味する．彼は，これにもとづいて，観点が異なれば単純性の判定もちがってくることを示した．Sober [1975, p.20-21] を参照されたい]

という代わりの説を立てれば，観察の結果はその一般論を確証するだろう．

十分性と必要性の違いがここでも顔を出す．自然が単純であるという主張の曖昧さが解消されたとしても，帰納的推論にとっては，斉一性の仮定は**十分条件**であるという主張は正しいかもしれない．だから，たとえば，エメラルドがすべて同じ色をしていると仮定できるならば，あるエメラルドが緑色であればすべてのエメラルドは緑色であると一般化できる根拠がわかるだろう．しかし，十分性は必要性ではない．われわれは，従来いわれてきた斉一性の仮定が帰納の**前提**である証拠を探さなければならない[12]．

帰納が自然の斉一性を前提とするという Hume の主張に対する第1の反論を**観点問題** (the respects problem) と呼ぼう．あらゆる点で自然は斉一的でも単純でもないとわれわれは信じている．だから，すべての帰納的推論がそのような仮定を置くとはとうてい考えられない．帰納という作業が，ある特定の観点から自然が斉一的であると仮定しているという反論は，帰納を用いるかぎり，自然がその点に関して斉一的ではないことは証明不能であるという意味である．しかし，これもまたおかしな議論である．ある観点からみて自然が斉一的ではないという任意の仮説に対して，それが真であるという経験的証拠を提示できるだろう．また，**すべて**の帰納的推論に必要な前提の議論から撤退して**ある特定**の帰納的推論が要求する前提を明らかにするという穏健な方向に転向したとしても，仮定として斉一性を前提としなければならない根拠が理解できない．とすると，Hume は，不完全にせよ，すべての帰納的推論の前提を規定したことにはならないのではないか．

私は，この観点問題に加えて，もう1つの反論をしたい．すなわち，帰納的推論が自然の斉一性仮定をつねに置くという Hume の主張は的外れではないとする弁護はおかしいという反論である．この問題を**無上限問題**(no upper bound argument) と呼ぼう．通常の帰納的推論は，観察と一致する最も単純な仮説を選択する．これは，どんな帰納的推論問題においても，われわれが対立仮説をその複雑さの順番に並べたリストを作れることを意味している．次に，最も単純な仮説から順に調べて，観察と矛盾する仮説を除去し，最終的に反駁されなかった最も単純な仮説を選択する．この選ばれた仮説は，リストに載っていて観察と一致する他のより複雑な仮説とくらべて合理的である

註12 ここでは，多くの研究者が関わってきた一連の議論に言及しているだけである．たとえば，Mill [1859]，Cohen and Nagel [1934, p.268]，そして，「自然の斉一性に関するどんな定式化も，あまりに強すぎて真実ではないか，あまりに弱すぎて使いものにならないか，のいずれかである」と的を得た指摘をした Salmon [1953, p.44] が挙げられる．

と判定される．

　重要なことは，帰納の作業についてのこの大まかなモデルでは，観察と一致する仮説の複雑さには上限がない．反駁されない仮説が，リストの10番目に，あるいは100番目や1000番目に現われるかもしれない．したがって，単純性の観点から選択した仮説が，実際にはきわめて複雑である場合もあるだろう．実際，われわれが調べようしているリストには終わりがない．考察対象であるそれぞれの仮説に対して，もっと複雑でしかも観察と矛盾しない他の仮説をいつでも作ることができる．

　自然が単純であるという説は，はっきり言えば，自然の複雑さには上限があるということだろう．しかし，上で論じた仮説評価における単純性の機能は，この上限に関する仮定をまったく置いていない．この点は，帰納的推論が自然の単純性を仮定しているというHumeの主張にも問題を投げかける[13]．

　観点問題と無上限問題は，すべての帰納的推論が「自然は単純である」という仮定を置くというだけでは，仮説選択での単純性の役割がうまく説明できないことを示している．しかし，疑いはまだ晴れない．「自然が単純である」というスローガンを改良すれば，単純性は現象面での仮定を置くことにより弁護されるのではないだろうか．

　ここで私は第3の問題提起をしたい．それはわれわれの行なう帰納の実践は非常に融通がきくということである．自然がある点で斉一的ではないことがわかったならば，その事実をわれわれの信念に取り込んだ上で，それと矛盾しないように推論を行なう．単純性が仮説選択の基準であるという主張は，単純な仮説がしばしば観察と，あるいは理論的な背景仮定とぶつかって棄却されるという事実と矛盾するものではない．自然界が複雑な場であるという背景知識に敏感に応答しながら，なお単純かつ最節約的な推論を行なうことは可能である．

　帰納は融通がきくという事実は，帰納的推論はこれこれの点で自然が単純であると仮定しているという主張に反駁するための裏技を用意するようにみえる．その主張を了解した上で，（i）その斉一性が成立しないという経験的証拠を集められること，および（ii）非演繹的推論における単純性と最節約性の利用は，この事実によって否定されないばかりか，ここでの斉一性が成立しないことを推論する上で中心的役割を果たしたことを証明できる．自然が複雑であることが発見されたとしても，単純性基準の定式化さえ気をつ

註13　この議論で用いられている前提の概念については，4.4節でさらに厳密に論じる．

ければ，それを使う上で何の支障もない．

　融通がきくという事実は，Hume の斉一性原理には欠陥があるということである．それは，Hume の原理が細かい点の詰めが甘かったからではなく，その根本的な見通しを誤まっていたからである．問題の根源は，Hume の定式化が存在論的だったという点にある．それが事実ならば，これらの問題を回避するには，単純性は自然界の様態に関してまったく仮定を置いていないと考えればよい．つまり，単純性は「純粋に方法論的」で，観察にもとづき仮説の妥当性を判断するための方針を与えるのであって，仮説が記述しようとしている自然界に関する現象面での仮定を置いてはいないという主張である．したがって，Hume の存在論的主張に代わるのは，その詳細がどうであれ，単純性は合理的探求のための先験的制約であるという定式化である．その利用はどんな観察とも矛盾しないし，自然界に関していっさいの仮定を置かない．

　こうして Newton に集約されている存在論的主張に始まる一通りの議論は終わった．本質的ではない神学の展開と袂を分かった昔の単純性観は，最節約性原理こそが現在の世界を形成したプロセスを証明できると考えた．それに対立する説は，単純性はそういうプロセスの前提をまったく必要としないと主張する．私の考えでは，現代の多くの哲学者は単純性概念に関して後者の見解をとっている．観点問題や無上限問題あるいは帰納のもつ融通性を考えれば，後者の見解は一見もっともらしい．しかし，次節で論じることだが，その見解もまた根本的にまちがっていると私は考えている．本節で論じた存在論的伝統はもうすでに凋落してしまったが，いまなお重要な洞察の源となっている．

2.5　ワタリガラスのパラドックス

　Hume は，きわめて一般的に帰納的推論の性質を論じた．明朝の日の出とか明日のパンに栄養があるかとかさまざまな実例を彼は挙げてはいるが，彼はすべての帰納的推論の背後には世界に関する仮定があることを明らかにしようとした．Hume は，この普遍的原理を目指したからこそ，すべての帰納が自然の斉一性を仮定しているという説に到達したのである．

註 14　この説は単純性のもつ特異な性質として広く支持されてきたばかりでなく，帰納全体に関わる主張としても支持されてきた．たとえば，Strawson[1952, p.261-262]は，「帰納の合理性は，その '有用性' とは異なり，自然界の構造に関する事実ではない．それは，われわれが観察できないものを論じるためのいかなる手法にもあてはまる '合理的' という言葉が指し示すものである．……」これは普遍的に受け入れられてはいないが，一般的でかつ影響力をもつ見解である．

前節では，Humeの提唱した現象に関する原理には重大な欠点があることを指摘した．その結果，単純性原理は自然界の様態に関して何も仮定せず，ただ合理的論証を進めるための制約としてのみ機能するという主張は疑わしくなってきた[14]．

以下で，私は単純性が「純粋に方法論的」であるという説を批判する．しかし，その論証の戦略はHumeとは異なっている．すべての帰納的推論の基礎となる存在論的仮定がただ1つ存在することを示すのではなく，観察から仮説へ向かうすべての非演繹的推論は，自然界に関する現象面での仮定を必ずいくつか含んでいるというのが私の論点である．これまでずっと日の出があったのだから明朝も日の出があるという推論には，もう1つの仮定が含まれている．これまで食べてきたパンに栄養があったのだから明日食べるパンにも栄養があると推論するときも同じである．しかし，日の出に関する仮定とパンに関する仮定では，まずまちがいなく大きな隔たりがあるだろう．Humeの誤りは，あらゆる帰納的推論において，前提と結論を結ぶ**唯一**の斉一性原理が存在すると考えた点である．

私の論点は，こと単純性にかぎられるわけではなく，観察から仮説への非演繹的推論であるかぎり，どんな原理にもあてはまる．単純性は，データから一般化（あるいは未来予測や過去推測）への外挿の仲立ちをするものと考えられる．しかし，たとえこの連結原理が単純性に言及しなかったとしても，私の主張は成立する．すなわち，**ある観察が仮説を確証したり反駁したりあるいは無関係であるといえるのは，ある経験的な背景仮定を前提としてのことである**．確証は，仮説・観察・背景仮定の3項間の関係である．これと同じことは，仮説の経験的支持の概念にもあてはまる．**ある観察が対立仮説のなかで特定の仮説を支持するといえるのは，ある経験的な背景仮定を前提としてのことである**．

確証や支持に関する上の一般論と単純性概念との関係は以下のようである．単純性が詳細にわたってどのように定式化されているかとは関係なく，Humeから現在にいたるまで単純性はある認識論的役割を果たしているとつねに考えられてきた．**単純性は観察から仮説を導く一原理であるとされていた**．いくつかの対立仮説があるとき，単純性およびデータとの無矛盾性はどの仮説が「最良」かを決定する．私の主張は，単純性がこの機能を果たすときには，いつも自然界に関する経験的仮定を置いているという点である．単純性や最節約性にもとづく議論では，経験的背景仮定の明言はしばしばなされない．しかし，現象に関する背景仮定は不可欠である[15]．

確証は3項間の関係だから，仮説間の選択をする観察には何も内在しない．その観察のもとでは，仮説2ではなく仮説1を支持せよと主張する背景理論 T を作ることは可能である．一方，それとは正反対の主張をする別の背景理論 T' を作ることもできる．背景理論がまったくなかったとしたら，観察は対立仮説からの選択を行なう能力がない．「単純性」や「最節約性」をもってある仮説を選択する根拠とするならば，裏に潜む背景理論に関してそれが暗黙のうちに何らかの仮定を置いていると考えなければならない．**確証が3項間の関係であることは，観察と仮説との証拠にもとづく関連づけをするときに，単純性が「純粋に方法論的」ではありえないことを示している．**

確証に関する私の主張を弁護する前にはっきりさせておきたい点がいくつかある．第1に，ここで問題になっているのは帰納であり，**演繹**ではないということである．すべてのエメラルドが緑色であると**演繹**するためには，エメラルドに関する観察だけでなく経験的仮定を置く必要があることは明らかである．しかし，私は演繹をここで論じているのではない．論点は，「すべてのエメラルドが緑色である」と主張したいのであれば，あるいは現在の観察のもとでは西暦2000年にエメラルドの色は変わるという仮説は支持されないと主張したいのであれば，経験的仮定を置かねばならないという点にある．第2に，私が念頭に置いている経験的仮定とは対象しだいである．「過去と未来は似ている」という主張は経験的であるが，観察と仮説とを関係づけるには曖昧すぎる．それぞれの確証の文脈で必要なのは，いま考察している対象と探求の場に関係する仮定である．

確証と反駁は3項関係であるという主張には例外がある．それを指摘した上で，論点から外すことにする．仮説 H がある観察言明 O を導くとき，O が偽であれば H は反駁される．このとき，仮説と観察を結びつける背景理論をもち出す必要はまったくない．同様に，O が H を導き，O が真であるならば，H も真である．このときも橋渡しとなる背景理論は登場する必要がない．しかし，これらはきわめて特殊な状況であり，仮説と観察との関係においては例外的である．第1に，検証しようとしているある仮説が何か観察し得るものを演繹的に導くためには，どうしても補助的な仮定と結合しなければならない (Duhem [1914]；Quine [1960])．第2に，検証しようとする仮説が，背景理論のなかに埋めこまれているにもかかわらず，何ひとつとして観察言明

註15 「経験的仮定」とは，原理的には，観察によって支持あるいは示唆されるが，推測のなかでは，論証なしに仮定される命題のことである．

を演繹できないことがよくある．この2番目の点は，確率仮説の検証にとりわけ密接に関係する．この点については，第4章で再び論じることにする．

　確証が観察・仮説・背景仮定の3項間の関係であることは，どのようにして証明できるだろうか．第1の可能性としては，きちんとした確証理論を作り，その理論の帰結として確証はこの性質をもつことを示すというやり方である．真の確証理論の存在が誰にとっても明白であるなら，このやり方がいいだろう．けれども，確証の理論には対立するアプローチがいくつもあり，それぞれが問題を抱えている．したがって，この戦略は現時点では有望とはとてもいえない．以下で考察する第2の可能性は，第1の方法に比べると直接的ではなく，したがって結果の説得力もそれほどない．このアプローチは，実例の直観的評価にもとづく論証である．この手の証明ではよくあることだが，たとえ私の実例の分析が妥当であったとしても，私が引き出したい結論を皆が認めるとは思わない．むしろ，私の主張の妥当性を支持する議論として解析結果を述べることにする．

　帰納的推論への制約としての単純性および最良の説明を導く推論（仮説発見）への制約としての最節約性をめぐるこれまでの見解は，本章ですでに議論してきた．本節では，帰納の問題に焦点をあて，背景仮定が本質的役割を果たしているという私の立場を擁護する．次の第3章では，最良の説明を推論するという問題と絡めて私の主張を弁護したい．

　ここで取りあげる帰納問題は，Hempel (1965 b) が詳しく論じたワタリガラスのパラドックス（paradox of the ravens）である．黒いワタリガラスを見たことはすべてのワタリガラスは黒いという仮説の証拠となるのに，白い靴を見てもなぜ証拠とならないのか[16]．Hempelの提起した問題は，科学的確証の規則を明確にできるかという疑問だった．そういう規則があれば，Humeの懐疑論に立ち向かえるかもしれない．しかし，この正当化の問題はまったく別にしても，科学的方法がどのように機能するのかは興味深いだろう．

　Hempelは，少数の単純な原理はパラドックスを導くと論じた．たとえば，「すべての A は B である」という形式の仮説が，A かつ B であるものを観察することによって確証されたと仮定しよう．つぎに，観察がある一般化を確証するならば，それは論理的に等しいあらゆる一般化を確証すると仮定しよう．それゆえ，「すべての A は B である」という仮説がある観察によって確

註16　Hempelは，その例を論じる際に，ワタリガラスであることの定義からは，すべてのワタリガラスが黒いかどうかという問題には決着がつかないと仮定した．

証されたならば，その観察は対偶(conditional's contrapositive)すなわち「すべての non-B は non-A である」をも確証しなければならない．この論理を上のワタリガラスの例にあてはめると，次の結論が得られる：黒いワタリガラスを観察したことが「すべてのワタリガラスは黒い」という命題の確証であるならば，その観察は「すべての黒くないものはワタリガラスではない」という命題をも確証しなければならない．ところが，この後者の仮説は黒くもなくワタリガラスでもないものであれば何を観察しても確証されてしまう．極端なことをいえば，白い靴を観察しても「すべてのワタリガラスは黒い」という命題の確証になるのである．しかし，これはパラドックスである．Hempel は，黒いワタリガラスと白い靴では命題を確証する上でいったいどこがちがうのかという疑問を提起した．

　Hempel は，どちらの観察も一般化を確証するという見解をたてた．外見だけからでは判断を誤ると彼は考えた．しかし，ここでの関心は，むしろ Hempel の問題提起のしかたにある．われわれは経験的な背景仮定をまったく考慮することなくある仮説と観察との関係を論じることができる．Hempel[1965 b, p.20] は，それは「不可欠の方法論的虚構」であると断定する．科学でも日常生活でも，観察が一般論とどのように関係するのかについてわれわれは経験的仮定を置いていることはもう明白である．では，なぜ Hempel はこの極端な虚構を置く必要があったのだろうか．

　Hempel の問題は，2.2 節で述べた経験主義の原理があるがために姿をあらわす．あらゆる知識は，最終的には観察にのみ帰せられるべきである．たとえ，すべてのワタリガラスが黒いことをわれわれが知った理由がその仮説を支持する多くの「支持例」よりももっと複雑であったとしても，まったくの白紙状態 (*tabula rasa*) から観察を積み上げればその真実を知ることができただろうと経験主義者は言う．「ワタリガラス」や「黒い」という概念と科学的方法の規則がありさえすれば，ある一般論に関連する観察によって確証できるだろう．経験主義の大原則は，たとえわれわれが世界の現象に関わる信念をもたなくても，それが可能であることを主張する．

　Hempel は，黒いワタリガラスと白い靴はともに「すべてのワタリガラスは黒い」という仮説を確証すると考えた．この立場は，黒いワタリガラスの方が確証上の価値が**より大きい**という考えとつじつまがあう．黒いワタリガラスの価値が大きいことを示そうとした過去の研究を Hempel は好意的に受けとった．たとえば，黒いワタリガラスの数は黒くない物体の数よりも少ないことをわれわれは知っている．このことは，ワタリガラスを見てそれが黒い

かどうかがわかれば，黒くない物体を見てそれがワタリガラスでないかどうかを知るよりも確証力があるだろうという意味である．確証の形式理論は，この直観を基礎にして発展してきた．

　Hempel は，白い靴と比べたときの黒いワタリガラスのもつ**確証度**(degree of confirmation) は，ワタリガラスに関する経験的事実——すなわち，ワタリガラスは黒くない物体よりも数が少ない——に依存しているではないかという指摘にもひるまなかった．黒いワタリガラスや白い靴がそもそも確証をしているのかという疑問が生じたときも，Hempel はこの方法論的虚構を主張しつづけた．Hempel の見解では，背景仮定は不用であり，どちらの種類の観察もその一般的仮説を確証する．これは「確証の論理」の問題であると彼は考えていた．

　Good [1967] は，黒いワタリガラスが確証するか反証するかあるいは中立であるかは，それ以外の信念に依存すると主張した．彼は次のような思考実験を行なった．たくさんのワタリガラスがいてそのうち 99% が黒いか，またはごく少数のワタリガラスがいてその 100% が黒いと仮定しよう．この背景仮定のもとでは，黒いワタリガラスの観察例が多くなるほど，すべてのワタリガラスは黒いという仮説に対する信頼度はより小さくなる．Good によれば，この思考実験は黒いワタリガラスがどのようにして一般仮説を**否定する**証拠を与えるかを示している．それは，仮説への疑念を高めることにより反証している．Good の論文のタイトルが彼の結論だった．すなわち，白い靴は赤の他人である (the white shoe is a red herring).

　さらに Good は，正しい背景文脈のもとでは，A でも B でもないものは「すべての A は B である」を否定する証拠を与えると論じた．彼の与えた例は，白いカラスがどのようにしてすべてのワタリガラスは黒いという仮説を反証する証拠となるかを示している．カラスとワタリガラスが生物学的に近縁であるという仮定を置けば，一方の種でみられる多型 (polymorphism) は，もう一方の種にも存在する証拠となる．白いカラスがいるという知見は，ワタリガラスはいつも黒いという仮説に反する証拠を与える．Good の例からの一般的教訓は次の通りである．背景理論の文脈がなければ，確証的意味をもつ観察など存在しない．

　Hempel [1967] は，Good の例は彼が提示した問題を解決したことにはならないと反論した．Good の第 1 の例では，ワタリガラスの色の情報があることを仮定したから，黒いワタリガラスが「すべてのワタリガラスは黒い」という仮説に反する証拠となった．また，Good の第 2 の例では，カラスとワタ

リガラスの類縁関係について知見が得られていると仮定したから，白いカラスの存在が，すべてのワタリガラスは黒いという一般的仮説の反証となった．しかし Hempel は，彼の言う方法論的虚構の世界のなかで議論すべきであると反論する．経験的な仮定を「何ひとつ置かない」ならば，黒いワタリガラスと白い靴はどちらも確証的意味をもつのではないか．

確証が観察と仮説の間だけの関係であるとはどういうことだろうか．Hempel の批判にこたえて，Good [1968] は次のように反論する：

> ［観察と仮説の2者間 (two-place) の確証関係］が現実問題として重要であるとすれば，形式論理学と英語の構文論と主観的確率を操れる先天的な神経網を備えた無限の知能をもつ新生児を想定するしかないだろう．その新生児は，カラスを詳細に定義した上で，すべてのカラスは黒いという仮説は最初のうちは妥当性（すなわち仮説 H は真である可能性）がきわめて高いと判断するだろう．「その一方で，カラスが存在するならば，さまざまな体色をもつカラスが存在する可能性もあるだろう．したがって，たとえ，黒いカラスが存在することが分かったとしても，最初のときよりは H の妥当性は低いと考えるだろう」とその新生児は言うだろう．このことから，白い靴はかぎりなく赤に近い他人である (the herring is a fairly deep shade of pink) という結論が得られる．

上のやりとりは，確証が2者間ではなく，必然的に背景知識もこみにした3者間 (three-place) の関係であるかどうかという問題を最終的に解決してはいない．たとえ，典型的な確証は現象に関する背景知識のもとで行なわれるとしても，そういう背景知識がなくても確証は可能でなければならないという見解もあろう．Hempel 自身の問題の立て方の核心であるこの主張は，憶測にほかならない．さらに，その見解にしたがえば，経験主義者はつじつまのあわない立場をとらざるを得なくなる．一方で，黒いワタリガラスの観察がワタリガラスの体色は**均一ではない**という仮説を支持することがわかっているならば，この尋常ではない外挿を裏づける背景仮定を示せと経験主義者は要求するだろう．他方，黒いワタリガラスの観察からワタリガラスの体色は**均一である**という仮説への外挿をするとき，この「自然な」外挿を正当化する必要はないと彼らは考えるだろう．しかし，なぜそう言えるのだろうか．なぜその外挿は合理的で，それを裏づける背景信念が存在する必要はないと考えるのだろうか．この確信をしっかり支えているのは，経験主義は真でな

ければならないという哲学上の信条である．

　確率概念を踏まえた厳密な確証理論ならば，例外なく確証は3者間の関係であることが暗黙の前提になっている[17]．さらに特筆すべきことは，観察と仮説の関係は純粋に「論理的」であって前提は必要ないとみなす確証理論は評判が芳しくないということである．Good [1967] や Rosenkrantz [1977] にならって，私も背景理論が不可欠であることは，確証の基本的事実ではないかと考えている．

　もしそうだとしたら，最節約性概念——それが大域的概念か局所的概念かの如何を問わず——に関するここでの議論にとってきわめて重要である．観察がある仮説を支持するとか，ある仮説が別の仮説よりも支持できると言うときには，この関係を媒介する経験的な背景理論が必ずなければならない．肝心なことは，科学者がデータのもとである仮説を支持する論拠として単純性をもち出すとき，この原理があとかたもなく蒸発しているわけではないという点である．**単純性に頼ることは，ある経験的背景理論をはっきり言わずにすませるための便法である．**

　上述の原理での「背景理論」の概念とは何だろうか．否定形として規定するならば，それは観察言明ではない．肯定形として特徴づけるならば，次の曖昧な規定で今のところは十分である．すなわち，背景理論は，ある実験計画のもとで，検定されるべき仮説と可能な観察の間の「関係」を定める．すでに述べたように，観察だけでは検定すべき仮説の真偽を演繹的に保証できないとわれわれは仮定している．同様に，観察に対する仮説の「関係」を定める背景理論の真偽もまた観察によっては判定できない．

　Good の最初の例で，背景理論は，すべてのワタリガラスが黒色であるときに，黒色でありかつワタリガラスである物体を発見する確率を示した．第2の例の背景理論は，すべてのカラスが黒色とは限らないときに，すべてのワタリガラスが黒色である確率を計算した．これらの背景理論のもとでの観察と仮説の間の「関係」は確率関係である．つまり，それらの関係は先験的にわかっているわけではなく，また観察の単なる要約であるという解釈も妥当ではない．私が「背景理論」という言葉を用いたのは，観察を仮説と関係づける仮定それ自身は観察ではないと主張したかったからである．

　Hume は，自然の斉一性原理さえあれば，推論過程において観察を仮説と

註17　Eells [1982, p.58-59] は，確証についてのベイズ統計解析を行なって，肯定的事例が一般化を確証するための十分条件となる単純な経験的仮定を見出した．

結びつけることができると考えた．しかし，この原理は，たとえその曖昧さを取り除いたとしても，現実とはかけ離れているので，帰納的推論に役立てることなどとうていできない．黒いワタリガラスが「すべてのワタリガラスは黒い」という仮説を確証できるのは，自然が斉一だからではなく，ワタリガラスとサンプル抽出に関してもっと個別的な仮定が置かれたからである．

Hempel の問題と同様に，Hume の問題の立て方でも背景仮定が重要な関わりをもつことが表に出てこない．この経験主義を前提とする定式化のおかげで，証拠プラス単純性（ここでの「単純性」とは純粋に方法論的な意味あいをもつ）があれば，確証はできると哲学者は信じこめた．けれども，確証とは仮説と観察と背景理論の 3 者間の関係であることがいったん了解されたならば，単純性はまさに背景理論としての機能を果たすこと，そしてある推論のなかで単純性を用いるとき，背景理論と同様に自然界の現象に関する仮定をきっと置いているだろうということが理解できるだろう．

この帰納的推論の解釈によれば，Hume の懐疑論に対しても応えることができる．Hume の説は，すべての帰納的推論にとって必要で，しかも理性だけでは正当化できない原理が存在するという主張が前提である．その原理はすべての帰納的推論が必要としているのだから，いかなる推論もその原理を正当化できない．したがって，われわれは Hume の懐疑論に到達する．すなわち，その原理は帰納において不可欠であるにもかかわらず，先験的にも経験的にも正当化できない，と．

Hume の懐疑論がそのような原理を発見できたかどうか疑わしいと私は思う．個々の帰納的推論においてわれわれが実際に発見するのは，証拠としての観察を対立仮説と関連づけるいくつかの経験的仮定である．これらの背景仮定は，それ自身が研究の対象であり，それらを支持する観察や背景理論をさらに見出すことができるだろう．明日も太陽は昇るという信念を過去の観察が支持する理由は何かと問われたならば，惑星の運行についての十分に確証された理論を引き合いに出してわれわれは答えるだろう．Hume のいう自然の斉一性をもちだしたりはしない．そんな運行理論に頼っていいのかと問われたならば，代わりに**別の観察**あるいは**別の背景理論**を論拠にして答えてもまったくかまわないだろう．

正当化をめぐるこれらの疑問を解決すべく，経験的信念を支える「究極」の仮定を求めてさかのぼれば，いまここでやろうとする推論の背後にある経験的信念を現在の観察すべてを寄せ集めるだけで十分に立証できる段階にいずれは到達できるのだろうか．それこそが経験主義の原理の主張である．し

かし，そのとき経験主義は確証論と衝突してしまう．なぜなら，仮説 H と観察言明 O が演繹的関係にないならば(すなわち，論理的に独立であるならば)，O は背景理論 T との相対的関係のもとでのみ H を確証したりしなかったりするからである．この T は「けっして」消去できない．観察を合理的な一般論や過去推測や未来予測に直結させるような単純な「帰納原理」(「単純性原理」) の出る幕はない (Rosenkrantz [1977])．

この確証論と Hume の説との関係を明らかにするためには，Hume の主張と彼の到達した結論とを分ける必要がある．第1に，Hume の懐疑論の**形式**ははっきり言ってどうしようもない．すべての帰納的言明に共通し，合理的には擁護できないある前提などどこを探しても私には見つけられないからである．しかし，それは Hume の懐疑的な結論が的はずれだったという意味ではない．現時点での観察すべてを踏まえたとき未来予測や過去推測や一般化がどのようにして支持されるのかを明らかにせよという設問に向けられた彼の否定的結論は正しかった．確証が3者間の関係であるという説は，Hume の結論である懐疑論は支持するが，そのために彼が行なった論証の形式は支持しない．

ワタリガラスのパラドックスをめぐって私は帰納を論じたが，それ以外の多くの仮説発見的な言明に対する批判にもきっとあてはまるだろう．**観察のみにもとづく一般化に対してさえ観察が確証上の意味をもつためには経験的な背景仮定が必要であるとするならば，ましてや部分的にしか観察にもとづかない言明を観察と結びつけるためには背景仮定が不可欠である．**

次章では，最良の説明を導く重要な手段とされるある原理を検討する．それは，2つの事象が相関しているならば，別々の2つの個別原因を想定するよりは単一の共通原因を仮定して説明したほうがよいという原理である．この原理は最節約原理の表れである．2つの原因よりも1つの原因の方がよいと主張しているからである．この原理もまた経験的な背景仮定がなければ妥当性は失われる．この帰結は，帰納に関して本章で到達した結論が仮説発見にも同様にあてはまるという私の主張を裏づけるだろう．

もちろん，系統推定も最良の説明を構築するための一種の推定である．単純性と最節約性に関する私の一般論は，対立する系統仮説間での観察の判別力が進化プロセスに関する仮定に依存していること，そして最節約性が観察と仮説とを結びつける原理とみなされたときに，やはりそうであることが示されるならば，より強力に支持されるだろう．この生物学的問題については，第4〜6章で詳しく議論する．

2.6 Hume は半分だけ正しかった

観察から未来予測，過去推測，一般化への帰納的推論をするためには「目に見えない前提」を置く必要があることを指摘した点では，Hume はまちがってはいなかった．すべてのエメラルドが緑色であるという仮説を証明するためには，あるいはエメラルドが緑色であるのは西暦 2000 年までであるという対立仮説を棄却するためには，有限個の緑色のエメラルドを証拠として提示しただけではだめである．

ここで私がいいたいことは，観察から一般化や予測や推測を**演繹する**ことは不可能であるというしごくあたりまえの主張ではない．Hume の論点は結局それだけのものだから，彼のいう懐疑論もたいしたことはないという批判はたびたびあった．Hume は，未来に関する信念は観察によっては合理的に証明できない，と主張しただけだという言い分である．もし Hume の議論が，現在の観察だけではそれらの信念は演繹できないというだけだったならば，彼は演繹的論法だけが合理的であると仮定しなければならない．それは問題に答えていないばかりでなく，根本的にまちがった見解である．

私の見解では，Hume の説はもっと重要な点で正しかった．非演繹的論法が合理的であると仮定しても，なお観察だけでは帰納的結論を証明することはできない．観察以外の要素が必要であるという Hume の主張はまちがってはいなかった[18]．

けれども，この付加的要素が何であるべきかについての Hume の説明は，総論としても各論としてもまちがっていた．「自然が斉一的である」とか「未来は過去に似ている」というスローガンが，すべての帰納的推論の前提となる資格があるとは私にはとうてい考えられない．さらに言えば，仮説に対する証拠としての意味を観察がもつために必要な付加的仮定は，Hume が想定した普遍的レベルで存在するわけがないと私は考えている．Hume の犯した誤りは，どんな帰納的推論も観察以外の仮定が必要なのだから，すべての帰納

註 18 Stove [1973, p.43] は，Hume の主張を「演繹主義」的に解釈した．彼の解釈によると，帰納が斉一性原理を前提とするのは，それがなければ観察から結論を演繹することができないからである．同様に，Beauchamp and Rosenberg [1981] も，Hume の主な論点は，拡張的 (ampliative) な言明の立証不能性だった，という解釈をした．しかし，彼らはまた，Hume が帰納にかんして懐疑的ではなかったとも言う Stroud [1977, p.53-77] は，Hume の主張は，斉一性原理がまちがっているなら，観察は証拠(演繹的，非演繹的を問わず)とはみなされないという意味にとらえるのがより適切な解釈であると主張する．Hume の説に関する私の注釈の多くは Stroud にしたがっている．

的推論が必要とする付加的仮定が存在するにちがいないと考えた点にあった（Edidin [1984, p.286]を参照されたい）．論理学者ならばこの誤謬は限量記号（quantifier：訳註1）の順序の混同であると言うだろう．「ある特定の日にすべての人が生まれた」（There is a day on which every person was born）という文は，「すべての人はそれぞれある日に生まれた」（Every person has a birthday）という文と同義ではない．しかし，それと同じ混同が，日の出やパンの栄養分やエメラルドの色についての帰納がすべて同じ前提を共有しているにちがいないという信念を抱かせたのである．

　すでに述べたとおり，帰納的推論はそれぞれが完全に別々であって，哲学者や統計学者によってコード化できる一般的パターンなど存在しないといってはいない．そんなばかげたことが現実にあるはずがない．それは，統計学の教科書を開いてみれば，誰の目にも明らかである．エメラルドの色とパンの栄養価に関するサンプル抽出の問題は共通の構造をもつだろう．しかし，すべての帰納的推論が置かねばならない普遍的な経験上の仮定（したがって，それらは経験的証拠によっては擁護されない）を，その共通の構造のなかに見出すことは私にはできない[19]．

　合理的論証による帰納の正当化へのHumeの懐疑論は，彼の帰納的推論過程の再構成に対する上の批判をふまえて，別の形に言い換えられる．それぞれの帰納的論証は何らかの前提を要求するが，その前提が真実であるかどうかは現時点での経験や記憶の痕跡（したがって演繹）からは保証されないと私は論じた．観察が仮説に対する証拠としての意味をもつのに必要な背景仮定は，現時点での観察を超越している．帰納的証明に必要な付加的命題なしに，現在の観察が証拠としての役割を果たす理由を明らかにするようHumeはわれわれに要求した．しかし，それはもともとできない相談である．過去と未来を結びつける蓋然的な仮定を付加しないかぎり，現在の経験は将来の手がかりにはけっしてならない．経験主義の原理，すなわち将来に関する信念は現在の観察によって**のみ**正当化されなければならないという原理に忠実であろうとするならば，Humeが正しく指摘したように，懐疑的立場に陥ら

訳註1　述語論理学での限量記号（quantifier）とは「すべての」（全称記号）と「ある」（存在記号）を指す．

註19　私がここで言おうとしていることは，帰納的推論のすべての要素は自明ではないやり方で証明可能であるという強力な主張ではない．おそらく，自明ではない正当化をしなくてもよい究極の論理学的あるいは数学的な「原始仮定」（primitive postulates）が存在するからである．尤度概念をめぐるこの立場については，5.4節で論じる．

ざるをえない．

　帰納に関するこの結論と，科学的推論における単純性原理の使用との関係は，直接的ではないが重要である．さまざまな時代のさまざまな分野の科学者が，観察と一致する複数の対立仮説の間の選択をする際に，単純性を基準として用いてきた．このように単純性を用いることがおかしいという議論をここでしてきたわけではない．しかし，単純性をもちだすからにはその正体を見極めなければならないと私は確信している．観察に始まって対立仮説の妥当性の評価にいたる非演繹的推論がなされるところ，必ず経験的仮定ありきである．この主張は，単純性あるいは最節約性が観察と仮説を関係づける原理として与えられたとしてもなおあてはまる．経験的対象およびわれわれが直面する推論問題に関する背景仮定をごく短く抽象的に要約したものが単純性原理であると解釈すべきである．単純性を論拠とすることは，最も一般的で先験的な科学的論証の原理をそのまま適用したのだと考えてはいけない[20]．

　この結論は，実践としての帰納が非常に融通がきくというすでに得た知見と矛盾しない．帰納がある点で自然が斉一的であるという仮定を置くと考えるならば，その「仮定」を否定する証拠をどのようにして収集し，われわれの信念のなかに組みこむことができるかを示すことができる．単純性原理が帰納的実践の核心であるならば，この非斉一性と考えられる現象を知ることもまた可能だろう．つまり，最節約原理の**あらゆる**適用が要求するような，自然現象に関する仮定などないのではなかろうか．それは，ある帰納問題に対する最節約性の適用が現象に関する仮定を置かずに進められるということではない．繰り返すが，限量記号の順序こそ，単純性が現象に関わるものかそれとも「純粋に方法論的」であるのかをめぐる論争への私の解決案の根幹である．

　本章の冒頭で，科学における最節約性の使用がはたして自然界の現象についての重要な仮定を置いているのかという問題を提起した．他の哲学者と同様に，私も単純性の使用が自然は単純であるという仮定を置いているという説には同調できなかった．しかし，だからといって，単純性の使用がそういう仮定を**何ひとつ要求しない**わけではない．ただ，自然の単純性は要求されてはいなかったというだけのことである．単純性の使用は現象に関する仮定を置いているという単純すぎる主張では議論にならない．単純性または最節

註20　地質学において Lyell が擁護した斉一主義は，単純性が蓋然的な対象に特有の仮定を，先験的な方法論的原理の直接の帰結であるかのように装わせた好例である．Hooykaas[1959]，Rudwick [1970]，Gould [1985] の論議を参照されたい．

約性のあらゆる事例が同じ仮定を置いているという説はもはや無用である．この問題をさらに議論するためには，もっと科学研究の現場に近い一般性のレベルに話題を移す必要がある．個別の科学的推論での単純性の使用がどのような自明ではない仮定を置いているのかを調べなければならない．系統推定問題は，本章で論じた一般的問題に肉づけをして，科学的推論の特性を明らかにする１つのケーススタディである．

第3章　共通原因の原理

　前章では，2種類の非演繹的な推論を挙げ，それぞれに関係する単純性概念を論じた．すでに観察されたサンプルから未知の背景母集団への推論である帰納（induction）は，斉一性の仮定を要求すると考えられてきた．その一方で，観察から想定される説明への推論である仮説発見（abduction）は，最節約原理を必要とすると考えられてきた．

　前章で得られた主な結論は，確証（帰納あるいは仮説発見のどちらの文脈で行なわれるかにかかわらず）の概念に関する主張だった．私は，観察が，仮説を確証したりしなかったりするのは，あるいは一方の仮説が他方の仮説に比べてより強く支持されるのは，背景仮定との関わりのもとでのみ可能であると論じた．Hempel のワタリガラスのパラドックスの問題（2.5節）のうまい解決案として，私はこの説を提案した．しかし，その説は帰納と仮説発見をともに包括する主張だった．

　本章では，確証に関する私の考えを，仮説発見のある根本問題に適用し，その重要性を論じる．オッカムの剃刀は，少数の原因を仮定すれば十分に説明できるときに，多数の原因を想定するのは無駄であると主張する．2.3節では，この一般論が Newton の第2規則――**自然界にみられる同じ結果に対しては，できるだけ同じ原因を結びつけなければならない**――にもみられることを指摘した．確かに，1.2節ですでに述べたが，進化学者は遺伝コードがほぼ普遍的であることからすべての現生生物は共通の起源をもつと考えている．最節約性にもとづけば，すべての種が複数（別々）の起源をもつのではなく，単一（共通）の起源をもつという結論が導かれる．最節約性は，複数の個別原因を仮定する説明ではなく，単一の共通原因を想定する説明を選ぶ．

　共通原因説明と個別原因説明とをどのようにして比較すべきかについての最近の哲学の議論では，最節約性は重要な位置を占めてこなかった．Hans Reichenbach [1956] が提唱し，Wesley Salmon [1975, 1978, 1984] が展

開した**共通原因の原理**（principle of the common cause）の議論でも，最節約性との関係については追究されなかった．けれども，彼らが擁護する原理は，一般論としての最節約性の問題とも個別問題としての系統推定論とも密接に関係している．

　Reichenbach や Salmon の原理の背後には，相関は共通原因を仮定することによって説明されるべきだという基本的見解がある．Salmon[1984, p.159] の例を考えよう．2人の大学生がある教授に提出した哲学の論文が，一字一句までまったく同一だったとする．その理由は，2人の学生が本当に別々にまったく同じ論文を書き上げたため**かもしれない**．しかし，その類似性は2人の学生が同一の出典——たとえば図書館の同じ本——から剽窃したためであると考える方がはるかに説得力があるだろう．

　系統推定でも同様の問題が生じる．たとえば，ヒトとチンパンジーがきわめてよく似ているのは，それらの種が別々の祖先から独立に形質を進化させた結果である**かもしれない**．しかし，その類似性はそれらの種の特徴がある共通祖先からのホモロジー（相同形質）である，という説明の方がずっと説得力がある．共通の由来を推論することは，共通原因を想定する1つの事例である．こう考えると，系統推定問題は，Reichenbach と Salmon が擁護する原理の1つのテストケースとなる．

　本章での1つの目的は，この仮説発見のための原理がどれほど役に立ち，どこに弱点があるのかを検討することである．もう1つの目的は，次章以降に用いる基本的な確率モデルを構築することである．手元の証拠に照らしたとき，ある系統仮説が別の系統仮説よりもすぐれている，あるいはある系統推定法が他の方法よりもすぐれていることを示すためには，「すぐれている」という言葉の意味をはっきりさせる必要がある．共通原因の原理を評価することは，この重要な問題を論じることにもつながるだろう．

　共通原因の原理を詳しく論じる前に，全体的類似度が由来の近さを推定するための適切な尺度であるという表形学の見解を吟味し，その明らかな特徴を指摘したい．確かに，Reichenbach にしたがえば，形質の相関は共通原因（共通祖先）を示す目印だが，相関と類似は異なる概念である．しかし，相関と全体的類似性には共通の特徴があり，哲学的議論の詳細に入る前にぜひともその点を論じておく必要がある．

3.1. 表形学の2つの陥穽[1]

2つの種についてあらゆる形質が観察できて，その2種が共有する形質数の

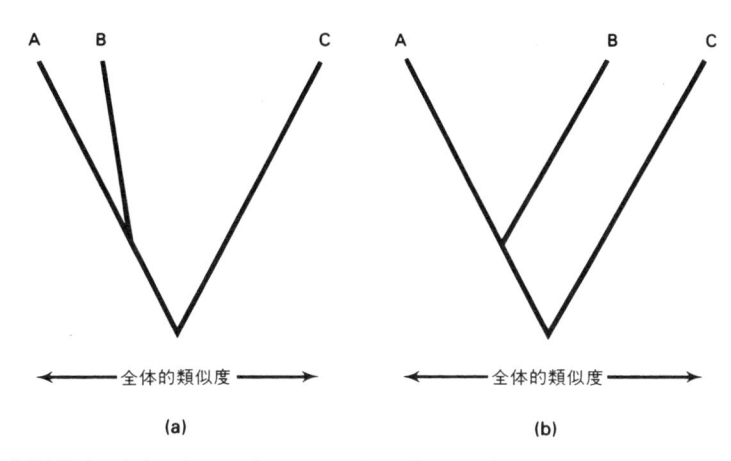

図8 (a)全体的類似度が由来の近さを反映している．(b)全体的類似度にもとづく系統関係の推定は，この場合おそらく誤りを導くだろう．

パーセント割合も計算できたと仮定しよう．これは，すべての形質の集まりがきちんと定義できる(そして有限な)集合であることを前提としている．つまり，何を形質としてカウントするかについて曖昧さがあってはならないということである．それぞれの種の記載としては配列の決定されたゲノムを用いたり，あるいは大規模だが有限の測定値リストをもって種の「完全な」記載とすることも現実にはあるだろう．ここでは形質集合全体におけるパーセント類似度を，その2種の**全体的類似度**（overall similarity）と呼ぶことにする[2]．

図8に示した系統樹では，末端分類群の間の横軸方向の距離は全体的非類似度（すなわち全形質に関しての非類似度）を意味している．この2つの系統樹は，AとBが，Cに対して互いにより近縁であるという点では一致している．しかし，全体的類似度が系統関係を反映しているかという点では対立する．

図8aでは，AとBは，Cに対して互いにより類似している．一方，図8b

註1 ここで論じる陥穽とは，全体的類似性を用いて系統関係を推論するときの問題であり，分類を構築する際の問題には触れない．両者のちがいについては，1.2節で指摘した．

註2 全体的類似度を計算するさまざまな手法の詳細についてはここでは論じない．Sneath and Sokal [1973] を参照されたい．

第3章 共通原因の原理

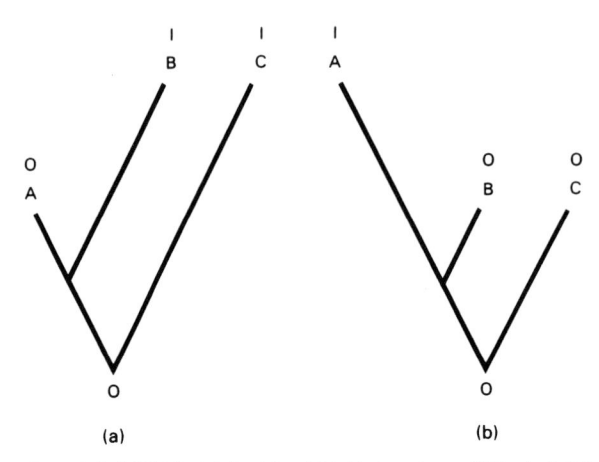

```
     I         I I       I
     B         C A
     
O                              O      O
A                              B      C


        O                    O
       (a)                  (b)
```

図9 全体的類似度が由来の近さを反映しない2つの状況．(a) B と C の間でホモプラシーが頻発する一方，A がきわめて保守的ならば，011形質は110形質よりも頻繁に進化するだろう．(b) A が頻繁に固有派生形質を進化させる一方，B と C につながる系統枝がきわめて保守的ならば，100形質は011形質よりも頻繁に進化するだろう．

では，A に対して互いにより類似しているのは B と C である．これら3種の形質集合から無作為抽出を行なって，全体的類似度にもとづく系統関係の復元をする体系学者は，図8aが真実ならば，おそらく正しい答えを得るだろう．しかし，図8bが真であれば，誤った系統仮説を導いてしまうだろう．

　全体的類似度から真の系統関係が推定できない理由は，次の2つである．第1に，**ホモプラシー**という現象が存在する(図9a)．この図では，横軸方向は全体的非類似度を意味してはいない．その代わりに，枝の長さがその枝の根と末端での形質状態が異なる確率を表すと考えよう．B と C が頻繁に派生的形質状態（"1"で表す）を共有し，他方 A は原始的形質状態（"0"で表す）を示すならば，B と C は，A と B よりも多くの共有派生形質にもとづく類似性を示すことになる．この可能性は全体的類似度法を誤りに導くことがあるが，第1章で論じた分岐学的最節約法の方法にもその危険性はある．分岐学的最節約法は，派生形質の共有にもとづく類似性が共通の由来の証拠であると主張する．しかし，共有派生形質が実際にはホモプラシーであるならば，分岐学的最節約法は系統関係の推論を誤るだろう．

　全体的類似度にもとづいて系統発生を復元するときに生じるもう1つの問題は，**固有派生形質**(autapomorphy)である．図9bでは，分類群 A だけが派生的なグループである．B と C にいたる系統枝（lineage）はきわめて保

守的であると仮定しよう．BとCには共有されるがAにはない原始的形質を証拠として，BとCは，Aを排除するある共通祖先をもつと推論するならば，その結論は誤りだろう．この可能性は分岐学的最節約法では誤りの原因とはならない．その方法では共有原始形質は証拠能力をもたないからである．

ここで重要なのは，全体的類似性は派生的類似性だけでなく原始的類似性をも含んでいるという点である．そのために，上の2つの陥穽におちいる危険性がある．ある分類群を研究する体系学者が図9に示したようなホモプラシーと固有派生形質は稀ではなく普通の現象であると考えるならば，全体的類似度を用いて系統推定を行なうことのメリットはどこにもないと思うだろう．

これらの問題点については，表形学者もずっと以前から認識していた．Sneath and Sokal (1973, p.321) は，表形的方法を用いて系統関係を復元するためには進化がどのように生じるべきかを考察した．その条件について，彼らは次のように述べている：

> 主として表形的類似度を証拠として系統分岐の近さを求めるには，少なくともいくつかの分岐群における進化速度の斉一性が必要である．もっとも，Colless [1970] は，この条件は一般に思われているほど厳しい条件ではないと述べている．……ここで重要なのは，一定(constant)の進化速度ではなく斉一的(uniform)な進化速度が要求されるという点である．並行する系統において進化速度が等しく変化する限り，ある進化期間において進化速度が一定であるかどうかは重要ではない．この点について，大きな玉のなかから小さい玉が飛びだす打ち上げ花火のたとえがわかりやすいだろう．小さな玉に点火してはじめて，そこから発する光線は「進化」することができる．最初，大玉が上昇していく間は小玉は放散しないのでその速度はゼロである．いったん大玉が破裂して小玉が放散すると，大玉の中心からの各小玉の放散速度は同一の変化をするが，定数ではない．

彼らは，図2(p.34)のすべての枝では，各世代ごとに同じ数の形質が進化すると主張している．**任意の時間における進化速度は斉一的であるが，その速度は時間的に変化してもかまわない．**

Colless [1970] は，全体的類似度が系統関係のよい推定量となるための別の十分条件を示唆した．その十分条件とは，（ⅰ）後代の分類群が初期の分

類群よりもずっと速い速度で長期にわたり進化しないこと，（ii）姉妹種がその後さらに系統分岐する前に十分に発散していること，そして（iii）後代の系統枝どうしの収斂の方が後代と初期との収斂よりも高頻度であること，である．Colless は，もしこれらの条件が満たされるならば，全体的類似度は「かなり良い推定値」となるだろうと主張する．

　Sneath and Sokal は表形的方法が系統推定に役立つための（少なくとも近似的な）**必要**（necessary）条件を示した．一方，Colless は**十分**（sufficient）条件となるいくつかの条件を示した．Sneath and Sokal [1973, p.321] は，彼らが示した条件が自然界で一般に満たされているかどうかという点については，悲観的だった．彼らは「すべての証拠を考慮すれば，明らかに異なる分岐群での進化速度は斉一的ではない．異なる系統は異なる速度で進化している」と言う．一方，Colless は，系統枝は普遍的とは言えないまでも，おおむね彼の条件を満たすだろう，という自信があるようである．

　ある方法にとっての必要条件や十分条件が現実の進化においてどれくらい満たされているのかどうかは，きわめて重大な問題である．非常に限られた条件下である方法が使えることを示したとしても，その方法を「正当化」したことにはならない．逆に，別の限られた条件下でまったく使えなかったとしても，その方法を「反駁」したことにはならない[3]．けれども，それらの条件が満たされる相対頻度を求める以前に解かねばならない概念上の問題がある．それは，方法がある条件を満たすことを「要求」するとはどういう意味かという問題である．この点についてきちんと議論した上で，指定された基準をその方法がいつ満たすのかを判定できる論拠を示さねばならない．

　Sneath and Sokal [1973] は，すぐ上の引用文のなかでこれらの問題には言及していない．充分な条件が示されていないのだから，全体的類似性が要求する性質を進化が満たしているという証拠も与えられていない．一方，Colless [1970] は計算結果として，A と B の類似性が A と C および B と C の類似性よりも大きな値ならば，必ず A と B は，C に対して互いにより近縁であるということを示した．しかし，ここでもまた充分な一般条件が仮定されてはいるが，明確に述べられてはいない．

　ここで，ある系統推定法にとって充分な合理的基準とは何かについて少し考えてみよう．この一見単純な質問には，次のような答えが返ってくるかも

註 3　これは，個々の反対例によってある方法論の正当性を示そうとする無条件かつ包括的な言明が反駁できることを否定してはいない．これについては第 5 章で述べるつもりである．

しれない：全体的類似度法を有限のデータ集合に適用したとき，ある条件が満たされていないことによりその方法が真実を導かないならば，この方法はその条件を要求しているということである．この答えは明確ではあるが，要求が厳しすぎる．どんなにすぐれた推論規則でも**まちがうことがある**(fallible) かもしれない．たとえその規則が偽の結論を導いたとしても，なおその規則は合理的であるかもしれない．全体的類似度法を正当化するために何らかの仮定が必要であるとしたら，何か別の理由をつけなければならない．

これと同じ問題は，コイン投げを独立に反復して繰り返し，その結果からコインのバイアス（ゆがみ）を推定するときにも生じる．10回の試行中6回が表であるとき，そのデータから導かれる「最良」の点推定値は表の出る確率は0.6という値である．それは「合理的」な推定値ではあるが，誤りである可能性がある．したがって，「仮定」が満足されなかったときに，ある方法が誤った推定値を導く可能性があることを示しただけでは，その方法がその仮定を前提としていることの証明にはならない．

サンプル抽出の反復に焦点を当てると，もっとうまい説明ができるだろう．コイン投げの例でいうと，試行結果の平均，すなわち標本平均(sample mean)をもってそのコインの確率の最良の推定値とするという方法は，この考えにもとづいている．コイン投げのサンプル数，すなわち試行数をどんどん大きくしていけば，標本平均は真の値に収束する（converge）だろう[4]．

この収束(convergence)という概念は，ある方法が特定の仮定を要求するという主張に新たな解釈を与える．それは，仮定が満たされないならば，その方法は収束しないという見方である．この考えは，どんな方法も完全無欠ではないという事実と矛盾しない．たとえ A, B, C の間の全体的類似度が図8bのようであったとしても，少数の抽出された形質が C に対して A と B が互いにより類似している可能性はなお残される．そのような形質は「少数派」だろうが，存在しないわけではない．したがって，図8bに示した系統発生が表形的方法にとって問題であるとするならば，**あらゆる**データが表形的方法を誤りに導くからではない．無作為抽出した形質群にもとづく推定値が**おそらく**誤りだろうという点が問題なのである．この主張は，結局は収束概念を用いて表現できる．

註4 収束(convergence)については，5.3節でもっと厳密に定義する．ここでのコインの例では，標本平均はたまたま最尤推定値でもある．したがって，標本平均は，他の推定量よりも大きな確率を観察に対して与える．尤度については本章の後半で論じる．標本平均という推定量が漸近的であるとか尤度が大きいという理由で「最良」といえるかどうかという問題については，第5章で議論する．

第5章では，ある方法が収束的であるためには特定の命題の成立を前提とするという主張を綿密に検証する．ここでは，表形学者が進化速度の斉一性を要求した理由を，その主張が一見もっともらしく説明できたと指摘するだけに止めておく[5]．

遠縁の種間の方が近縁種間よりも類似度が**大きい**(図8bのように)ことがわかっている状況では，全体的類似度法を用いるのはまずいと私は指摘した．進化がある時期そういう系統発生を生むことは原理的にみてまずまちがいなく可能だろう．図9に示したような不均一な進化速度を想定しただけでも，表形的方法を誤らせる形質はそれを真実へと導く形質よりも頻繁に生じるだろう．したがって，全体的類似性にもとづく方法がどれだけ強く正当化されようが，この困難を克服することはできない．したがって，**進化プロセスに関する仮定とは関係なく**，全体的類似度法は正しいという考えはまちがいであるとすぐに結論できる．これほど無条件かつ包括的な主張に賛同する大胆な生物学者はどこにもいないだろう．哲学は，この警告から多くを学ぶべきである．

3.2. 相関・共通原因・濾過

2.3節で指摘したように，Newtonは共通原因の原理が科学的推論でもっとも重要な役割を果たしていると主張した．彼は「自然界にみられる同じ結果に対しては，できるだけ同じ原因を結びつけなければならない」と言う．その上で，Newtonは例をいくつか挙げている．「ヒトの呼吸と動物の呼吸，ヨーロッパの石とアメリカの石の由来，かまどの炎と太陽の光，地球による光の反射と惑星による光の反射」に彼は言及している．

ヨーロッパでの石の落下とアメリカでの石の落下とが同じなのは，どちらの石にも重力を及ぼしている地球という共通原因があるからである．同様に，ヒトの呼吸とチンパンジーの呼吸のもとをたどれば，共通祖先によるホモロジーであることがわかるだろう(もちろんNewtonにはわからなかったが)．

註5　正確に言えば，この復元では，進化速度の斉一性が表形的方法にとって**十分条件**である理由は示せても，それが必要条件である理由は説明できないだろう．進化速度が斉一的ではない場合でも，ある期間での加速が別の期間での遅滞によって帳消しにされていれば，全体的類似度法は収束するといえる．おそらく，そういう進化的な調整はあり得ないという理由で考察に値しないと考えられているのだろう．しかし，斉一性は十分条件であったとしても**必要条件ではない**という論点はなおあてはまる．6.1節で与える進化モデルのもとでは，進化速度斉一性の仮定は，全体的類似度を収束させるだけでなく，最節約法をも同様に収束させる．したがって，進化速度の斉一性を仮定したからといって，特定の手法が**支持**されるわけではない．

しかし，Newton が言及した最後の例は別問題である．私の息子の野球のボールから発する光（暗闇で懐中電灯の光が当たっているとき）と木星が反射する光では，もとをたどっても共通の光源には行きつかない．それぞれは別々の光源に照らされており，その光源は同様の過程を経て結果を生む．この最後の例は，アナロジー (analogy：類似) ではあってもホモロジーではないと言えるだろう．

これは哲学の言葉では，**型**（type）と**個例**（token）のちがいと言われる．個例である事象は単独で反復不可能である．一方，型である事象は1つまたは複数個の事例を含むこともあれば，まったく事例を含まないこともある．あなたと私が同じ服を所有するとき，同じ型の服かそれとも個例として同一の服かによって話は異なる．後者はその服が共有されていることを意味するが，前者はそうではない．Newton の4つの例では，個例としての結果の対は同一の型の原因を有する．さらに最初の2つの例では（残りの例はそうではないが），**個例としての共通原因にさかのぼれるとも考えられる**．

この曖昧さのほかにも（後でまた触れるが），Newton の簡潔な定式化にはもう1つの欠点がある．ちょっと考えればわかるが，個例としての共通原因を想定してもうまく説明できない類似性の事例はいくつもある．私が今着ているシャツも地中海の海の色もブルーである．また，全米最高裁判所 (U.S. Supreme Court) の裁判官の数も太陽の周りを回る惑星の数も9である．しかし，こういう例はただの**偶然の一致**（coincidence）にすぎない．個例としての類似現象がすべて個例としての共通原因によると考えるのは，たくましすぎる想像である

Newton は「できるかぎり」共通原因を想定すべきであると言っているだけだから，彼の定式化に対する上の批判はおそらく公平ではないだろう．共通原因を想定するのは，その仮定があらゆる対立仮定と比べて妥当であるときにかぎると Newton は言いたかったのだろう．しかし，そういう言い逃れはこの原理の威力を失わせるだけである．そのとき，この原理は，すべての条件を考え合わせたときに，共通原因にもとづく説明が合理的ならばその説明を採用せよというだけの内容になってしまうだろうからである．同じことは，個別原因による説明に対しても，さらには悪魔が引き起こしたという説明に対しても言える．

共通原因の原理をそういう自明さから救い出すことができるだろうか．今世紀になって，Bertrand Russell [1948] と Hans Reichenbach [1956] はそれぞれ，ありそうにない偶然の一致に対して注意を向けるようになった．2

つの事象があまりに類似していて個別原因による説明はほとんど不可能であるならば，それらはある共通原因によるものであるという仮説を立てるのが合理的だろう．納得できる事例を探してくるのはそれほど難しくはない：

（ⅰ）……ある劇に出演する数人の舞台俳優が病気になり，いずれも食中毒の症状を示したとする．われわれは，その原因となった食べ物は出所が1つであると仮定するだろう．たとえば，一緒に食べた肉が悪かったとか．そして，そういう共通原因があるものとして現象の一致を説明しようとするだろう（Reichenbach［1956, p.157］）．

（ⅱ）……ある部屋の2つの電灯が突然どちらも消えてしまったとする．たまたま同時に2つの電球が切れたとはとうてい考えられないので，ヒューズがとんだりして電気が来なくなったのではないかと考え，われわれは対処するだろう．このありえない偶然の一致は，ある共通原因の結果であるとして説明される（Reichenbach［1956, p.157］）．

（ⅲ）……複数の人間が同時にきわめてよく似た視覚体験をした．それぞれの人間が個別に幻覚を見たのかもしれないし，それらの人間がよく似てはいるが異なる物理的対象をたまたま目にしたのかもしれない．しかし，各人の経験がよく似ていることを考えれば，それらの経験をある1つの原因に帰す，すなわち，それぞれの人間は単一の物理的対象を見ていたと考えるのが妥当だろう（Russell［1948, pp.480 ff］）

Reichenbach(1956)は，この種の説明の構造を**連言的分岐**（conjunctive fork）という点から説明した．これは，想定される原因とそれから同時に由来する複数の結果の間の確率論的関係によって表される．Reichenbach の考えを，上で最初に挙げた演劇集団の例を用いて，もっとくわしく説明しよう．上の説明では，確率論的な細かいことはいっさい触れなかった．

この演劇集団を数年にわたって追跡調査し，俳優ごとに胃腸の具合の悪くなった日付を記録したとする．その結果，主演男優と主演女優がほぼ100日に1回の割合で体調を崩すことがわかったとしよう．このことから，両人がある特定の日に体調が悪くなる確率は0.01であると推測されるだろう．1人の不調がもう1人の不調と確率的に独立であるとすると，同じ日に2人とも不調になる確率が計算できる．その答えは，$(0.01) \times (0.01) = 0.0001$ である．しかし，実際観察したところ，両人が同じ日に不調を訴える頻度はその確率よりも高かったとしよう．話をわかりやすくするために，両人の健康状態は

ほぼ完全に共変動（covary）し，両人が不調の日がほぼ完全に一致したとする．このとき，それぞれの俳優が不調になるという事象の間の独立性は疑わしくなる．

Reichenbach の理論では，共通原因説明（common cause explanation）は，説明を必要とする相関の存在から始まる．相関とは確率論的従属性のことである[6]．今の例では，第1の俳優が不調になるという事象（A_1）が第2の俳優が不調になるという事象（A_2）と正の相関があるから，次式が成り立つ：

(1)　　　　$\Pr(A_1 \& A_2) > \Pr(A_1) \times \Pr(A_2)$ [7]．

いま，この2人がいつも一緒に食事をしているとすると，これを共通原因と考えれば2人の体調の相関が説明できるかもしれない．そこで，2人のとった食事が悪い（T）ときには不調になる確率が極めて高く，一方，その食事が悪くなかった（not-T）ときには不調になる確率が非常に低いという仮説を立てよう．式で表すと，次のようになる：

(2)　　　　$\Pr(A_1/T) > \Pr(A_1/\text{not-}T)$，
(3)　　　　$\Pr(A_2/T) > \Pr(A_2/\text{not-}T)$．

さらに，因果的原因（いたんだ食べ物をとるとか生の物を食べるとか）は，次の確率論的性質をもつだろうと Reichenbach は考えた．その2人がいたんだ物を食べたとすると，両人が不調になる確率はそれぞれが不調になる確率の積で表される．すなわち，食事の質により俳優の体調は条件つき独立となる：

(4)　　　　$\Pr(A_1 \& A_2/T) = \Pr(A_1/T) \times \Pr(A_2/\text{not-}T)$，
(5)　　　　$\Pr(A_1 \& A_2/\text{not-}T) = \Pr(A_1/\text{not-}T) \times \Pr(A_2/\text{not-}T)$．

Reichenbach は，(2)〜(5)式が成立すれば(1)式も成立することを示した．すなわち，ある原因が，それぞれの結果と正の相関があり[(2)〜(3)]，それらの結果を条件つき独立とするならば[(3)〜(4)]，この2つの結果は相関する[(1)]ということである．

2つの結果が相関するとき，一方は他方に関する情報を与える．上の例では，

註6　ここで想定しているのはちょうど2つの状態をとる性質である．たとえば，俳優は不調か健康かのどちらかの状態をとる．このケースでは，相関と確率論的従属性の両概念は等価である．しかし，たとえばある個体群のなかで体長と体重が正の相関をしているケースのように量的性質を考えるときには，もっと慎重になる必要がある．この場合には，確率論的に独立ならば相関はゼロだが，その逆は真ではない．

註7　この式は同値変形して $\Pr(A_1/A_2) > \Pr(A_1)$ と書き換えられる．

一方の俳優の健康状態はもう1人の健康状態を予測する拠りどころとなる．しかし，いったん食事がいたんでいたかどうかがわかったならば，ある俳優が不調であるかどうかはもう1人の方が不調であるかどうかを予測する上で**付加的**な情報を与えない．こういうケースでは，その原因は一方の結果を他方の結果から**濾過**（screen-off：訳註1）したと言われる．このとき，上の(2)〜(5)式から次式を導くことができる：

$$\Pr(A_1/T) = \Pr(A_1/T \ \& \ A_2).$$

ある原因が一方の結果を他方から濾過するとき，これら3つの事象の組は**連言的分岐**を形成すると言う．

2つの結果の相関（確率論的従属）が，それらを無相関（確率論的独立）にするある原因を想定すれば説明されてしまうというのは驚くべき事実である．しかし，ここには偽りは微塵もない．条件なしの確率と条件つきの確率のちがいがあるだけである．この単純な考えが不思議でもなんでもないことを示すために，その例の(2)〜(5)式に具体的な確率の値を仮りに与えてみて，本当に(1)式が成立するかどうかを確かめてみよう．

まずはじめに，この2人の俳優はほぼ100日に1回の割合で不調になることから，それぞれが不調になる確率は0.01と推定できる．同様に，彼らはほとんどいつも同時に不調になるから，2人がともに不調になる確率はほぼ0.01に近い値と考えていいだろう．この値は，独立性を仮定して計算した積の値0.0001よりもはるかに大きな値である．さらにほかの確率の値を仮定すれば，上で指摘した事実を演繹できることを示そう．

条件つき独立性の仮定(4)〜(5)以外に，次の仮定を置く：

$$\Pr(A_1/T) = \Pr(A_2/T) = 0.95,$$
$$\Pr(A_1/\text{not-}T) = \Pr(A_2/\text{not-}T) = 0.0,$$
$$\Pr(T) = 1/95.$$

ここで，各俳優が不調になる確率の式を次のように展開する：

$$\Pr(A_i) = \Pr(A_i/T)\Pr(T) + \Pr(A_i/\text{not-}T)\Pr(\text{not-}T).$$

上式の値は0.01である．したがって，われわれが想定する因果構造からの予想では，各俳優が不調になる確率は観察された頻度と一致する．

訳註1　本書では「screen-off」を「濾過」と訳したが，科学哲学の邦文では「遮断」と訳されることが多い．

次に，2人の俳優が同時に不調になる確率の式を次のように展開する：

$$\Pr(A_1 \& A_2) = \Pr(A_1 \& A_2/T)\Pr(T) \\ + \Pr(A_1 \& A_2/\text{not-}T)\Pr(\text{not-}T).$$

想定される因果的要因（T）の有無が2つの結果を条件つき独立にするという仮定から，上式は次のように書き換えられる：

$$\Pr(A_1 \& A_2) = \Pr(A_1/T)\Pr(A_2/T)\Pr(T) \\ + \Pr(A_1/\text{not-}T)\Pr(A_2/\text{not-}T)\Pr(\text{not-}T).$$

したがって，両俳優がある日に同時に不調になる確率は0.01の95％（すなわち0.0095）である．ここでもまた，仮定された確率と観察された確率値とがぴったり一致することがわかる．ある原因を想定することにより，それらの結果の確率が大きくなり，確率論的に独立となるならば，それらの結果は相関することが理解できるだろう．

上では，可能性を指摘しただけである．2つの事象の間に相関があるとき，ある確率論的関係を導く共通原因を想定すればその相関は説明することが**可能**である．しかし，Reichenbach [1956] と Salmon [1971, 1975] はさらに一歩踏みだして，この可能性は実は必然性であると考えるようになった．彼らの言う「共通原因の原理」(Principle of Common Cause) は次のように表現される：

> 2つの相関事象 E_1 と E_2 が与えられたとき，E_1 および E_2 の原因であり，さらにそれらを確率論的に条件つき独立とするようなある事前事象 C が存在する[8]．

Reichenbach と Salmon は，その原理に**存在論的**な生命を吹きこんだのである．このとき，ある種の事象のすべての組に対して，特定の性質をもった第3の事象が**存在する**．これは，その原理を非演繹的推論の1つの規則とみなす認識論的解釈とはまったく異なっている．その原理を認識論的に解釈すれば，2つの相関する事象があるとき，ある種の共通原因を**想定するのが合理的である**ということになる．これら2つの定式化のちがいは後の議論で重要

註 8 この定式化では，E_1 は E_2 の原因ではなく，また E_2 は E_1 の原因ではないと仮定されている．そう仮定しないと，相関事象は濾過的共通原因をもつか，または一方が他方の原因であると，この原理を定式化しなければならなくなるだろう．この原理は，事象が正の相関をもつ場合だけでなく負の相関を示す場合にも当てはまることに注意されたい．

になってくる[9]．濾過的共通原因をもたない相関事象の組が1つでも見つかれば，存在論的定式化は反駁されてしまう．一方，認識論的定式化はそういう事実によって揺らぐ必要はない．3.1節のコインの歪みの推定問題のなかで指摘したことだが，推論規則というものは**無謬** (infallible) でないとしても**合理的** (reasonable) であればよい．共通原因の原理は合理的な助言を与えるが，まちがうこともしばしばある．認識論的定式化を反駁することは存在論的定式化の反駁よりも難しいものである．

　Reichenbach の原理に関してもう1つ指摘しておくべきことは，その原理が共通原因説明を高く評価するのは，その説明自体に価値を認めたからではなく，その説明にもとづけば，特定の確率論的関係が導けるからという点にある．共通原因はある結果を他方の結果から濾過できるから重視されるのである．それが妥当であるかどうかは，別の形式の説明によって同じことが可能かどうかを見てみなければわからない．個別原因にもとづく説明は濾過する能力があるのか．ここで注目すべきことは，Reichenbach や Salmon のいう共通原因の原理がそういう**比較**の設問によって定式化されてはいないという点である（彼らはともにその原理を用いて，共通原因説明と個別原因説明を比較したのだが）．共通原因の原理が認識論的意味をもつと期待されるとき，この比較の問題は重要である．

　最後に，Reichenbach の原理が対象とするデータが相関であることは重要である．たとえ相関が共通原因説明を強く支持しても，別のデータがやはりそれを支持するかどうかを調べる必要がある．最後のこの問題は，その原理の正しさを疑問視しているのではなく，その完全性を問題にしている．

　これらの問題を通して，認識論的に解釈された共通原因の原理のもつ致命的な欠陥が明らかになったことを以下で論じる．したがって，私の批判は，量子力学の観点から問題を提起した Suppes and Zinotti [1976] や Van Fraassen [1980, 1982] による批判とは大きく異なっている．彼らの批判は，一般的な存在論のテーゼとしてのその原理が役に立たないことを示したが，認識論のテーゼとしてのその原理については論じなかった．一方，私の批判は，非演繹的推論の指針としてのその原理の役割に焦点を定める．けれども，認識論的な欠点を枚挙する前に，存在論としての Reichenbach の原理がどうして敗

註9　ある原理が「存在論的」(ontological) であるのは，それが存在そのものに関する主張をするときである．ここでは，第2章で導入した用法にしたがっている．一方，ある原理が「認識論的」(epistemological) とされるのは，存在に関する命題だけを述べるときである．

退したのかをまずはじめに見ていこう．

3.3. 存在論からの１問題

Reichenbach の原理は，相関事象の共通原因のすべてが濾過能力をもたねばならないと主張しているわけではない．それが主張しているのは，そういう事象の組はすべてある濾過的な共通原因をもつということである．これらの主張の論理的なちがいは容易に理解される．どんな双子の組にも必ず彼らを育てる親がいるという主張と，双子の親は両親とも彼らを育てるという主張では，天と地ほどもちがいがある．それと同じことである．

これは都合がいい．多くの（いや，ほとんどの！）共通原因は濾過能力をもたないからである．図10に示した装置を考えよう．ルーレットの輪が回っている．ボールが00に入ったならば，ある信号がコイン投下器に送られる．歪みのないコインを用いるとする．表が出れば，決定論的にある信号が送られ2つのベルは鳴りだす．表が出なければベルは鳴らない．そして，ボールが00に落ちなければコインは投下されない．

ボールが00に落ちることは，Reichenbach の意味で，2つのベルを鳴らせるある共通原因である．2つのベルが鳴る原因はいつでもボールが00に落ちるという事象に遡れるからである．しかし，注意すべきことは，この共通原因は一方のベルが鳴るという事象を他方のベルが鳴るという事象から濾過できないという点である．この2つのベルの状態は，完全に相関している．それぞれのベルはルーレットのほぼ76回転に1回の割合で鳴るが，それら2つのベルは必ず同時に鳴る．式で表すと，

$$\Pr(B_1 \& B_2) = \Pr(B_1) > \Pr(B_1) \times \Pr(B_2)$$

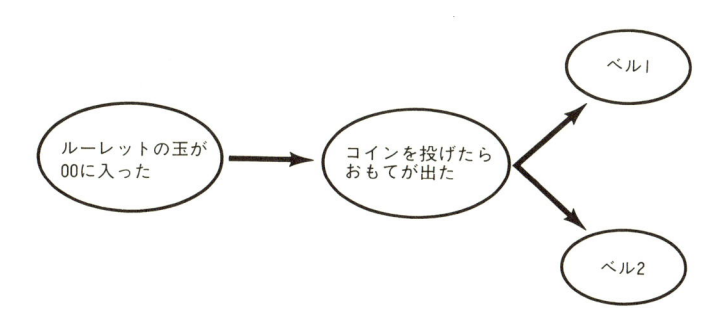

図10 遠因から近因を経て同時に生起する結果にいたるまでの因果の連鎖．ボールが00に落ちたならば，コインが投げられる．そのコインの表が出れば，2つのベルが鳴る．

となる．これら2つの事象をボールが00に落ちるという事象によって条件づけると，次式が得られる：

$$\Pr(B_1 \& B_2/00) = 0.5 > \Pr(B_1/00) \times \Pr(B_2/00) = 0.25.$$

ボールが00に落ちるという事象は，以前よりも（すなわち，ルーレットが回るという事象だけを考えたときよりも）ベルが鳴るという事象の確率を**大きく**する．しかし，この00状態は2つの結果を条件つき独立にはしない．したがって，その共通原因は一方の結果を他方の結果から濾過できない共通原因ということになる[10]．

この過程で，濾過能力のある共通原因は**確かに**存在する．それは，コインの表が出るという事象である．コインの表が出たならば（H），2つのベルはどちらも鳴るだろう．すなわち，次式が成立する：

$$\Pr(B_1 \& B_2/H) = \Pr(B_1/H) \times \Pr(B_2/H) = 1.0.$$

この例での最後の因果連鎖は決定論的になるよう設定したが，それは重要なことではない．その代わりに，たとえば，コインの表が出たとき確率0.9でベルが鳴ると仮定しよう．その場合，$\Pr(B_1 \& B_2/00) = (1/2)(0.9)(0.9)$となり，$\Pr(B_1/00)\Pr(B_2/00) = [(1/2)(0.9)]^2$よりも大きな値になる．遠因（distal cause）は相関事象を濾過できないが，近因（proximal cause）はそれらを濾過できる．

さて，この因果過程の一部分が隠されているとしよう（最後の因果連鎖については，最初の設定のとおり決定論的であると考える）．観察されるのは，ルーレットの回転とベルの音だけで，その中間段階はみえないとする．ルーレットが00のときにかぎり，ベルが鳴る．ボールがその位置にくると，ほぼ確率0.5でベルが鳴る．しかし，それら2つのベルの状態は完全に相関している．Reichenbachの原理とは，この相関を説明するための手続きである．ボールが00に入ったという事象は，その相関を説明する上で**役に立つ**が，それにもとづく説明は完全ではなさそうである．

Reichenbachの原理は，潜在する変数を想定せよと命じる．ルーレットの状態とベルの状態の間にはある要因が介在していて，それを用いれば完全に相関を説明できる．そういう要因が存在すると考えることは単に「合理的」

註10 Salmon [1984, pp.168 ff] は，共通原因が一方の結果を他方から濾過できないもう1つの例を挙げている．Reichenbach [1956, p.161] もこの可能性を認めている．

であるばかりではない．さらに一歩踏みこんで，Reichenbach の原理は自然界がそのような構造をしているという信念の表れでもある．この種の相関は究極的でもなければ，説明不能でもない[11]．

　心情的には納得できるこの存在論的仮定に再検討を迫ったのは，量子力学がもたらした驚くべき概念的変革だった．最初の問題提起をした，Einstein, Podolsky and Rosen [1936] は，量子力学が不完全であることを示すある思考実験を行なった．その後，「潜在変数は存在しない」という証明は勢力をつけ，Bell (1965) の成果を導いた．これらの主張が示したことは，ある種の相関には濾過能力をもつ共通原因が決して存在し得ないという強い証明である．すなわち，Einstein, Podolsky and Rosen が主張したような完全性は実現できないという強い証明が示された．これらの議論の詳細は専門的すぎるのでここでは深入りしない．また，さまざまな結果の間の重要なちがいについても論じない．ここでは，Bell の得た結果の認識論的意味について述べ，彼の定理がどのようにして導かれたのかを論じることにしよう．

　考えようによっては，共通原因の原理に対してはどんな観察も反例とはならない．現在の理論が濾過能力をもつ共通原因を与えなかったならば，その理論は**不完全**であるというだけのことである．一方，詳細な共通原因の仮説がだめだとしたら，それに代わる別の仮説を作ればいいことである．したがって，ありとあらゆる観察はReichenbach の原理と矛盾しないように思える．そうだとすると，Reichenbach の原理は検証不可能である．その原理は先験的かつ形而上的である．言いかえれば，それは，自ら経験の試練に傷つくことなく，科学研究を導く指針である．

　先験的な真実に関する Quine [1952, 1960] の研究によれば，ある命題の経験的帰結は実際にはその仮説を取り巻く背景仮定に依存しているため，予想できないことがよくある．ある原理が検証不可能であるように見えるのは，その検証方法の発見がきわめて困難であるからである．その原理が，観察によって反駁されないように一見思われるのは，一時的にせよわれわれの想像力の乏しさに原因があり，それがなにかしら特別な認識論的地位を占めているからではない[12]．Bell の結果は，その１つの例である．Reichenbach の原理は検証不可能のように見えるが，さらに別の妥当な仮定を組みこめば，検証

註11　ここでは，試行を反復すれば観察された相関が「単なる偶然」(すなわちサンプル抽出による誤差の結果) である可能性は否定できると仮定している．

註12　先験的知識の地位に関する一般論は，Sober [1984 c, 第2章] を参照されたい．

可能な帰結を生みだせる．

ある共通原因から2つの素粒子を生成させる実験を考えよう．これら2つの素粒子を右素粒子 (R) および左素粒子 (L) と呼ぶことにする．各素粒子について3つの実験を行なう．それぞれの実験の条件設定を1, 2, 3とする．各実験の可能な結果は2つで，それらを"0"および"1"で表す．このとき，"Li&Rj"は，左素粒子に対して第i実験を行ない，右素粒子に対して第j実験を行なうという命題を意味するものとする ($i, j=1, 2, 3$)．また"Lia"は，左素粒子に対して行なった第i実験の結果が$a(a=0,1)$であることを意味する．"Rjb"も同様に定義される[13]．

上で規定した実験装置と設定のもとで試行を反復すると，それぞれの実験条件のもとでの結果を観察することができる．こうして，多数回の試行結果にもとづいて，ある実験条件のもとで素粒子に何が生じるかをみることができる．2つの素粒子に対して同じ実験を行なったときに，同一の結果が決して得られなかったとする．式で書けば，

　　　（Ⅰ）　　　Pr(Lia&Ria/Li&Ri)＝0.

ということである．また，一方の素粒子に対する実験条件の設定が，その素粒子に関する結果から他方の素粒子の条件設定を濾過したとする．これは

　　　（Ⅱ）　　　Pr(Rjb/Li&Rj)＝Pr(Rjb/Rj).

と表せる．確率言明（Ⅰ）（Ⅱ）は，多数の観察から得られた結果の要約とみなせる[14]．

得られた観察から言えることは，この実験系での右素粒子と左素粒子は完全な負の相関を示しているということである．Reichenbachの共通原因の原理にしたがえば，異なる値をとるある共通原因を想定することになる．これは前出の演劇集団の例での考察と同じである．体調の悪い日が相関するという観察から，われわれはある共通原因の存在を仮定した．その共通原因（一緒にした食事）のとり得る値は2つ――いたんでいたかそれともいなかったか――である．今の例では，想定される共通原因のとり得る値が2つだけで

註13　Bell [1965] の論証についての説明は，Van Fraassen [1980] による．

註14　きわめて小さい推論過程がここに含まれていることを認めるべきである．厳密に言えば，観察されたのは，それぞれの実験設定のもとでの実験結果の頻度である．この多数の観察にもとづいて，ここに示した確率の値を推論したのである．

あるという制限をつける必要はない．要因 A が q という値をとることを Aq と表すことにする．A の取り得る値がいくつであるかは問題ではない．
　この想定される共通原因は，次の3つの性質をもっていると考えられる．

(III)　　$\Pr(Lia\&Rjb/Li\&Rj\&Aq)$
　　　　　　$=\Pr(Lia/Li\&Rj\&Aq)\times\Pr(Rjb/Li\&Rj\&Aq)$,
(IV)　　$\Pr(Lia/Li\&Rj\&Aq)=\Pr(Lia/Li\&Aq)$,
　　　　$\Pr(Rjb/Li\&Rj\&Aq)=\Pr(Rjb/Rj\&Aq)$,
(V)　　$\Pr(Aq/Li\&Rj)=\Pr(Aq)$.

原理(III)は，左右素粒子の実験設定および想定される共通原因の状態によって，それら2つの素粒子に関する結果がたがいに濾過されると主張している．Van Fraassen [1982, p.32] は，原理(IV)と(V)の背後にある動機を次のように説明する：

　　その共通原因は，これら2つの事象（互いに隔てられている）よりも絶対的な過去にあって，これらの素粒子の発生するところに存在するとされている．ここで，実験をどのように設定するかおよびどのようなタイプの素粒子生成を行なうかは，何らかの確率的操作によってあるいは実験者の気まぐれによって（それが何であるのかはおもしろい問題だが），すべてが前もってあるいはある時間的順序で決められている．
　　逆に言うと，L のある結果の確率が想定される共通原因だけではなく，R の結果がどうであったかとか，想定されるその共通原因それ自身の特性がどの実験条件を選んだかに依存するならば（たとえ素粒子の生成装置が作られた後であっても），これら2つの結果の事象は，それらの相関を説明するある共通原因にまで遡れ**なかった**と私は結論する．

　Van Fraassen は，(III)，(IV)，(V)の3つは全体として共通原因の原理を表していると考えた．しかし，より正確に言えば，(III)がその役割を果たし，(IV)と(V)は直感的ではないが，それとは異なる別の役割を果たしていると考えるべきだろう．というのは，Clauser and Horne [1974] が示したような「事前工作」——A の状態と2つの素粒子についての実験設定がそれら3者すべての共通原因となるある事象によって操作される——があったとしたら，Reichenbach 的な説明が可能だからである．
　しかし，ここで特筆すべき点は，(III)，(IV)，(V)が直観に訴える効果が

大きいということである．それらは「理論的」である．すなわち，それらの原理は，共通原因がどのようなものであるかに制約を与えるという点で，観察の反復の結果を要約するだけの(I)(II)とは大きく異なっている．

　Bell の定理は，これら5つの命題を組み合わせて，観察事象だけを含む不等式を導いた．いま，左素粒子には i 番目のそして右素粒子には j 番目の実験条件を与えたときに左右の素粒子がどちらも1という結果になる確率を $p(i;j)$ で表すとする．Bell の不等式は，次のように表される：

$$p(1;2)+p(2;3) \geq p(1;3).$$

この不等式は反復実験によって検証できることに注意されたい．

　ある量子力学的な素粒子系で上のような実験を行なったとき，この不等式は成立しない[15]．しかし，命題(I)-(V)はその不等式を導いたのだから，少なくとも1つの命題は偽でなければならない．したがって，悪いのは(III)(IV)(V)の少なくとも1つということになる．これら最後の3命題が共通原因の原理がいう共通原因モデルにとって必要ならば，その原理は誤りということになる．

　Bell の不等式に対する実験からの反例はどれも，「古典力学からは外れる」尋常ではない現象が生じる素粒子系を用いているように見える．Salmon[1984, p.253] も，「私の知るかぎり，問題のあるミクロ物理学の事例のすべては量子力学的な'波束の減少'(reduction of wave packet) を含んでいるが，マクロ物理学ではそれに相当する現象はない」と指摘している．ここにみられる主張，すなわち，Reichenbach の共通原因の原理は，もし量子力学的な異界が存在しなかったとしたら問題視されなかっただろうという主張には多くの哲学者が賛同する．しかし，次節で，私は最も単純な「古典力学的」な現象に限ったとしても，Reichenbach の原理にはここで指摘された以外に多くの欠陥があることを指摘する．

　3.2節で私は，Reichenbach と Salmon は，認識論的な解釈（「2つの事象が相関しているときには，濾過能力のある共通原因を想定するのが合理的である」）を与えながらも，存在論的教義（「すべての相関する事象の組には濾過能力のある共通原因が存在する」）としてこの原理を定式化したと述べた．この存在論的教義に対して量子力学は経験的な反例を与えている．では，認識論的な定式化に対してはどうだろうか．

註 15　それだけではなく，量子理論はこの不等式が成立しないことを正しく予言できる．

上での議論では，濾過能力のある共通原因を想定することが**非**合理的だった．相関が完全であるならば，そしてBellの不等式が成立しない**ならば**，濾過能力のある共通原因が存在するのだろうかという疑念がきっと湧くだろう．それはまた，最良の説明への推論が背景情報によっていかに左右されるかのもう1つの例である．Reichenbachの原理は，観察からすぐさま濾過能力をもつ共通原因の仮説を導いた．量子力学は，観察によって確証可能な別の事実がこの推論を反駁できることを示した．

しかし，これはきわめて特殊なケースである．ある物理系の予想できない奇妙な行動は問題である．しかし，共通原因の原理は，おそらく素粒子物理学以外のすべての科学にとっては完全に合理的な古典的因果性の枠組を踏まえていると考えられる．この点についてはこれまで触れてこなかった．共通原因の原理を認識論的にどのように解釈するのかという問題を，量子力学からの事例がまったく解決できなかったのはこの理由による．

3.4 認識論からの諸問題

以下で論じる，認識論的（存在論的ではない）に解釈されたReichenbachの原理は3つの概念要素を含んでいる．それは，観察された**相関**，想定される**共通原因**そして**濾過**である．この原理は2つの部分に分けることができる．まずはじめに，観察された相関は共通原因を想定することによって説明されるべきであるという主張がある．第2に，共通原因にもとづく仮説は2つの相関する結果を濾過的に関係づけるように構築されなければならないという主張が続く[16]．

これらの主張はどちらも深刻な問題を抱えている．第1に，すべての相関が共通原因による説明を要求するというのは大きなまちがいである．3.2節よりも一般的な相関概念の定義を考えれば，その理由はわかる．その条件は，たとえば図10に示したベルが鳴る／鳴らないという二値的性質に関する相関をも特徴づけている．しかし，ここでは身長と体重というような2つの量的形質 X と Y を考えよう．相関係数 r_{XY} は -1 から $+1$ までの範囲の値をとり，次式で定義される：

$$r_{XY} = \frac{\overline{XY} - (\bar{X})(\bar{Y})}{\sqrt{(\overline{X^2} - \bar{X}^2)(\overline{Y^2} - \bar{Y}^2)}}$$

註16 2つの相関する事象にもとづいて定式化されたこの原理は，もちろん任意の数の相関事象の場合にも一般化できる．

上式で「$\bar{X}$」は，X の平均値を表す．バーつきのほかの値も同様に定義される．データは数値の対——たとえば，各個人についての身長と体重の対——のリストとして与えられると仮定する．正の相関は，一方の量の平均値以上の値は他方の量の平均値以上の値と関連していることを示している．ここでの「関連」とは，体重の重さ（軽さ）と背の高さ（低さ）のような同一の個人に帰する性質であることを意味している．すでに論じた単純な二値的性質とのアナロジーは明白である．2つの量（事象）が相関しているならば，一方の情報は他方に関する予測をする上で何らかの役に立つだろう．

X と Y の観察値の「組」は，上で挙げた身長と体重のような同一の個体の性質である必要はない．2つの対象を考え，その性質を何回も観察すればよい．たとえば，ある時点で図10の2つのベルが1オクターブの12音のどれかを鳴らしたとする．このとき，一方のベルの低い音が他方のベルの低い音と関連する傾向があるならば，それらのベルの状態の間には正の相関があると言えるだろう．Reichenbach の原理は，この例に対しても二値的なケースと同等にあてはまる．相関があるならば共通原因にもとづく説明が必要であるとされる．

しかし，単調増加する量ならばどんなものでも正の相関を示すという問題がここで生じる．英国のパンの値段は過去2世紀の間に上昇したが，ヴェニスの海水位も同じく上昇した．これら2つの量は正の相関をしている．一方の量の平均値以下の値は，他方の平均値以下の値と関連している．しかし，ある共通原因を想定して，これを説明しようとは誰も考えないだろう（Sober [1987]）[17]．

どうしてそうなるのだろうか．これら2つの現象の背後にあるかもしれない過程の**種類**の間に大まかな類似性があるのではと考えることがおかしいのではない．広い意味での経済的要因がそれぞれの現象に関与したのかもしれないからである．むしろ，この2つの現象が同一の**個例**としての原因にまで遡れると考えることがおかしいのである．われわれがもっている背景信念のもとでは，それぞれの量の上昇は局所的な内的過程——1つは英国で作用し，

註17 「時間の流れ」は，この相関を説明するのに適切な因果変数ではない，と私は仮定している．

註18 独立な内的過程という私の主張にしたがえば，Reichenbach の原理に対して，ヴェニス／英国的な反例例を他にも作れることがわかるだろう．Russell [1948, pp.486-487] は，「平行して作用する」2つの内的過程にもとづく個別原因による説明は，同時に生じる複数の結果に対して，共通原因による因果構造と同様に，複雑な類似性を生むことを認めている．

もう1つはヴェニスで作用する過程——が原因であると考える方がよほど自然である[18]。

この例からの教訓は，次のとおりである．あらゆる相関が共通原因による説明を必要としているのではない．それを必要とする相関もあるし，必要としない相関もある．さらに，観察された相関がどちらなのかを決定する一般的かつ先験的な判断基準はない．すべては対象に関する背景理論に依存している．

この点は，由来の近さの尺度としての分岐学的最節約法と全体的類似度法の間でみられた論争を考えれば，驚くことではない．第1章で，私は与えられたデータのもとでの最良の系統仮説の選択に関して，これら2つの方法論がどのように異なる判断を下すかを説明した．ここでは，相関が最節約性とも一致しないことを示そう．

A, B, C 3種の40形質をコード化したところ，次の4つのパターンが得られたとしよう：

		形質			
		1-10	11-20	21-30	31-40
	A	1	1	0	1
種	B	1	0	0	1
	C	0	0	0	1

これまでどおり"0"は原始的形質状態を，"1"は派生的形質状態を表している．分岐学的最節約法は最初の10形質だけが証拠としての情報をもつと考える．そして，全体のデータ集合は，明らかに (AB)C という系統的グルーピングを支持する．

形質の相関を手がかりに由来の近さを判定するならば，ちがう結論が得られる．2つの二値的変数 X と Y は，$\Pr(X \& Y) > \Pr(X)\Pr(Y)$ が成り立つときにかぎり正の相関をすることを思いだそう．そこで，関連性の強度を**共分散**(covariance)を用いて測ろう．X と Y の共分散 $\text{Cov}(X, Y)$ は $\Pr(X \& Y) - \Pr(X)\Pr(Y)$ と定義される．2つの事象が独立ならば，共分散はゼロであることに注意されたい．

上のデータのもとでの個々の事象の確率および積事象の確率は，次のようになる：

Pr(A が 1) = 3/4, Pr(B が 1) = 1/2, Pr(C が 1) = 1/4,
Pr(A が 1 かつ B が 1) = 1/2,
Pr(A が 1 かつ C が 1) = 1/4,
Pr(B が 1 かつ C が 1) = 1/4.

共分散は次のようになる：

Cov(A, B) = 1/2−3/8 = 1/8,
Cov(A, C) = 1/4−3/16 = 1/16,
Cov(B, C) = 1/4−1/8 = 1/8.

したがって共分散にもとづくアプローチでは，この40形質からは(AB)CとA(BC)の間の選択はできないことになる．これはまた全体的類似度法からの結論でもある[19]．

分岐学的最節約性と共分散概念とのちがいに関しては，もっと一般的問題を指摘できる．共分散は，全体的類似度と同様に，原始的類似性と派生的類似性の区別を取り立てて重要とは考えていない．共分散にもとづくアプローチがあるデータ集合から特定の仮説を選んだ（あるいは選べなかった）ならば，すべての0を1で置きかえ，すべての1を0で置きかえても，その判定は変わらない．上例でもって，これが正しいことを確かめていただきたい．共有派生形質と共有原始形質のちがいに敏感ではないという点は，最節約性にもとづくアプローチとは無縁の世界に属している[20]．

上のデータ集合のうち最初の10形質の分布パターンだけを考えると，Reichenbachの原理が全体的類似度法とも分岐学的最節約法とも異なる結論を導くケースが生じる．最節約性と全体的類似性は，110形質が明らかに(AB)C仮説を支持するという点では意見が一致している．しかし，どの2種の対も正の共分散を示してはいない．たとえば，Pr(A が 1 かつ B が 1) = Pr(A が 1)Pr(B が 1) = 1.0 となるからである．共分散の観点からは，このケースで形質状態が一致する種に対して共通祖先を想定する必要はない．

註19　Reichenbach [1956] や Salmon [1984] は明言してはいないが，系統推定における共通原因の原理からみて，正の共分散の大きさが由来の近さの程度を示すと解釈するのが自然である．これが成立するモデルの1つを第6章で論じる．

註20　Forster [1986] は，分岐学的最節約法の共分散にもとづく定式化をしている．それは分岐学の理念の再構成として提案されたものだが，共分散がここで説明した性質をもっていることを考えれば，Forsterの定式化は表形学的アプローチの1つと考えるべきだろう．

考察したい最後の例は，上の40形質に加えて100形質を10個付加したデータ集合である．分岐学的最節約法にしたがえばやはり (AB)C 仮説が指示されるが，このデータ集合では B と C の共分散がもっとも大きな値をとる（さらにこの対の全体的類似度も最大である）．

表形的尺度と分岐学的最節約法の対立は，生物学的には議論の余地がないが，Reichenbach の原理にとってはまさに致命的である．もし分岐学的最節約法を用いる方が表形的尺度よりも妥当であるならば，Reichenbach の原理は一般論としてはまちがいということになる．相関にもとづいて共通原因を想定することはまちがっていることがよくある．

Hempel は，観察された黒いワタリガラスは，対象である経験的現象について情報がないという状況では，すべてのワタリガラスは黒いという一般化を確証すると主張した (2.5 節)．Reichenbach は，相関する事象はある共通原因を想定することによって説明されるべきであると主張した．これらの原理には共通する欠陥がある．それらの原理が念頭に置く観察と推論仮説との関係はあまりに短絡的すぎる．背景理論の文脈のなかでのみ観察は経験的意味をもつ．Reichenbach の原理の欠点は，ちょうど Hempel の原理と同様に，仮説を最終的に支持するのは観察のみであるという経験主義の原理を実は拠りどころにしているという点にある．

Reichenbach の原理の第2の要素である，共通原因があれば相関する2つの結果を互いに濾過できるの**だから**，共通原因を想定すべきであるという主張にも問題がある．Reichenbach の原理のどこを探しても，仮説の評価は**相対的な** (comparative) 作業であるという考えは見当たらない．ある原理にもとづいて特定の説明を与えたならば，その説明がなぜ**ほかの説明**と比べてすぐれているのかを示す必要がある．共通原因説明を選ぶ根拠が，その説明がある確率論的性質を満たすという点にあるとしたら，他の形式の説明がその性質をもっていないということを示す必要がある．

しかし，それは誤りである．**個別原因説明** (separate cause explanation) もまた相関する2つの事象を互いに濾過できるからである．たとえば，事象 F_1 と F_2 の相関が観察されたとしよう．Reichenbach の原理にしたがえば，この相関はある共通原因 C_c を想定することによって説明される．図 11a にこの共通原因説明を図示した．濾過されるかどうかに着目するならば，この共通原因仮説では共通原因は2つの結果を条件つき独立にしている．

図 11b では，E_1 と E_2 の間で観察された相関は，2つの個別原因を想定することにより説明される．しかし，ここでもまた濾過能力だけに着目し，こ

第3章　共通原因の原理

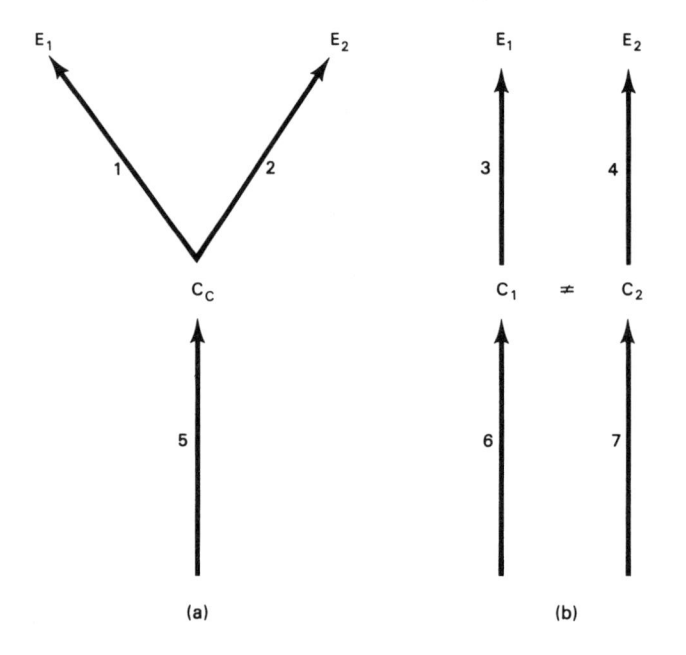

図11　E_1 と E_2 が型 (type) としての事象ならば、それらの間の相関が、(a)ある1つの共通原因を想定するか、または(b)2つの個別原因を想定することによって説明される。E_1 と E_2 が個例(token)としての事象ならば、それらの間の一致もまたどちらかの方法によって説明されるだろう。いずれにしろ、これら2つの説明から観察の生じる確率を計算するためには、枝1-7での確率を指定する必要がある。

の2つの**別々の**原因は完全に相関しており、これらの原因のとる状態は、一方の結果のとる状態を他方から濾過すると仮定する。この個別原因にもとづく説明は Reichenbach の原理の4条件を満たしている：

(2′)　　$\Pr(E_1/C_1 \& C_2) > \Pr(E_1/\text{not-}(C_1 \& C_2))$,
(3′)　　$\Pr(E_2/C_1 \& C_2) > \Pr(E_2/\text{not-}(C_1 \& C_2))$,
(4′)　　$\Pr(E_1 \& E_2/C_1 \& C_2)$
　　　　　　$= \Pr(E_1/C_1 \& C_2) \times \Pr(E_2/C_1 \& C_2)$,
(5′)　　$\Pr(E_1 \& E_2/\text{not-}(C_1 \& C_2))$
　　　　　　$= \Pr(E_1/\text{not-}(C_1 \& C_2)) \times \Pr(E_2/\text{not-}(C_1 \& C_2))$.

C_1 と C_2 が完全に相関していると仮定した結果、それらが同時には起こらないという事象——すなわち"not-$(C_1 \& C_2)$"——に関する条件づけは、それら

がどちらも起こらないことを意味する．

　もちろん，異なる 2 つの原因が完全に相関するという前提は，現実にはありえないだろう．また，それらの原因それ自身がある直接の共通原因をもつとしたら，Reichenbach の原理は，その明らかな相関を説明できるだろう．確かにそのとおりなのだが，私のここでの主張は，Reichenbach が唱える共通原因による説明のもつ確率構造と同一の構造をもつ個別原因による説明は可能であるという点である．この点を証明しよう．**相異なる 2 つの原因が「規則正しく同時に生起する」**という仮定は，1 つの共通原因を仮定したときと同じく，相関する 2 つの結果を互いに濾過する．どちらの説明を選ぶにしても，その根拠は濾過に付随する条件式以外に求めなければならない．

　この考えは，イギリスのパンの価格とヴェニスの海水位の例にすでにあらわれていた．濾過能力のある共通原因にもとづく説明をひねり出すことは可能だろうが，首をかしげざるを得ない．われわれのもつ背景情報のもとでは，個別原因を想定する説明の方に軍配が上がる．イギリス／ヴェニスの例と図 11 に示した例（2 つの相異なる共通原因 C_1 と C_2 が完全に相関している）はどちらも，共通原因説明はたとえ濾過の関係をもたらすとしても説得力に欠けることを示している．

　たとえ濾過が共通原因説明に固有の性質ではなかったとしても，図 11 に示されたこの説明に，固有の性質があることは特筆すべきである．図 11 b の個別原因が独立であると仮定すれば，共通原因説明は個別原因説明にはみられないある性質をもっている．図 11 の 2 つのパターンについて，それらの枝 1—7 における確率を固定しよう．枝 5—7 の確率は想定される原因の確率を，そして枝 1—4 の確率は，想定される原因の存在または欠如によって条件づけられる結果の確率を表している．

　これらの確率値に関しては何も情報がないと仮定する．われわれは，図 11 に与えられたパターンをもつ 2 つの説明を構築して，それらを互いに比較したい．その際，**最良の共通原因説明**と**最良の個別原因説明**を構築しよう．ここで，原因は結果から非原因（noncauses）を濾過するという「自然」な前提（なければ困るというわけではないが）を置く．ここでの目標は，観察された 2 つの事象の間の相関，すなわち $\Pr(E_1 \& E_2) > \Pr(E_1) \times \Pr(E_2)$ を説明することである．この事実を説明するとはどういう意味か，そして，どうすれば一方の説明が他方よりも優れていると言えるのだろうか．

　しかし，その不等式が成立することを証明しただけでは不十分である．それぞれの結果がほぼ確率 0.5 で起こるが，ある結果が生じるときにはほとん

ど常に他方の結果も生じると仮定しよう．連言命題 (conjunction) とその要素命題 (conjunct) にともに 10^{-10} という確率を与えるような説明でもってこの事実を解釈させるのはどう考えてもおかしい．たしかに不等式は証明されるが，確率値の割りつけには改善の余地が大いにある．

はっきり言えることは，相関の説明は，ある与えられた不等式を満足することを示すだけではなく，個々の事象およびそれらの同時事象の頻度をも説明できなければならないという点である．多数の頻度はそれらに確率値を割りふることによって説明される．確率値のある割りつけが「すぐれている」といえるのはどういうときだろうか．

ここで，尤度 (likelihood) という概念が登場する．一方の事象がほぼ確率 0.5 で生じたときに，その確率が 10^{-10} であるという主張を信じろと言われてもちょっと無理だろう．その事象には確率 0.5 を与えた方がはるかに良いからである．この場合，確率の割りつけの良さの根拠は，観察された頻度に対する近似度である．独立なコイン投げにもとづく頻度データからそのバイアスを推定するときと同じく，標本平均はその確率の最尤推定値である．

上の議論から，図 11 に示した共通原因説明と個別原因説明との非対称性がはっきりする．個別事象とそれらの同時事象の確率が観察頻度と正確に一致するように，枝 1, 2, 5 に確率を割りつけることができる．しかし，個別原因説明ではそれができない．もし C_1 と C_2 が独立であるならば，個々の事象とそれらの同時事象の確率が観察された頻度とぴったり一致するような枝 3, 4, 6, 7 の確率を決めることができない．同時事象について頻度と完全に一致するようにその確率の値を決めたときには，個別事象の確率を決めることができない．一方，個別事象の確率を頻度と一致させたときには，同時事象の確率を一致させることができない．

上の結果には，但し書きをたくさんつけなければならない．それは，共通原因説明だけが濾過関係を生み出すからすぐれているのだという Reichenbach の一般論を弁護しているわけでは決してない．上で得た結果は，むしろ強い条件のついた結論である：枝 1—7 の確率値を決められる**ならば**，共通原因説明のもとでの最良の確率の割りつけは，個別原因説明（それらの個別原因が互いに独立であると仮定したときの）のもとでの最良の確率の割りつけよりもすぐれているだろう．確率のパラメータ値を「最良事例」的に割りつけるという方法の妥当性については後述する．ここでは，上の主張への制約について補足しておきたい．

Reichenbach の 2 人の俳優の例にこの議論を当てはめよう．どちらの俳優

もほぼ100日に一度の割合で体調を崩す．しかし，一方の体調が悪い日には，ほとんどいつも他方の体調も悪い．共通原因と個別原因の状況を次のように脚色しておこう．共通原因説明では，俳優たちはいつも食事をともにしていて，ほぼ100日ごとにいたんだものを食べたということになる．さらに，いたん物を食べるとまちがいなく腹をくだし，この症状はいたんだものを食べたとき以外にはみられないと仮定する．この共通原因説明は，個別事象と同時事象の観察された頻度と正確に一致する確率を与える．

個別原因説明では次のようになる．俳優たちはいつも別々に食事をし，それぞれの食事にいたんだものが入っていれば（そのときにかぎり）必ず体調を崩すと仮定する．さらに，俳優たちはだいたい100日ごとにいたんだものを食べ，一方の俳優の食べ物の状態はもう一方の俳優のそれとは独立であるとしよう．この個別原因説明では，個別事象の確率を観察値と正確に一致させることはできるが，同時事象の確率についてはそれは不可能である．

ここでは図11の枝1―7の確率の値を決めることだけが目的である．そうではなく，確率の割りつけを制約する知見があったと仮定しよう．たとえば，俳優たちが一緒にとるときの食事の検査はいつもきびしく，その結果，共通原因説明のもとで俳優たちがいたんだものを食べる確率は10億分の1であるとする．この情報のもとでは，共通原因説明が観察結果をうまく説明できる能力は大幅に低くなってしまう．実際，個別原因説明の方が共通原因説明よりも尤度が**大きく**なるように確率の割りつけに制約を与えることができるだろう．

したがって，「最良事例」を編み出して得た結果は，最良の個別原因説明よりも共通原因説明がすぐれているといえる「十分条件」である．新たな背景情報があると上述の非対称性が損なわれるという点で，この十分条件はきわめて特殊である．それについては後でまた論じる．

これまでの議論に出てきた「最良の説明」の意味についてはっきりさせておきたい．尤度の観点でいう最良の説明とは，観察値の確率を最大にする説明のことである．私の議論では，濾過は共通原因説明を支持する固有の根拠とはならない．むしろそれは，共通原因説明が尤度だけに着目したときに選択されるための一連の仮定の1つである[21]．

図11bに示した例では，個別原因は互いに完全に相関しており，濾過関係は共通原因説明を選ぶための十分な根拠とは一般には言えない．以下では，共

註21 次節では，尤度がある説明の妥当性を左右する唯一の要因ではないことを論じる．

通原因説明はたとえそれが濾過関係を満たさない場合でも合理的であり良く確証されていることを示したい．そのとき，濾過は必要条件でもなくなるだろう．

図10のルーベ・ゴールドベルク装置を用いた実験から，共通原因（ボールが00に落ちる）は一方のベルが鳴るという結果を他方のベルの結果（2つのベルが鳴る）から濾過できないこともあるという教訓を得た．ここでの因果構造はきわめて一般的である．コインの表が出ることを**近因**(proximal cause)，ルーレット盤で00が生じることを**遠因**(distal cause)と呼ぶ．ここでの因果のつながりは，遠因（C_d）から近因（C_p）を経て2つの相関する結果（E_1とE_2）にいたる道筋である．

以下の仮定を置く：（ⅰ）近因は結果を互いに濾過する，（ⅱ）近因は遠因を結果から濾過する，（ⅲ）すべての確率は0と1の中間の値をとる，（ⅳ）近因は各結果の確率の大小差をもたらす．この一般的な状況のもとで，遠因は結果を互いに濾過しない[22]．

因果連鎖に関するこの事実は，濾過は妥当な共通原因説明がもつべき必要な特性であるという説にすぐさま関係してくる．科学者は遠因が実在する証拠を示し，それがあれば，2つの結果の相関が説明できると考えることがある．この例では，想定される共通原因は，相関する2つの結果に条件つき独立性を与えることができなかった．しかし，濾過ができなかったからといって，個別原因説明と比較して共通**遠因**にもとづく説明の方が劣ることにはならない．

註22　この主張を証明する．まずはじめに，以下のように確率の値を決める：

$\Pr(C_p/C_d) = p$,
$\Pr(E_1/C_p) = a$,
$\Pr(E_1/\text{not-}C_p) = b$,
$\Pr(E_2/C_p) = x$,
$\Pr(E_2/\text{not-}C_p) = y$.

条件（ⅰ）と（ⅱ）から，$\Pr(E_1 \& E_2/C_d) = \Pr(E_1/C_d)\Pr(E_2/C_d)$ が成立する必要十分条件は，次式が成立することである：

$pax + (1-p)by = [pa + (1-p)b][px + (1-p)y]$.

この式を整理すると，

$p(1-p)ax + p(1-p)by = p(1-p)ay + p(1-p)bx$,

となる．
（ⅲ）の仮定のもとでは，この式は，

$a(x-y) = b(x-y)$,

となる．しかし，仮定（ⅳ）により，$a \neq b$ かつ $x \neq y$ だから，上式は成立しない．

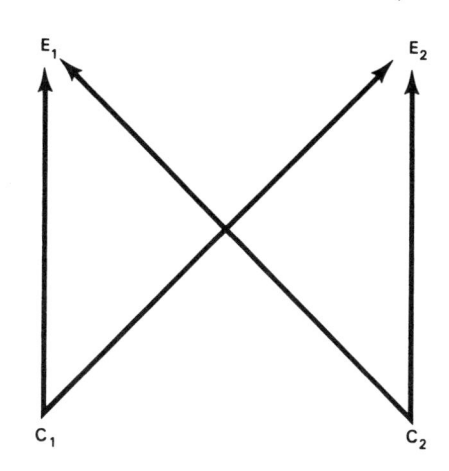

図 12 C_1 と C_2 はどちらも E_1 と E_2 の共通原因である．どのような一般条件のもとで，どちらの共通原因もともに結果を互いに濾過できないのかについては本文を参照されたい．

共通原因というものは，えてして近因ではなく遠因になりやすい．そうすると，一方の結果を他方から濾過する共通原因仮説に科学者が疑いを抱いてしまうのももっともなことである．共通原因は説得力をもっているのかもしれない．しかし，濾過能力のある共通原因となると，多くの場合あまりにご都合主義的で疑わしい．

ある共通原因が2つの結果をもたらしたとき，他に共通原因があるかもしれないという事実からも同様の教訓が得られる．私が想定している因果のつながりを図12に示した．E_1 と E_2 は相関した結果であり，それぞれは2つの共通原因 C_1 と C_2 をもっている．ここで，（ⅰ）2つの原因の全状態（それぞれの原因の有無の組み合わせ）は2つの結果を互いに濾過し，（ⅱ）すべての確

註 23　これを証明するために，以下のように確率を設定する：

$\Pr(C_i) = c_i$,
$\Pr(E_i/C_1 \ \& \ C_2) = w_i$,
$\Pr(E_i/C_1 \ \& \ \text{not-}C_2) = x_i$,
$\Pr(E_i/\text{not-}C_1 \ \& \ C_2) = y_i$,
$\Pr(E_i/\text{not-}C_1 \ \& \ \text{not-}C_2) = z_i$.

ただし，$i=1, 2$ とする．条件（ⅰ）から，次式が導かれる：

$\Pr(E_1 \ \& \ E_2/C_1) = w_1 w_2 c_2 + x_1 x_2 (1-c_2)$,
$\Pr(E_1/C_1) = w_1 c_2 + x_1 (1-c_2)$,

率は中間値をとり，(iii)各結果の確率は存在する原因の数の増加関数であると仮定しよう．このとき，どちらの原因もそれ１つだけでは一方の結果を他方から濾過することはできない[23]．

　ある共通原因について調べる際に，共通原因が１つ想定できるならば他にも共通原因があるかもしれないという仮定を置いたとしよう．このとき，調査対象である共通原因が濾過能力をもつような説明を編み出すことは**合理的ではない**．にもかかわらず，この想定される共通原因が実在することは確証可能である．したがって，共通原因仮説は，たとえ仮定された共通原因が濾過能力をもっていなくても確証され得る．だから，濾過という性質は共通原因説明が妥当であるための必要条件ではない（むしろ，現実には望ましくない性質である）．

　遠因と複数の共通原因に関するこれまでの議論に対しては，次のような反論があるだろう．Reichenbach の原理はすべての共通原因が濾過能力をもたねばならないとは言っていない．その原理は濾過能力のある共通原因を想定するのが合理的であると言っているだけである．図10 での議論を振り返れば十分である．それが正しければ，ここで考察したような状況へのこの原理の関わりはほとんどなくなる．**すべての共通原因を完全に指定すれば濾過能力が生じるが，部分的に指定しただけではその能力は期待できない**というのが，この原理からのメッセージのすべてであるからである．

　私はこれには反論したい．この最後の解釈はその原理の現実への関わりをほとんど喪失させてしまう．Reichenbach や Salmon は，彼らの原理を説明の構築や評価の上での指針であると考えた．しかし，その後の探求を通してもすべての因果事実を枚挙できたと言いきれる段階にいまだに達してはいない．濾過能力の欠如は説明が不完全だからとその原理が主張するだけならば，上のコメントは当てはまらない．しかし，私の理解する限り，この原理はもっと積極的なメッセージを伝えている．この原理は濾過能力をもたらすような共通原因の説明を構築するよう命令しているのである．この高飛車な見解

$$\Pr(E_2/C_1) = w_2c_2 + x_2(1-c_2).$$

C_1 が E_1 を E_2 から濾過するとき，次式が成立する：

$$w_1w_2c_2(1-c_2) + x_1x_2c_2(1-c_2) = w_1x_2c_2(1-c_2) + x_1w_2c_2(1-c_2).$$

条件(ii)から，上式は次のように簡単になる：

$$w_1(w_2-x_2) = x_1(w_2-x_2).$$

条件(iii)より $w_i > x_i$, $y_i > z_i$ ($i=1, 2$) となるから，上の等式は成立しない．

を抑えるためにこれまで議論してきたのである。

　認識論としての共通原因の原理は**相対的** (comparative)であることをすでに私は強調した。これは、共通原因説明が個別原因説明**と比べて妥当性が高い**条件を明示する必要があるということである。しかし、系統推定問題に関していうかぎり、その原理がもつべきもう1つの構造上の特性がある。2つの事象に共通原因があるのかというだけの話ならば、共通原因説明と個別原因説明のどちらを選択するかはまず問題にならない。しかし、系統学では、2つの事象が**第3の事象がもたない**ある共通原因をもつかどうかが問題となる。言葉をかえれば、2つの事象が**ある時点より後に生じた**共通原因をもつかという問題である。しかし、共通原因が実在するかというだけの素朴な疑問は、たいてい言わずもがなの愚問なので、この議論はもうやめよう。

　共通祖先を決定するという体系学者の問題がなぜ2種だけでは定式化できないかは、次の2つの前提を考えるだけで十分である。祖先関係は**推移的** (transitive)である。つまり、xがyの祖先であり、yがzの祖先であるならば、xはzの祖先である。さらに、すべての推論の基礎となる系統を与える種は祖先子孫のつながりによって単一の種までたどれる。したがって、どんな2種も必ずある共通祖先を共有しなければならない。

　まず、この議論は一般化できる。第1に、**個例** (token)事象の間の因果関係は推移的である[24]。窓が割れたことはボールが当たったためであり、そしてボールを投げたのは投手が目立ちたかったからだとするならば、窓が割れたのは投手が目立ちたかったからということになる。第2に、すべての事象の因果の連鎖をさかのぼるとある1つの事象にたどり着くととりあえず仮定する。それは宇宙のビッグバンかも知れないし、それよりは近因的な要因かもしれない。そうだとすると、観察されるすべての2つの事象がある共通原因をもつことはあたりまえである。

　ここで私はビッグバン理論が正しいと言いたいわけではない。たとえビッグバンが実在したとしても、共通原因説明と個別原因説明のちがいを明らかにするという問題は解決を要すると指摘したいのである。共通原因問題は、「A

註24　母集団のなかの事象の**型**(type)についての因果性に関わるもう1つの原因の概念がある。しかし、その因果関係は推移的 (transitive)ではない。「ハリーはタバコを吸っていたから心筋梗塞になった」というのは、個例因果性 (token causality)の主張である。一方、「米国の成人において喫煙は心筋梗塞を引き起こす正の因果要因である」というのは、特性因果性 (property causality)または型因果性 (type causality)の主張である。これら2つの概念のちがいについて、そして型因果性ではなぜ推移性が成立しないのかについては、Eells and Sober[1983]とSober[1984c, pp.295 ff]の議論を参照されたい。

とBは共通原因をもっているか」という単純な定式化ではとらえきれない要素をまちがいなくもっている．この問題をあたりまえと言わせない1つの方法は，「外群（outgroup）に対して」相対的に共通原因を考えてみることである．

　ヒトとクマは共通祖先をもっているのか．当然である．しかし，共通祖先の問題が相対的であることを考えると，自明ではない多くの疑問を提起することができる．たとえば，ヒトとクマはチンパンジーとは共有されないある共通祖先をもっているか．答えは，ノーである．ヒトとクマはマスとは共有されないある共通祖先をもっているか．答えは，イエスである．自明ではない疑問として2種が共通祖先をもつかどうかは，選ばれた外群に対して相対的に答えが決まる．

　イギリスのパンの価格とヴェニスの海水位は共通原因をもっているのか．もしビッグバン理論が正しいとしたら，イエスという答えは自明である．しかし，共通原因に関する設問が相対的であることを考えれば，自明ではない設問をすることができる．イギリスのパンの価格とヴェニスの海水位はフランスの工業化とは共有されないある共通原因をもっているのか．答えはおそらくノーである．イギリスのパンの価格とヴェニスの海水位はサモア人の移住とは共有されないある共通原因をもっているのか．たぶんイエスだろう．対象となる事象がその因果研究が行なわれる「解明のレベル」（level of resolution）を明示する文脈のなかで，共通原因は調べられなければならない[25]．

　本節のはじめの部分で，Reichenbachの共通原因の原理は3つの要素を結びつけていると指摘した．それは，観察された相関と想定された共通原因と濾過関係である．いくつかの根拠から私はこの原理を批判した：

　　観察された相関のすべてが共通原因を想定することによってうまく説明できるわけではない．

　　共通原因にもとづく説明だけが，濾過関係をもたらすわけではない．

註25　外群（outgroup）を用いて共通原因にアプローチするというやり方は，自明ではない問題を提起するための1つの方法ではあるが，決してそれだけではない．別の方法が集団遺伝学の近交理論（theory of inbreeding）で用いられている．そこでは，ある集団中の2つの対立遺伝子が「由来において同一」（identical by descent）であるかという問題がある．この問題を解くために，「時刻ゼロ」を指定し，それらの対立遺伝子がこの時刻ゼロよりも後で共通祖先を持っていないならば，それらの遺伝子は由来において同一ではないと仮定する．外群の指定とまったく同様に，「時間」は共通原因に関する設問を自明でないものにする．Russell [1948, p.487] は，この種の時間的相対性に言及している．

共通原因説明は，たとえ想定された原因が相関する2つの結果を互いに濾過しない場合でも，妥当な説明を与えるし，十分に確証することもできる．

さらに，Reichenbach の定式化には認識論的なすべての共通原因の原理がもたねばならない2つの構造的特徴が欠如している：

共通原因の原理は**比較にもとづく**（comparative）原理でなければならない．
共通原因説明が個別原因説明よりもすぐれている状況を明示できなければならない．
共通原因の原理は，共通原因の探求が**相対的**（relativity）であることを考慮しなければならない．共通原因に関する設問を自明でなくするためには，2つの事象が共通原因をもつという設問だけでは（たいていは）不十分である．

このように批判はしたが，Reichenbach の原理が依拠している妥当な直観をふまえた十分条件を構築することができた．また，共通原因説明が対立する個別原因説明よりも大きな尤度をもつ状況も明らかにできた．共通原因説明を選択するもう1つの十分条件については，次節で論じる．

3.5. 尤度と攪乱変数の問題

共通原因を想定しようという Reichenbach [1956] と Salmon [1984] の提案には傾聴すべき点もある．彼らは，2つの事象の相関は独立な2つの異なる個別要因を想定すれば説明できることに気づいていた．しかし，**その説明では相関の生じる確率が小さくなりすぎることも彼らにはわかっていた**．共通原因説明が選ばれるのは，その説明のもとでは観察された現象が奇跡でも何でもなくなるからである．ここで役立つのが**尤度**（likelihood）である．

尤度を用いると，上述の剽窃の例での推論の道すじをたどることができる．2人の学生の哲学の論文は，別々に書かれたのに一致してしまったのかもしれない．しかし，共通原因（2人がある本をコピーしたとか）を想定すれば，その一致の生じる確率はもっと大きくなる．仮説の尤度が大きくなるほどその妥当性もさらに高くなる．

統計学者は，仮説の尤度だけがその全体的妥当性を左右する要因ではない

と言う．尤度がとにかく重要であることを誰よりも強く主張した Edwards [1972, p.202] は，神が介入したという仮説は確率論的にどんな観察にも 1 という最大の確率を与えると指摘した．もしもそういう仮説には説得力がないと考えたとしたら，尤度ではない別の理由を拠りどころにしているのである．

もう 1 つの評価法は仮説の確率である．統計学者や哲学者の多くは，仮説が確率をもつのは，それらがある確率過程の可能な結果を記述できたときに限ると主張している．子孫の遺伝子型の仮説やさいころの出る目の仮説は確率をもつが，ニュートンの重力法則やダーウィンの進化論は確率をもたない．一方，ベイズ主義者 (Bayesians) は反論するだろう．彼らは，確率は**信念の程度** (degree of belief) であり，たとえ確率過程のモデルがなくても，信念の程度を決めることはできると主張するからである．ここではこの問題に決着をつけるのではなく，合意が得られる論点を指摘したい．共通原因仮説と個別原因仮説は，確率過程の可能な結果を記述できる**ならば**，その確率によって評価できる．尤度は共通原因の説明の妥当性を決めるのに役立つ．しかし，話はそれだけではすまない．

提案されたある仮説が，観察された相関をどの程度「奇跡」とみなすかを考察するとき，これら 2 つの観点はどうしても混同されやすい．演劇俳優の例に戻って，これらの観点がそれぞれ重要であることを確認しよう．体調を崩す日の共分散に関する共通原因説明は 2 つの要素から成る．第 1 は，俳優が一緒に食事をするという主張である．第 2 に，その食事にいたんだ食べものが混じる確率と，いたんだ食べものを食べたか否かという条件のもとで体調を崩す確率が与えられている．個別原因説明も 2 つの部分に分解される．第 1 に，俳優は別々に食事をするという主張がある．第 2 に，いたんだ食べものが彼らの別々の食事に混入する確率と，いたんだ食べものが混入したかどうかという条件のもとで腹を下す確率が与えられる．どちらの説明でも，第 2 の要素は図 11 の各枝に割りふられた確率である．

尤度問題は，これらの説明が観察に与える確率に注目する．ここでは，もし俳優たちが一緒に食事をとったならば，あるいはもし彼らが別々に食事をしたならば，観察が生じる確率はいくらかということが問題である．これは，俳優たちが一緒に食事をする確率とか別々に食事をする確率はいくらかという問題とはまったくの別問題である．尤度は共通原因説明の方が大きいのに，俳優たちが一緒に食事をする確率は極端に低いかもしれない．もしそうだとしたら，共通原因説明は，たとえ尤度が高くても，確率は低いことになるだろう．

ベイズの定理（Bayes's theorem）は，観察（O）に照らして共通原因仮説（CC）と個別原因仮説（SC）の全体的妥当性を決定するこの2つの要素を結びつける[26]：

$$\Pr(CC/O) = \Pr(O/CC)\Pr(CC)/\Pr(O),$$
$$\Pr(SC/O) = \Pr(O/SC)\Pr(SC)/\Pr(O).$$

ある仮説の事後確率（posterior probability：観察のもとでの条件つき確率）は，尤度と仮説の事前確率（prior probability）と観察の無条件確率（unconditioned probability）の関数である．上の両式で分母は同一だから，（CC）の事後確率の方が大きくなるという条件は，結局

$$\Pr(O/CC)\Pr(CC) > \Pr(O/SC)\Pr(SC)$$

という式に整理される．したがって，問題になるのは，2つの仮説の尤度とそれらの事前確率だけということになる．

　2つの仮説の事前確率が同じならば，尤度のより大きい仮説がこの観察のもとでの妥当性がより高い．また，2つの仮説の尤度が等しい場合には，事前確率がより大きい仮説が全体としてより妥当である．一般に，一方のカテゴリーの確率にほとんど差がなくても，他方に大きな差があればそれで決まってしまう．

　ベイズの定理が，仮説に対して観察が与える支持の強さを左右するすべての要因を完全に規定していると，私は思わない．その1つの理由は，確率過程の可能な結果を記述していない仮説をどう処理すればいいのかについて何も議論していないからである．しかし，尤度と確率が有効な概念であると考えるならば，共通原因説明と個別原因説明の効能書きを突き合わせれば多くの状況で比較を進めることができるというのが，私のここでの主張である．

　共通原因の原理には，すでに示したとおり，欠陥がいくつかある．かなり一般的なレベルでそれに代わる原理を提案するのではなく，ベイズの定理を解析手段として用いる慎重な定式化がここでは大いに求められている．病気

註26　ベイズの定理は条件つき確率の定義から導出される．任意の2つの命題 X と Y に対して，
$$\Pr(X \& Y) = \Pr(X/Y)\Pr(Y) = \Pr(Y/X)\Pr(X).$$
この式から，
$$\Pr(X/Y) = \Pr(Y/X)\Pr(X)/\Pr(Y).$$
が得られる．

の俳優や学生の盗作などReichenbachやSalmonが共通原因説明のもっともらしさを示すために引き合いに出した多くの事例に対して，ベイズの定理を適用すれば，共通原因説明の方が**より優れている**理由は何かを理解できる．しかし，おそらくもっと重要なことは，その定理を用いれば，共通原因説明が対立する個別原因仮説よりも**劣る**のはどういう状況かを大まかに知ることができるということである．共通原因の想定は個別原因の想定よりも「妥当性に欠ける」ことがあるということは，科学的推論の第1原理にけっして抵触しない．詳細にわたる議論をしないかぎり，最節約原理を存在の連鎖における充満の原理以上にありがたがる理由は見当たらない．

　ここまで，私は共通原因の原理と呼べる穏当な見解を求めてきた．前節では，共通原因仮説の方が大きな尤度をもつための十分条件を明らかにした．その議論では次の2つの点に注目されたい．第1は，尤度は議論したが，確率は論じなかったという点である．第2は，E_1とE_2が共通原因をもつという大胆な主張は，観察に対して確率をまったく与えないということである．

　ベイズの定理をみれば，第1の性質には明らかな欠点がある．(CC)が(SC)より尤度が高くても，前者の方が事前確率が小さければ，その妥当性はより低くなることはすでに指摘した．これは尤度がすべてではないということにほかならない．第2の性質もまた尤度論に固有のある問題を提起する．前節でのこの問題の扱いを，以下の部分で検討する．

　俳優たちが一緒に食事をしたという仮説，あるいは別々に食事をしたという仮説のいずれも，病気になった日が共変動する確率を与えない．したがって，あえて言ってしまえば，これらの仮説は尤度にもとづいては互いに比較できないということになる．共通原因の主張は，図11の各枝の確率についての仮定を置いたときにのみ尤度をもつことができる．統計学者はこれらの確率を「攪乱変数」(nuisance parameters)と呼んでいる．2つの仮説の尤度を比較しようとしても，これらの変数に関する他の情報がなければ，その比較はできない．攪乱変数がやっかいもの(nuisance)と呼ばれるのは，共通原因仮説と個別原因仮説の検定が本来の目的であり，攪乱変数の値の推定が目的ではないからである．俳優たちがいたんだものを食べる頻度はどうでもいい．彼らが一緒に食事をしたかしなかっただけに関心がある．

　前節では，攪乱変数にあらかじめ値を与えていたので，こういう問題は生じなかった．そこでは，個別事象とそれらの連言事象の観察頻度の確率を最大にする値を割りふることができた．共通原因パターンと個別原因パターンのそれぞれについて「最良事例」(best case)を発見し，それらの間での比較

をすることができた.

この手続きが使えるのは情報がほとんどない場合であることを私はすでに強調した.多くの攪乱変数に割りふるべき妥当な値がわからなければ,この2つの仮説のもとでの「最良事例」を見つけることには意味があるだろう.以下では,情報がさらに増えたときにこの手続きがおちいる問題点を指摘したい.

前に用いた「最良事例戦略」(best-case strategy) の危険性は,単純な例で説明できる.いまスミスという人が1984年のアメリカ大統領選挙でロナルド・レーガンに一票を投じたとする(これを事象 V とあらわす).上の情報のもとで,スミスは民主党員 (Democrat) であるという仮説と彼は共和党員 (Republican) であるという仮説のどちらがより強く支持されるかを考えよう.ここで尤度を用いて,それぞれの仮説のもとでレーガンへの投票が生じる確率を求めよう.共和党員の多くがレーガンに投票するが民主党員ならばレーガンにはほとんど投票しないとすると,尤度的にはスミスは共和党員であるという仮説の方が強く支持されるだろう[27].

しかし,この情報がないと仮定しよう.その代わりに,投票者のもう1つの特性 N がレーガンに投票するかどうかに影響しているという情報が与えられたとする.この N は攪乱変数である.スミスが N をもっているかどうかは,彼がレーガンに投票する確率に影響する.しかし,スミスがこの特性をもっているかどうかをわれわれは知らない.

われわれが確実に知っている情報は,ある投票者が次の4つの特性の組み合わせのどれかに該当したときの,レーガンに投票する確率だけであるとしよう:

		攪乱変数	
		N	not-N
党派	民主党	0.9	0.2
	共和党	0.6	0.7

民主党員 (D) ならば N はレーガンへ投票する確率を増加させる.一方,共和党員 (R) に対しては N はその確率を低下させる.スミスが民主党員であると

註 27 この例では,各政党の党員である事前確率は同じであると仮定している.したがって,尤度だけを比較すればよい.

いう尤度はわれわれにはわからない．民主党員がレーガンに投票する確率がわかっていないからである．しかし，スミスが民主党員ならば，not-N と比較して彼が N であるときには彼がレーガンに投票する確率はより大きいということは確実にわかっている（0.9＞0.2）．スミスが民主党員であるという仮説に対する「最良事例」が生じるのはスミスが N をもつと規定したときである．同様に，スミスが共和党員ならば，彼が not-N をもつときにはレーガンへ投票する確率はより大きくなる（0.7＞0.6 だから）．したがって，スミスが共和党員であるという仮説の「最良事例」は，スミスが not-N であると規定したときに得られる．

　ここで，この2つの最良事例の比較をしよう．それらはどちらも連言的仮説である．すなわち，「民主党員かつ N」は，「共和党員かつ not-N」に比べて，スミスの投票確率をより大きくしている（0.9＞0.7）．したがって，前者の仮説の方がより尤度が大きい．このことから，「民主党員」は「共和党員」よりも尤度が大きいと結論できるだろうか．これは**もう一歩踏みこんだ**主張であることに注意してほしい．なぜなら，ここでは連言命題（conjunction）ではなく，その構成命題（conjunct）を論じているからである．

　両党の党員の半数が N を持っているときには，このもう一歩踏みこんだ推論は正しくない．このとき，真の尤度は $\Pr(V/D)=0.55$ に対して $\Pr(V/R)=0.65$ となるからである．民主党と共和党の N をもつ党員の割合がこのようにわかっていれば，スミスは共和党員であるという仮説の尤度の方が大きいと結論されるだろう．N が両党では稀な特性である場合も同一の結論になるだろう．このように，上で論じてきた「最良事例」を調べただけの結論と反する結果がより完全な尤度の議論から導かれることがわかる．「民主党員かつ N」が「共和党員かつ not-N」に比べて尤度が大きいからといって，「民主党員」が「共和党員」よりも大きい尤度をもつとはいえない．

　明らかに，攪乱変数に関するこの追加情報があれば，2つの最良事例を調べなくてもその情報を利用すればすむだろう．しかし，そういう情報が得られないとしたらどうすべきか．推論をあきらめなければならないのだろうか，それとも不完全だが便宜的に最良事例を調べるという戦略をとるべきなのだろうか．

　この問題に対する完全な解答はここでは述べない．しかし，そういう場合にも推論をしたいのならば，得られた結論は，2つの既知の最良事例の間の関係が2つの未知の尤度の間の関係と同一であると仮定していると明言するのが最も正直なやり方であることは言うまでもない．この問題に対する便宜的

な最良事例解は，$\Pr(V/D_b) > \Pr(V/R_b)$ が成立するための必要十分条件は $\Pr(V/D) > \Pr(V/R)$ が成立することであるという仮定を要求している．"b"という添字は，それがつけられた仮説の攪乱変数に対して最良事例での値を割りつけたことを意味する．すでに示したとおり，この仮定が真である必然性はない[28]．

この点は，前節で展開した議論での仮定を明らかにする．スミスがどちらの党員であるかの推論に相当するのは，2つの事象の相関は共通原因と個別原因のどちらによって説明されるべきかという推論である．スミス問題の攪乱変数 "N" に相当するのは図11の各枝への確率の割りつけである．観察された相関をどのように説明すべきかを論じたとき，いくつかの条件が満たされるならば，共通原因仮説は個別原因仮説よりも尤度が大きいと私は述べた．その1つは，攪乱変数に対処するために最良事例という便宜的手法を用いることは正しいという仮定だった．

さらに次の仮定が満足されるならば，別の観点から攪乱変数問題を議論できる．考察している仮説と攪乱変数の値が**独立である**と仮定しよう．スミスの例では，この仮定は $\Pr(N/D) = \Pr(N/R)$ と表現できる．この条件が満たされれば，そして共和党員がレーガンに投票する確率が N か not-N かに関係なく大きければ，スミスがレーガンに投票したという証拠のもとで，彼が共和党員であるという仮説の尤度は，彼が民主党員であるという仮説よりも大きくなるだろう．

この「優位論」(dominance argument)は，前出の表に似た次の2×2表の形式で表せる．この表の4つの数値はそれぞれの因果要因の組み合わせのもとでレーガンへの投票確率を表す．

		攪乱変数	
		N	not-N
党派	民主党	w	x
	共和党	y	z

註28 攪乱変数に関するさまざまな議論については，Kalbfreisch and Sprott [1970], Edwards [1972, 特にp.110] を参照せよ．また，Felsenstein and Sober [1986] の議論も参照されたい．

註29 優位性と独立性を仮定すれば，N が両党で同程度の頻度をもつという仮定は不要である．なぜなら，$\Pr(V/D) = \Pr(N/D) w + \Pr(\text{not-}N/D) x$ かつ $\Pr(V/R) = \Pr(N/R) y + \Pr(\text{not-}N/R) z$ だからである．[訳註：$w < y$ と $x < z$ の優位性条件および $\Pr(N/D) = \Pr(N/\text{not-}D)$ かつ $\Pr(\text{not-}N/D) = \Pr(\text{not-}N/\text{not-}D)$ の独立性条件があれば，$\Pr(V/D) < \Pr(V/R)$ が成立するから]．

優位性の仮定とは，$w<y$ かつ $x<z$ のことである．さらに，N が両党で同程度の頻度をもつならば，スミスがレーガンに投票したという観察のもとでは，彼は共和党員であるという仮説の方が尤度が大きいと結論できるだろう[29]．

このやり方でいくと，攪乱変数の問題をその値を実際に推定せずに解決することができる．つまり，どちらの党派仮説の方が尤度が大きいかを決定するに先立って，N をもつ共和党員および民主党員の割合を知る必要はない．スミスが N をもつかどうかも知る必要はない．このようにして攪乱変数を処理すると，共通原因説明が個別原因説明よりも大きな尤度をもつための別の必要十分条件が見えてくる．

図11の例をこの観点から解析してみよう．そのためには，事象の**型**（types of events）の間の相関の説明ではなく**個例**としての事象（token events）の間の一致の説明が必要である．2つの型の事象が互いに独立であると仮定したときよりもなぜ頻繁に2つの事象の型が生起するのかを説明をしたいのではない．むしろ2つの個例事象がなぜ**生じた**のかが問題である．ここでは，図11でラベルされた点は個例事象であり，それらの点の間には確率関係が存在すると解釈する．ここで，共通原因説明と個別原因説明とを尤度の点から比較しよう．このとき，各枝の確率は次のように制約されている．

共通原因 C_1 と C_2 が互いに独立であると仮定しよう．ここで，$\Pr(C_c)=\Pr(C_1)=\Pr(C_2)$ とする．言い換えると，図11の枝5〜7の確率は原理的には異なる値を取り得るが，それらの確率は "c"（「原因(cause)」の意味）で表される同一の値をとるという仮定を置いたことになる．

さらに，枝1の確率は枝3の確率と等しく，枝2の確率は枝4の確率と等しいと仮定する．式で書くと，$\Pr(E_1/C_c)=\Pr(E_1/C_1)$ となる．この確率を p_1 と呼ぶ（原因が**存在する**（present）ときに，第1の結果が生じる確率という意味）．同様にして，$\Pr(E_2/C_c)=\Pr(E_2/C_2)$ と仮定し，その確率を p_2 と呼ぶ．原因が**欠如**している場合には，結果の確率を支配する次の仮定を置く．$\Pr(E_1/\text{not-}C_c)=\Pr(E_1/\text{not-}C_1)=a_1$ と $\Pr(E_2/\text{not-}C_c)=\Pr(E_2/\text{not-}C_2)=a_2$ である．これらの仮定の背景を大まかに説明すると，事象の生じる確率は，それらの事象が共通原因説明や個別原因説明の中にどのようにくみこまれたかとは**独立**であるということである．

これらの仮定のもとで，図11aの共通原因仮説にしたがえば，E_1 & E_2 の確率は

$$(CC) \qquad cp_1p_2+(1-c)a_1a_2.$$

となる．一方，図11ｂの個別原因仮説にしたがえば，この２つの結果が生じる確率は，

(SC)　　$[cp_1+(1-c)a_1][cp_2+(1-c)a_2]$．

である．少し計算すると，$(CC)>(SC)$ となる必要十分条件は，

$p_1(p_2-a_2)>a_1(p_2-a_2)$．

となる．$p_i>a_i$ ($i=1, 2$)であれば，この条件は満たされる．すなわち，**想定される原因が結果の確率を増大させるならば，そして上述の独立性の仮定が正しければ，共通原因説明の方が高い尤度をもつ．**

共通原因説明と個別原因説明とを比較するこの論証と，スミスの党派問題での優位論の間の類似点を明らかにするために，上の2×2表を下の表と比べよう：

		(c, p_1, p_2, a_1, a_2) の取り得る値		
		V_1	V_2	V_3 ……
仮説	共通原因	x_1	x_2	x_2 ……
	個別原因	y_1	y_2	y_3 ……

この表の各数値は，攪乱変数のある値の組（V_i）に対してそれぞれの仮説が観察に与える値を表す．$x_i>y_i$ ($i=1, 2$)となる十分条件はすでに発見した．攪乱変数が対象仮説に対して独立であれば，共通原因の方が大きな尤度をもつと結論できるだろう．

この論証の仮定は（大域的な）最節約性の直観的概念を反映している．すなわち，相異なる独立な事象である C_1 と C_2 の同時生起が単一の原因 C_c の生起よりもその確率が小さいならば，単一の（共通）原因の方が２つの（個別）原因よりもすぐれている．けれども，原因の数は少ない方がいいという主張がこの論証から無条件かつ先験的に正当化されたとみなすべきではない．明らかに，それが正しいかどうかは，枝１〜７の確率をどう与えるかに依存している．

上の結果は，Reichenbach の主張する濾過能力をもつ共通原因とどのような関係にあるのだろうか．共通原因説明が対立する個別原因説明よりも大きな尤度をもつ状況は発見できた．しかし，説明されるべきことは２つの個例事象が**生起した**という事実である．事象の**種類**の間の相関が説明を要する現

象ではない．さらに，これら2つの個例事象の確率が既知であるか未知であるかに関係なく，私の論証は成立する．上の論証は，2つの説明を比較するに当たって枝の確率の推定を必要としていないのである．攪乱変数を**推定**するのではなく，それらに**制約**を科したのである．結果として，この論証にしたがえば，事象の型の相関が**被説明項**（explanandum）だった前節の最良事例による論証とはまったく異なる共通原因説明を支持する根拠が得られる．

　Reichenbach 説とここで論じたアプローチとのもう1つの違いを指摘しておこう．Reichenbach の定式化では，正の相関も負の相関もともにある共通原因によって説明できた．しかし，ここで説明した例では，共通原因仮説を支持するのは個例事象の**一致**（matching）であって，事象の**不一致**（nonmatching）は個別原因による説明を支持する[30]．

　個例事象の一致を説明するだけの問題で，最良事例戦略を用いるととんでもないことになる．図11の各枝の値を無制限に決められるならば，共通原因仮説と個別原因仮説のどちらの場合も尤度が1になるような最良事例が作れる．こうして得られた2つの最良事例を比較しても，どちらがすぐれているかは判定できないとしか言えない．しかし，上で論じたやり方で攪乱変数に制約を科する知識が実際にはあるのだから，これはおかしな結論である．

3.6. 結　論

　Reichenbach は，きわめて重要な科学的説明のパターンについてわれわれの注意を喚起した．けれども，彼は偶発的で非常に特殊なパターンを一般的かつ必須のパターンであると誤って思いこんだ．この点に関する誤りは彼だけではない．観察とそれが支持すると考えられた仮説との間に短絡的な関連づけをしようとしたのは，経験主義に特徴的な欠点である．F かつ G である対象の観察は，すべての F が G であるという仮説をいつでも確証するわけではない．この関連づけをするためには，自明でない他の仮定が必要となる．事象の型の間で観察された相関は，共通原因を想定することでいつでも説明できるわけではない．個例事象の一致もまた同様の方法での説明がつねに最良であるとはいえない．共通原因説明を支持するかどうかは，それ以外の背景仮定に依存している．この章では，2つのタイプの背景仮定を論じてきた．そ

註30　後半の主張の証明は，読者の演習問題としよう．問題：E_1 は起こるが E_2 は起こらなかったとする．さらに，共通原因説明と個別原因説明での枝の確率は前に規定したとおりであるとする．このとき，観察された**不一致**のもとで，共通原因仮説が個別原因仮説よりも**尤度が小さい**ことを証明せよ．

れぞれの仮定は，共通原因説明が個別原因説明よりもすぐれているための十分条件である．

　共通原因説明と個別原因説明を比較する上でのさまざまな問題は，ベイズ的観点を採用すると統一的に扱える．第1に，事前確率の問題がある．確かに，俳優たちが体調を崩す日の共変動は，彼らが一緒に食事をした**ならば**きわめて確率が高くなる．しかし，彼らが実際に食事をともにする確率はいくらなのか．第2に，尤度とそれに付随する攪乱変数の問題がある．俳優たちが一緒に食事をしたという仮説のもとで病気の日の共変動の確率を調べるためには，彼らの食事がいたんでいる確率といたんだ食事の有無に対して体調を崩す確率がわかった方がいい．

　説明されるべき事実が事象の**型**に相関しているとき，攪乱変数問題の最良事例解と尤度との関係について仮定を置くつもりがあれば，最良事例解は意味がある．一方，説明されるべき事実が個例事象の一致であるならば，独立性プラス優位性の仮定があれば，攪乱変数問題を解くことができる．このように，共通原因説明は個別原因説明よりもすぐれているというReichenbachの主張の根拠となる2つの十分条件が得られた．

　Reichenbachの原理が，それに匹敵する一般性をもつ別の原理で置きかえられるとは私には思えない．共通原因説明の方がすぐれている状況について事前確率と尤度に関する一般論を超えてもっと**一般的**に何かいえるかどうか私は疑わしく思っている．考察すべきことがもっとあるとしたら，それは一般的な哲学にではなく，個々の経験的理論に由来するものでなければならない．観察が証拠としての意味をどれほどもっているかを明らかにする背景理論は個別科学が与える．個別科学だけが，共通原因説明が個別原因説明よりも強く支持されるかどうかの最終決定を下せるのである．

　相関や一致がつねに共通原因説明を求めるかという一般論については，今後は議論しない．有効な因果的説明の原理はその形式上さらに厳しい条件のついた原理でなければならない．次にやるべきことは，系統推定問題に関して生物学者がどのような発言をしてきたかを詳しく検討することである．たとえ共通原因説明がカテゴリーとしてはあまりに間口が広すぎてひとまとめには正当化できないとしても，系統関係の復元という個別問題に対してはさらに光を当てることができるかもしれない．

第4章　分岐学：仮説演繹主義の限界

　本章では，まずはじめに分岐学的最節約法の長所と短所について検討する．前2章の主な結論を繰り返し参照する．形質データと系統仮説とを関係づける手段としての最節約法の使用を支持し，その背後にある進化プロセスの仮定を明らかにすることが，終始問題となる．第3章で展開した尤度と確率の議論は，次章では議論の中心となるが，本章ではあまり触れない．そのわけは，本章(の大半)では系統推定を確率的現象として論じないからである．むしろ，系統仮説の妥当性をそれから演繹される命題により評価することをまず念頭に置いて議論を進める．
　以下の議論で，読者は次の単純な区別を常にはっきりつけてほしい．それは，ある論証の論理を批判することと，それから得られる結論を批判することとはまったくの別問題であることである．本章と次章では，もっぱら前者について論じる．分岐学的最節約法に関する生物学者のこれまでの主張は通用しないのではないかと私は考える．傍証にすぎない論証もあれば，決定的論証もあった．傍証を批判するに当たって，私は最節約法が選ばれるべき方法ではないと結論するつもりはない．また，決定的論証を批判するときにも，最節約法にはまったく非の打ちどころがないと言うつもりはない．論証に欠点があるからといって，その結論まで誤りであるとは言えない．
　本章と次章の全体としての論調は否定的である．生物学の文献にあたっても，分岐学的最節約法の完全な立証はいまだに成功してはいない．また，この方法が誤りであるという立証にも成功してはいない．これは，それらの生物学の文献が役に立たないという意味ではない．この問題は，さまざまな側面をもっていて一筋縄では解決できない難問である．また，これまでの論証がいつでもその目的をすべて達成できるわけではないが，まだ表面化していない問題点を明らかにする上で大きな貢献をすることがよくある．科学自身と同じく，科学に関する方法論の議論では，たとえ欠点があると判明した理

論であってもわれわれの理解を深めることがある．

4.1 生まれ出る問題

分岐学的最節約法を系統推定法として現在用いている体系学者は，この方法の始まりを Willi Hennig の業績に帰するのがふつうである．Hennig を分岐学の哲学の始祖とするという点では，明らかに彼らは正しい．しかし，その理由はその発表が早かったからではない．たしかに，もともとドイツ語で書かれた Hennig の主要な理論的論文は，体系学の文献としては最節約法に関する他人の論文よりも早く出版されている．また，Hennig の研究が英訳されて英語圏で広く知られるようになったときには，他の生物学者もすでに最節約的な方法を定式化していたことも確かである[1]．しかし，分岐学的最節約法の始祖が Hennig であると言えるためには，彼がこの方法をいつ論じたかだけではなく**どのように**論じたのかという点にも目を向けなければならない．

Hennig の英訳本が出版される以前に，2人の体系学者が最節約的手法を考案した（もっとも，彼ら自身はその方法にはかなり懐疑的だったが）．Camin and Sokal [1965] は，進化的変化の回数を最小化する進化仮説が最良であると考えた．Sokal は表形主義 (pheneticism) の始祖だったが，彼らはあえてこの系統学の方法論を提出した．しかし，彼らの唯一の目的はその方法論のまちがいを示すことだった．最節約法は「自然が現実に最節約的であるという仮定を置いている」(pp.323-324) から，生物学的に妥当ではないという結論を彼らは出した．

Camin and Sokal [1965] が，最節約法がこの仮定に依存していることを証明したわけではない点に注意しよう．後の Sneath and Sokal [1973] の提唱する全体的類似度法が，進化速度の斉一性を仮定しているという主張(3.1節で論じた)と同じで，それはただ主張されただけである．おそらく彼らは，そんなことはあたりまえすぎてわざわざ証明するまでもないと考えたのだろう．あるいは，内々で思考実験を十分に繰り返した上での結論なのかもしれないが．

1960年代の前半に，Camin はある架空の生物群の絵を描き，わざと不完全なトレースによってそれらの絵を次々に写しとるという擬似的な進化にもとづいて，進化プロセスのシミュレーションを行なった．この Caminalcules と

註 1　Hennig [1966] の本は，彼の初期の著作である Hennig (1950)『系統体系学理論大要』(*Grundzüge einer Theorie der phylogenetischen Systematik*) の改訂稿を D. Davis and R. Zangerl が英訳したものである．

いう架空生物群の進化での系統関係と進化プロセスは，その創造主だけが知っている．Camin はカンザス大学の同僚たちに彼が創った架空生物から系統関係を推定せよという問題を出した．Camin and Sokal [1965, pp.311-312] は，この問題に触れて，「実際の分岐関係 (cladistics) に最もよく似ていたのは，つねに，調べた形質の想定される進化ステップ数が最小である系統樹だった」と述べている．おそらく，Camin が彼の思考実験で最節約的な進化を実行したために（つまり彼の生物のもつ最終状態をほぼ最小の変化回数で到達させたために），彼と Sokal は最節約法が意味をもつためには自然もまたそうでなければならないと考えるようになったのだろう．

　Camin and Sokal の下した判定とは対照的に，最節約法の前提は自明ではないという説は最節約概念のもう1つの定式化（Camin and Sokal も参考文献として挙げている）から読みとれる．Cavalli-Sforza と Edwards はともに R.A. Fisher の学生だったが，系統復元を統計的推定の問題として考察した．彼らの目標は，**尤度**の観点から系統仮説を比較することだった．技術的な障害があって彼らの研究は完結できなかった．そのかわりに，彼らは**最小進化原理** (principle of minimum evolution) を採用した帰結を論じた：「進化の総量が最小となる推定進化樹が最も妥当である」(Edwards and Cavalli-Sforza [1963])．

　統計学の素養のある生物学者だった彼らは，その方法が何を前提としているかについては一貫して慎重に議論を進めた．最小原理は「直観的」ではあると彼らは考えたが，次のように指摘する (Cavalli-Sforza and Edwards [1967, p.555]；角括弧は私による)：

> この方法が置く仮定は不明である．それは……[きちんとした統計的推定に必要なパラメーターが未知である状況] にも対処できる方法となるのかもしれないが，その成功の原因は最小進化系統樹が「最尤系統樹」の射影とよく似ているからかもしれない．どの程度類似するのかについてはもっと調べるべきである．また，経験的に系統樹のシミュレーションを用いてこの方法の論理的地位を明らかにする必要があるだろう．最近 Camin and Sokal が示唆するように，進化がある最小原理にしたがって**進む**という理由ではこの方法を正当化できないことは確かである．……

このように，表形学者が最節約法を否定し，また統計学者がそれについては慎重であるなかで，最節約原理を無理なく導く見解を Willi Hennig の研究

が積極的に是認していることがわかる(私の知るかぎり,Hennigは自説を最節約法とは呼ばなかったが).そのため,体系学者の方法論の系譜では,こんにち用いられている分岐学的最節約法は,表形学あるいは統計学ではなく,Hennigを始祖とするようになった.祖先の特定という点からいえば,ある方法論の定式化ではなく,その擁護がある知識の系統(lineage)の存在を認識させることがある.

全体的類似度法を批判する一方で,系統復元の手がかりとして共有派生形質(synapomorphy)を用いるべきであるというHennigの主張は,彼の理論的な主著『系統体系学』(*Phylogenetic Systematics,* Hennig [1966])で展開されている.そこでの議論は,彼の理論の要約でもある総説論文[Hennig 1965]とほとんど同じである.どちらも,出発点は「類似」(resemblance)の概念の分析である.Hennig [1965, p.102/608|262(訳註1);1966, p.147]は図13に転載した図式を用いて,3種類の類似性を区別した.この図の3つの形質のそれぞれに対して,a は原始的(plesiomorphic)な状態を,a' は派生的(apomorphic)な状態を表している[2].

形質1は,原始的類似が系統関係を反映しないことを示しているとHennigは言う.つまり,A と B は C と比べて互いによく似ているが,真の系統樹はA(BC)である.形質3は,収斂が同種の「誤りを生む類似性」をもたらすことを示している.派生的状態をみると,A と C は B と比べて互いによく似ているからである.形質2が示すパターンをHennigは「共有派生形質」(synapomorphy)と呼び,それだけが系統関係の証拠を与えると主張した.

ここまでの部分は,私が第1章で論じたことのまとめにすぎないというと,読者は驚くかもしれない.しかし,Hennigの定式化と私の用語ではちがいが1つある.Hennigは共有派生形質と収斂とを対比した.形質2と3のどちらも3分類群のうち2つが派生的形質状態 a' を共有している.しかし,Hennigの用法では形質2だけが共有派生形質となる.けれども,Hennigは共有派生形質は「派生的形質の共有」であると後の部分で定義しており(Hennig [1965, p.104/609|263]),この点に関しては必ずしも一貫していない.

訳註1 斜線(/)の後は,Sober [1984b] に復刻されたときのページ数である.縦線(|)の後のページ数については,第5章の訳註6を参照のこと.

註2 議論の都合上,3つの末端分類群の直接の共通祖先は,この3つの形質について原始的状態をもつと仮定する.1.3節では,このことは「原始性」(plesiomorphy)の定義から導かれるのではなく,進化過程に関する1つの仮定であることを指摘した.しかし,この問題はここでの議論とは関係がない.

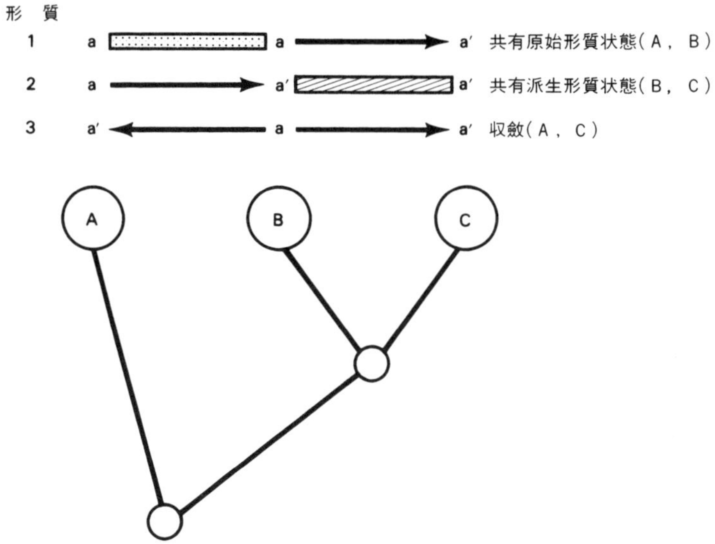
形　質
1　a　a　a′　共有原始形質状態(A，B)
2　a　a′　a′　共有派生形質状態(B，C)
3　a′　a　a′　収斂(A，C)
A
B
C

図 13　Hennig は 3 種類の類似性を区別した．第 2 の類似性だけが系統関係の証拠となると彼は考えた．

第 1 章で私は Hennig の定義にはしたがったが，図 13 での彼の用法にはしたがわなかった．私の定義の帰結として，共有派生形質（派生的形質状態に関する一致）は系統推定の手掛かりとして完全無欠ではなくなる．共有派生形質は証拠ではあるが，由来の近さを演繹的に決定するのではない．なぜなら，派生的形質の共有はホモロジーかもしれないがホモプラシーの可能性もあるからである．一方で，共有派生形質が図 13 に示されたように――つまりホモプラシーの可能性を排除するように――定義されるならば，共有派生形質は**派生的相同**（derived homology）と同値になる．この狭い解釈のもとでの真の共有派生形質は必ず系統関係を反映する．

要は，どちらか一方の解釈にしたがい，それで一貫していればいいのである．私は「共有派生形質」を派生的一致（derived matching）と定義したのは，形質状態の原始性あるいは派生性だけから，どの形質が共有派生形質なのかを決定したいからである．Hennig が上の図で示したきびしい解釈はより多くを求めている．すなわち，形質の方向性だけではなく，派生的状態をもつ末端分類群とその直接共通祖先とを結ぶ枝で変化が生じたかどうかをも知らねばならない．実際，011 がこのきびしい解釈のもとで共有派生形質である

ことは系統関係がA(BC)であることを論理的に演繹する．したがって，ある形質がこの意味で真の共有派生形質であることがわかるためには，真の系統発生があらかじめわかっていなければならない．

私の用法では共有派生形質は**派生的類似性**（apomorphous similarity）を意味するが，先取権があるのは**派生的相同**としての用法である．後者の用法を捨てるのは忍びないと感じている人は必ず「推定上」（putative）の共有派生形質という概念が必要になるだろう．なぜなら，きびしい意味での「真」（real）の共有派生形質であるためには，系統推定の問題はすでに解決ずみである必要があり，系統関係が未知ならば，それは系統発生の証拠とはなり得ないからである．**証拠**から始まって論理的に異なる**仮説**へと進むためには，分岐学は，共有派生形質の概念を私が用いているように定義する必要がある．

しかし，これが正しいならば，共有原始形質は系統関係の証拠とはならないとHennigが主張する根拠を検討しなければならない．同じページで，Hennigは「形質は多くの種分化の過程を通して不変であるという事実がその裏づけとなっている．したがって，不変である原始的（'plesiomorphic'）な形質の共有は，それをもつ生物の近縁性を示す証拠とはなり得ない」（Hennig [1965, p.104/609|263]）と述べている．共有原始形質から系統関係を**演繹**できないのは，確かにそのとおりである．しかし，Hennigはもっと大胆な主張をしている．それは，共有原始形質は系統関係**を示す証拠とはならない**という主張である．

この2つの主張の間の大きな隔たりは見過ごせない．たとえば，症候（symptom）と病気との関係を考えよう．ある症候がみられる患者が**いつも**ある特定の病気にかかっているなら，症候の存在からその病気の存在を**演繹**できるだろう．症候がいつもこういう都合のよい性質をもっているとはかぎらないが，それでも病気の存在を示す**証拠**にはなり得るだろう．

原始形質の共有が系統発生を反映できないというHennigの指摘は正しい．彼はそこから共有原始形質は祖先共有の証拠とはならないという結論を出した．この論証が正しいとしたら，次の論証も正しいことになってしまうだろう：**派生的**な形質の共有は，ホモロジーかホモプラシーのどちらかであるから，**共有派生形質**（私の用いる意味での）はこれまた祖先共有の証拠とはならない．

事実からいえば，どちらの論証もまちがっている．形質の分布は，一致する状態が原始的だろうが派生的だろうが，けっして系統関係を演繹できない．その理由は，第1章で論じたホモプラシーを排除する単純なプロセスモデル

が明らかにまちがっているからである．ホモプラシーが生じる可能性は小さいながらもつねに存在する．また，固有派生形質が内群で生じる可能性も小さいながらつねに存在する．これからすぐ言えるのは，形質分布と系統仮説の関係は演繹的ではないということである．

図13の形質1は共有原始形質が系統関係をなぜ反映しないかを示している．しかし，Aには派生的状態，BとCには原始的状態がみられる別の共有原始形質ならば，そこに示した系統関係を正しく反映するだろう．共有原始形質の証拠としての意味をきちんと評価するためには，これらの可能性をどちらも考えなければならないだろう．原始的類似が系統を反映できない**可能性がある**というだけでは十分ではない．

共有派生形質がなぜ共有原始形質よりも証拠として**より重要**なのかという疑問とならんで，Hennigはなぜ派生的類似がまずはじめに証拠として採用されるべきなのかという疑問にも言及している．彼の回答は，彼が「補助原理」(auxiliary principle)なるものを擁護したかつての論文からの引用に見られる (Hennig [1966, pp.120-121]；角括弧は私による)：

　……異なる種における派生的形質の存在は，'つねに近縁関係を示唆する理由となること［すなわち，それらの種はある単系統群に属すること］，そしてそれらが収斂によって生じたと先験的に仮定すべきではないこと'．……これは，異なる種における派生的形質の存在をまずはじめに収斂（または並行進化）によると解釈し，そうではないという証明がそれぞれのケースについて必要であるとされたならば，'系統体系学は足元から崩れ去ってしまうだろう'という信念にもとづいている．むしろ，'個々のケースでの派生的状態の共有が収斂（または並行進化）のみにもとづく'という主張にその立証責任を負わせるべきである．

明らかに，Hennigは，派生形質の共有が系統発生を反映したりしなかったりするという事実を察知している．

Hennigの上の文章は，自然の斉一性原理についてのHume [1748, p.51]の指摘にも一脈通じる：「自然の働きが変化して過去の原則が未来では通用しないという疑いがあるなら，すべての経験は役に立たなくなり，原理や結論を出すことは困難になる」．これは，Hennigの補助原理やHumeの斉一性原理がなければ，証拠を仮説と関連づけられないという示唆である．

第2章で，私は自然の斉一性原理はなくてはならない仮定であるというHume

の主張を検討した。派生的類似が共通祖先の証拠と解釈されなければならないという主張を Hennig は立証しただろうか。上で引用したどちらの論文でも，彼は共有原始形質は系統発生に関して証拠能力がないと主張した後で上に示した引用文の指摘をしている。とすると，おそらく Hennig は，原始的類似性は証拠として使えないのだから，派生的類似性が同様に棄却されたならば，系統推定は不可能になってしまうだろうと考えたのだろう。

　これが Hennig の主張であるならば，共有原始形質を否定する彼の論証はまちがいであると指摘しなければならない。**すべての類似——原始的だろうと派生的だろうと——は結論を誤らせる可能性がある**。だからといって，共有原始形質が証拠としては意味がないとはいえない。共有原始形質が証拠となり得ることを否定できなかったのだから，Hennig は派生的類似だけが唯一の持ち駒 (game in town) であるとは主張できない[3]。

　有罪判決を受けるまで派生的類似は推定無罪であるというこの Hennig の補助原理については，もう1つの疑問を提起しなければならない。派生的類似の信頼性が疑わしいとき，系統推定は不可能であるとしよう。この前提からすぐに，そういう類似は信頼できると仮定しなければならない理由は出てこない。結局は不可知論にはまってしまうだろう。すなわち，いま手元にある材料だけでは系統復元問題は解決できないという主張である。知見にもとづいて何かしら主張をするためには仮定が必要であるという事実それ自体は，その仮定が正しいという証拠ではない。

　また，たとえ Hennig の補助原理を認めたとしても，それがどんな仮定を置くのかについてはなお未解決の問題がある。分岐主義 (cladism) が主張するように，派生的類似が証拠として意味をもつと考えるとき，進化プロセスに関していったい何を仮定したのだろうか。共有派生形質が証拠として意味をもたないような状況はあるのだろうか。共有原始形質が共通祖先に関して重要な情報を提供するような状況はあるのだろうか。そうだとしたら，Hennig の原理を受け入れることは，そういう状況が自然界で生じることはまずないと仮定しなければならないのか。

　類似に関する Hennig の見解を論じるに当たって，私は「最節約性」という言葉は使わなかった。また，形質分布の不整合を Hennig がどのようにして解

註3　これとは正反対だが，やはり誤っている次の論証を考えてみるべきである：派生的類似は結論を誤る可能性があるから，使えない。原始的類似までも捨ててしまうと，系統推定はできなくなってしまう。したがって，共有原始形質を共通祖先の証拠と解釈する別の「補助原理」を採用しなければならない。

決するのかについても触れなかった．共有派生形質だけが証拠としての意味をもつならば，そしてデータ集合のなかのすべての共有派生形質が同一の系統関係を支持するならば，何も問題はない．こういう幸せな状況では，形質が互いに独立ならば，形質集合全体は特定の系統仮説に対して個々の形質が与えるよりも強力な支持を与えるだろう．法廷での裁判と同じで，同一の結論を支持する独立な証拠が挙げられればより強い支持が得られる．

　一方，共有派生形質だけが唯一の証拠であるとみなされる場合でも，共有派生形質の間で不整合が生じることがある．この問題は1.4節で論じた．Hennigはこの問題は形質を再検討すれば解決できる場合もあると考えた．たとえば，みかけ上の共有派生形質が実は共有原始形質だったという場合がある．このケースでは，解釈を誤った形質を捨てることになる．しかし，真の派生的類似の間で不整合が生じる可能性が残っている．そのとき，どう対処すればいいのか．

　形質不整合問題を解決する指針をHennigは提示していないが，共有派生形質だけを系統発生に関する唯一の証拠（誤りを犯すかもしれないが）と考えると，その結論は明らかだろう．110分布をもつ形質が(AB)C仮説を支持し，011分布をもつ形質がA(BC)仮説を支持するならば，そしてすべての形質に等しい重みを与えるならば，110形質が011形質よりもたくさんあるときにかぎり，(AB)C仮説がより強く支持される．これは名を換えた最節約性にほかならない．

　Hennigに対する私の批判は，彼の結論が誤りだったという意味ではない．私の論点は，Hennigは彼の結論の立証に失敗したという点だけである．その後の分岐学者は，Hennigが残したこの空白を埋めようとした．彼らがそれに成功したかどうかを次に検討しよう．

4.2　反証可能性

　多くの体系学者は，分岐学的最節約法を擁護するために，Karl Popper [1959, 1963]の科学方法論と結びつけようとした．本節では，分岐学者が哲学論文を正しく理解していたか否かは問わない．系統仮説の検証に関する分岐学者の主張は，彼ら自身の言葉で評価できるし，またそうすべきである．しかし，以下で述べるように，私が指摘した問題点は，Popperの科学哲学から

註4　Popperの方法論の発展とそれに対する批判については，Hempel [1965 a], Salmon [1967], Putnam [1974], Jeffrey [1975], Ackermann [1976], Rosenkrantz [1977], Lakatos [1978] を参照されたい．

都合のよい部分を借用しただけでは解決できない[4].

分岐学者は，分岐学的最節約法は中立的な技法で，進化プロセスに関する仮定を要しないとしばしば主張する．たとえば，Wiley [1975, p.236] は，──Eldredge and Cracraft [1980, p.67] もその内容に同意しているが──系統仮説の検証は「最節約規則のもとで行なわれなければならない．その理由は，自然が最節約的だからではなく，研究者が権威や先入観に頼らずに擁護できるのは最節約仮説だけだからである」．Nelson and Platnick [1981, p.39] もまた，対立仮説間で評価ができることそれ自体が，方法論的原理としての最節約性を必要とすると述べている（太字は私による）：

> 最節約基準をなぜ用いるべきなのかという問題が出てくる．とどのつまり，進化が現実に最節約的に進行したなどとどうやって知るのか．もちろん，そんなことはできない．進化がつねに最節約的に進むのか，あるいはときどきそうなのか，それともまったくそれは誤りなのかはわからない．進化の経路は直接に観察できない．観察できるのはその結果だけである．われわれにできることは，進化経路に関する仮説を棄却することだけである．しかし，対象となる仮説の数はあまりに多すぎる．たとえば，哺乳類にみられる体毛という形質を考えよう．哺乳類のすべての種で体毛が独立に進化した（すなわち，哺乳類の任意の2種の直接共通祖先は体毛をもっていなかった）のかもしれない．あるいは，哺乳類のある2種はその直接共通祖先から体毛を獲得したが，それ以外の哺乳類では独立に体毛が進化した．1形質でさえこういう仮説を挙げ続けるときりがない．ましてや，形質全体を考えれば，ほとんど無数ともいえる数の仮説を相手にしなければならない．可能性からいえばどの仮説も棄却できない．しかし，最節約仮説があれば，それ以外のほとんどすべての仮説を棄却できる．**まとめれば，最節約仮説を選ばなければ，無数の対立仮説のなかから選択をする基準がなくなる．**

上の最後の一文とその直前の文の間の飛躍に注意されたい．確かに，最節約性を判別法として用いる**ならば**，多くの対立仮説を棄却できる．しかし，最節約性のもとで**のみ**その棄却が可能であるとはいえない．

Gaffney [1979, pp.97-98] はこの議論をさらに進めたが，脚注のなかでそれが成功しなかったことを認めている．Gaffneyは分岐学的最節約法をより一般的な哲学概念と結びつけようとした：

科学的説明の歴史のなかで最も根本的な概念の1つは，最節約性あるいはオッカムの剃刀（Ockham's razor）と呼ばれている．この概念はふつう次のように説明される：与えられた問題への2つ以上の対立する解答のなかで，最も単純な解答（すなわち，論理ステップ数や補助条件が最も少ない解答）を選ぶべきである．この意味で，最節約性は方法論的規則である．最節約性を採用するのは，それがないと選択ができなくなり進歩もあり得ないからであり，何らかの点で最節約性が現実を反映しているからではない．

続けてGaffneyはOckham自身に帰せられるこの原理の2つの定式化を行ない，結論として「……最節約性，すなわちオッカムの剃刀は'論理'あるいは'理性'と同義である．なぜなら，上の原理にしたがわないすべての方法は論理一貫した予測システムと矛盾すると，私には思えるからである」と述べた．

ここでもまた，最節約性が意味をもつのは，それなしには対立仮説の間の判別ができないからであるというおなじみの主張が見られる．けれども，Gaffney [1979, p.98] は，最初の引用文の脚注で，「厳密に言えば，この規則を行き詰まりから逃れるためにだけ用いるならば，最も複雑な対立仮説が選ばれてもいっこうにかまわないだろう」．

まさにその通りである．これだけでも十分に最節約性——広義には一般的な方法論的原理として，狭義には系統推定問題に適用される制約として——の立証の一角を切りくずせる．**対立仮説のランクづけを行なう方法なら他にもあるからである**．実際，系統推定のケースではそれほど頭をひねらなくてもこの点は理解できる．生物学者は多くの対立する方法を編み出してきたからである．対立する系統仮説の区別だけがここでの問題ならば，全体的類似度法だってそれ以外の方法だって仮説のランクづけはできる．したがって，最節約性を用いる根拠は他に求めなければならない．

もちろん，上で引用した著者たちはこのことをわかっていた．だからこそ，最節約性の哲学を系統推定での分岐学的最節約法と結びつけようとしたのである．その目的は，分岐学的最節約法が仮説間の判別（それが恣意的であるとしても）を行なえる唯一の方法であることを示すためではなく，それがある意味で「適切」な判別を可能にする唯一の方法であることを示すことにあった．私がここで言いたいことは，最節約法がいつでも真の系統発生を見つけだすとか，あるいは対立する方法よりもその頻度が高いということではな

い．Nelson and Platnick が言うように，われわれは用いている方法が真実を探り当てているかどうかという疑問に答えられる独立の手段をもち合わせていないのが普通である．むしろ，最節約法が「適切」であるという発言の背景には，どの系統仮説をデータが最も強く支持するかを最節約法が適切に決定できるという見解がある．

2.1 節で，私は大域的最節約と局所的最節約の区別からまず始めることが大切であると指摘した．大域的最節約とは哲学者が「単純性」(simplicity) とか「オッカムの剃刀」という題目のもとに論じてきた一般的な方法論上の制約である．一方，ここでの局所的最節約とは個別事例としての系統推定上の主張である．上で引用した著者たちは，これら2つの概念の間に重要な関連づけを行なった．それは，(大域的)最節約は科学全体にわたる合理的な制約だから，分岐学的最節約法（局所的概念）は系統復元に用いられる正しい方法であるという主張である．ここで主張されている関連づけが論証によって支持されるかどうかを調べなければならない．

大域的最節約性は，緩い前提をさらにいくつかつけ加えれば，分岐学の手法にお墨つきを与えると主張する分岐学者がいる．Wiley [1975, p.234] は，次の3つの前提さえ与えれば十分だと言う：「(1)進化が起こったこと；(2)現生・化石生物すべての系統がただ1つだけ存在すること，およびこの系統発生は祖先からの由来の結果であること；(3)祖先からの由来を通して形質は世代を越えてそのままの状態ないし変化を受けて伝わること」．Wiley [1981, p.2] は少し異なった表現をしている：「種分化が形質の変化を伴うか，種分化速度が形質進化速度よりも遅ければ，種分化の歴史は復元できるだろう」．Eldredge and Cracraft [1980, p.4] は，「われわれの見解では，最も一般的な意味での進化史（すなわちパターン）を分析するためには，生命が進化したという根本的な仮定だけを置けばよい」と言う．Gaffney [1979, p.86] も同様に，緩い仮定を置くだけで分岐学的最節約法は正当化できると主張する：

> 進化：あらゆる生命（すなわち分類群）は，ある共通の起源から自然のプロセス（遺伝，変化，分化）によって生みだされてきた．……
> 共有派生形質：新しい分類群は新しい形質によってしばしば特徴づけられる．……
> われわれの2つの根本仮定とは，進化が起こったことおよび新しい分類群は新しい形質によって特徴づけられるという2点である．この2つの仮定だけにもとづいて，由来のパターンに関する仮説を立てそれを検証

できる．進化の'総合説'など特定の進化メカニズムの仮説に頼る必要はまったくない．また，種分化や種の性質についてのモデルないし仮説に頼る必要もまったくない．

これらの緩い進化上の仮定と大域的最節約性を受け入れるだけで，すぐにも分岐学的最節約法が導けると仮定されている．

しかし，どうすればそれが可能なのだろうか．橋渡しとなる論証は**反証**(falsification)の概念を用いて行なわれることもある．**アドホック性**(adhocness)によって論証されることもある．前者の定式化は次のようになる．対象分類群の形質分布が与えられると，対立する複数の系統樹[5]が構築できる．それぞれの系統樹が観察された形質分布パターンを生むために最低いくつのホモプラシーが必要かを数える．ある系統仮説が要求するホモプラシーはそのひとつひとつがその仮説への反証となっている．データからの反証が最も少ない——すなわちホモプラシーがもっとも少なくてすむ——系統仮説が，最も強く支持されている仮説である（Gaffney [1979, p.94]；Eldredge and Cracraft [1980, p.70]；Wiley [1980, p.111]）．

アドホック性にもとづくもう１つの定式化も可能である．ある系統仮説のもとで与えられた形質がどうしてもホモプラシーとなるとき，それはこの系統仮説が認めざるを得ないアドホック仮定である．アドホック仮定をできるだけ避けるのが科学的方法である．したがって，必要なホモプラシーの数がもっとも少なくてすむ系統仮説はアドホック性がもっとも小さい．

本論に入る前に，細かい点を１つ指摘しておく．１票１ホモプラシーという原理は，すべての形質の重みが等しいという前提を置いている．A, B, C の３種に分布する３形質の方向性がわかっているとする．最初の２形質は110分布をする．これは A と B は派生的状態をもつが，C は原始的ということである．第３の形質は011分布をする．(AB)C がこれらの形質分布を説明するためには，合計４回の進化的変化が必要である．一方，A(BC) は５回の形質進化が必要である．

言い換えれば，(AB)C では形質３を説明するためにホモプラシーを１つ必

註５ あるいは分岐図．最節約性の働きを論じるとき，両者のちがいは関係ない．分岐図が必要とするホモプラシーの数は，その分岐図から得られる系統樹のそれと同じだからである（1.3節にしたがって，これら２つの概念を解釈したならば）．したがって，対立する系統樹と対立する分岐図を分岐学的最節約法によって比較すれば，同一の結果が得られる．便宜上，以下の議論では，対象分類群がすべて末端にある系統樹について話を進める．

要とするだけだが，A(BC)では形質1と2のそれぞれに対して1つずつ合計2つのホモプラシーがなければならない．各ホモプラシーがそれを要求する系統仮説への反証であるとしよう．これは，(AB)Cが形質3によって否定され，一方，A(BC)は形質1と2によって否定されるということである．上では，**それぞれ**の形質の主張する証言をそのまま記録した．では，形質集合**全体**の証拠能力をどのように評価すればいいのだろうか．

　各形質が証拠としてたがいに独立かつ等価ならば，ホモプラシーを数えさえすればよい．けれども，形質1と2によるA(BC)の否定よりも，形質3による(AB)Cの否定の方が強いと考えられるときは，結論は逆転するだろう．

　分岐学者がホモプラシーを数えるのは，分岐学的最節約法ではすべての形質の重みは等しいと仮定しているからだと解説されることがある．私自身はそこに別の規範をみている．それは，分岐学的最節約性を含むあらゆる方法が適用される**前**に形質は重みづけられなければならないという規範である．形質3が形質1と2を合わせたよりも大きな重みをつける価値があるというのであれば，それは考慮されるべきである．最も簡単な方法は，形質3は実は同一の分布をする5個の形質に等しい重みをもっていて，データセットに含まれる票の数は，形質1と2それぞれに1票ずつおよび形質3の「代理人」5票である (Kluge and Farris[1969])．しかし，最節約法それ自体は重みづけをどうすべきかについては何も言っていない[6]．

　分岐学的最節約法を反証主義の立場から擁護した上の主張を評価するには，その文脈で用いられている「反証」(falsify)という言葉の意味を明らかにしなければならない．分岐学に反対する多くの批判者は，ある形質によって反証された系統仮説は実際に偽であると考えている．だから，「反証の程度が最も小さい」(least falsified)系統仮説をなぜ議論しなければならないのかと彼らは言う．ある仮説がたとえ1形質によってであれ反証されたならば，その仮説は排除されるべきではないかという理屈である．

　この批判に対しては，2つの点から反論できる．第1は，反証の関係は「論理的不整合」(logical incompatibility)であると定義することである．ある形質が仮説を反証したとき，どちらかがまちがっているはずである．つまり，

註6　Felsenstein [1981]は，系統推定の方法論にはすでに形質の重みづけの原理が含まれていると理解している．そのため，彼は「重みづけのない最節約法」(unweighted parsimony)と「重みづけをする最節約法」(weighted parsimony)とは異なる方法であるとみなしている．一方，私はこれら2つの手法には共通の核(「最節約性」)があると考えているから，重みづけの手法は別問題とみている．結局は，ただの言葉の定義のちがいだけなのだが．

形質か仮説かどちらかを棄却しなければならないということである．系統仮説 (AB)C が真であるならば，011 形質（これまでと同様に"0"と"1"はそれぞれ原始的状態と派生的状態を表す）の形質分布とは論理的に整合しないから，その形質は上の意味で仮説 (AB)C を「反証」するといえるだろう．形質が系統仮説を「反証」したとしてもその仮説が実際に偽ではないかもしれない．肝心な点はどちらか一方が偽であると決定しなければならないということである (Gaffney [1979, p.83]；Eldredge and Cracraft [1980, pp.69-70]；Farris [1983, p.9])．この意味での反証を**強反証**(strong falsification)と呼ぶことにする．

しかし，もしも真のホモプラシーが自然界に実在するならば，上の定式化には欠点がある．(AB)C が真の系統樹であるとしても，011 分布（"0"は原始的，"1"は派生的）をする形質が存在するかもしれない．このとき，その形質は系統仮説を「反証」してはいるが，両者が論理的に不整合であるとは言えない．

そこで仮説と観察との間にみられるもっと弱い関係を考えよう．この関係の方が現実の系統仮説とホモプラシーの関係をうまくとらえられる．いま観察 O が仮説 H に**反する証拠を与える** (disconfirm) とき，H は O によって**弱反証** (weakly falsified) されると呼ぶことにする．重要なことは，たとえ O と H がともに真であったとしても，O は H を弱反証できるという点である．上の強反証の関係では，この可能性は除外されていた．

Popper の科学哲学は，ここでの議論にはほとんど何の役にも立たない．彼は**弱い反証**についてほとんど触れていないからである．何と言われようが，Popper は仮説**演繹主義者**だった．彼の見解では，観察に関する予測は，検証されるべき仮説およびその状況で真であると仮定される初期条件と境界条件の言明から演繹される帰結である．仮説 H と補助前提 A から，予測 O は演繹できる．O が偽であるならば，そして補助前提 A が真であるならば，H は偽でなければならない．

演繹主義のもとでは確率的検証は許されない．可能な観察結果に確率を与える理論はどんな観察によっても強反証され得ない[7]．しかし，系統仮説の検

註 7　Popper [1959, pp.189-190] はこの点について明言している：「確率言明は反証不可能である．確率的仮説は**あらゆる観察を排除しない**．すなわち，確率的推定値は基礎言明 (basic statement) を反駁しないし，それによって反駁もされない．また，確率的推定値は，有限個の基礎言明の連言によっても（したがって，有限個の観察によっても）反駁され得ない」．にもかかわらず，Popper は確率が科学的討論で用いられてもよいと考えている．そのときには，その仮説のもとでほとんどあり得

証でわれわれが直面している状況はまさにこれではないだろうか．(AB)C はあらゆる形質分布（方向づけられていてもいなくても関係ない）と論理的に整合し得る．対立仮説 A(BC) についてもそれは同じである．

　ここでの論点は，われわれがこれから採用しようとしている妥当なプロセスモデルに依存している．1.3節の非現実的なプロセスモデルにしたがえば，系統仮説と方向づけられた形質分布の間には演繹的関係が存在するだろう．そのモデルではホモプラシーは存在しないのだから，仮説 (AB)C は 011 形質（"0"は原始的，"1"は派生的）は進化し得ないという命題を演繹できる．けれども，このプロセスモデルの代わりに，形質が複数回生じたり逆転する可能性を認めたとたん，この演繹的関係は跡かたもなく消え去ってしまう．

　ここでの最も重要な問題は，Hennig の主張をめぐって前節で指摘した問題と同じである．分岐学的最節約法は，共有派生形質は共有原始形質とは異なり，血縁関係の仮説を確証するという．この主張を（弱）反証の表現で言い換えれば，分岐学的最節約法のもとでは，ある系統仮説を弱反証するのはそれが要求するホモプラシーだけであり，データの他の要素にはその能力はないということになる．問題は，証拠能力に関するこの主張は正しいのかという点である．それらの主張は進化プロセスに関していったいどのような仮定を置いているのだろうか．

　分岐学の教義についての私の説明は，（弱）反証主義であると同時に（弱）実証主義の立場からの解釈であることに読者は気がつかれただろう．分岐学は派生的類似だけが系統仮説の**確証**(confirm)を与えると主張するが，言い換えれば，それはホモプラシーだけが系統仮説に**反する証拠となる**(disconfirm) ということである．石頭のポパー主義者はいい顔をしないだろう．彼らは「科学」というものは反証はできても実証はできないと言い張っているからである．しかし，すでに説明したとおり，形質分布は系統仮説を強実証も強反証もできない．系統仮説が弱反証されるとしたら，それは形質分布が特定の系統仮説だけを支持するからである．けれども，あるデータのもとで A(BC) の方が (AB)C よりも支持されないとしたら，それは (AB)C がより強く支持されているということである．ここでは「反証」(falsify)とか「実証」(verify)という言葉は捨てるべきだろう．そういう言葉を使うと，実際には存在しな

ないはずの観察がなされたときに，その仮説は反証されるというような「方法論的規約」を設ければよいと彼は示唆している．もちろんこれは尤度概念にほかならない．しかし，ここでの私の論点は，演繹主義として一般に解釈されている Popper の理論が，系統推定問題にはまったく適用できないという点である．

い演繹的関係があるかのような誤解を招くからである．それらの言葉のかわりに「支持する」(confirm)「支持しない」(disconfirm) を用い，仮説の評価は相対的な作業であると理解できれば，ある対立仮説が支持されるか支持されないかで迷うことは何もない[8]．Popper のいう非対称性はここでは存在しない[9]．

どんな形質分布もある系統仮説を強反証できないという点は，新形質は単系統群を「定義」できるという主張によって隠されてしまうことがある．Eldredge and Cracraft [1980, p.25] から引用した図 14 を見られたい．彼らはこの図を「分岐点が示すそれぞれの階層レベルは，進化的新形質と解釈される1つまたは複数の類似性によって定義されている」と説明している．新形質の欠如は単系統群の特徴ではないことに注意されたい．たとえば，羊膜卵(amniote egg)の欠如はスズキとヤツメウナギの共有形質だが，この2種だけを単系統群として結合する形質ではない．

ここでの「定義」とは何を意味しているのだろうか．哲学者や数学者ならば，定義とは必要十分条件であることをいつも要求するだろう．正方形とは四辺が同じ長さですべての内角が直角の平面図形であると定義される．進化的新形質はこの意味で単系統群を「定義」しているのだろうか．Eldredge and Cracraft [1980, p.37] の言うには：

>……密な体毛をもつという類似性は，ネズミやライオンを含むがヒトは含まないような集合を定義できない．なぜなら，ネズミとライオンの間にみられる密な体毛という形質の共有は，その階層レベルでは，共有原

註8 弱反証という観点から分岐学的最節約法を論じると，最節約法が整合性法 (compatibility analysis) すなわち「クリーク法」("clique" analysis) とまったく異なることが明らかになるという利点もある．系統仮説と形質とがほんとうに論理的に不整合であれば，形質を棄却するというやり方には意味があるだろう．けれども，形質が系統的グルーピングに対して確証を与えたり与えなかったりするだけならば，形質の棄却は関連するデータを誤って無視していると見られてしまうだろう．このことは，整合性法の論駁ではなく，強反証のレトリックをなくしてしまえば整合性法と最節約法とのちがいがさらにはっきりするという指摘にすぎない．整合性法については第5章でさらに論じる．

註9 Popper のいう非対称性をこのように否定するやり方は，Duhem の説を拠りどころとする Quine の主張（たとえば Quine [1960] を参照せよ）とはまったく別ものである．ある仮説と補助仮定が演繹的にある観察言明を導いたとする．すなわち，H & A ならば O であると仮定する．Duhem/Quine テーゼは，O にもとづいて H が真であることを証明できないのと同様に，not-O は H が偽であることを証明できないと主張する．この点については，置かれた補助仮定が探求の文脈で真であると仮定できるならば，実証と反証の非対称性は保存されているだろうと反論できる．Popper の非対称説に対するもっと説得力のある反論は，確率的検証を考えればおのずと明らかである．

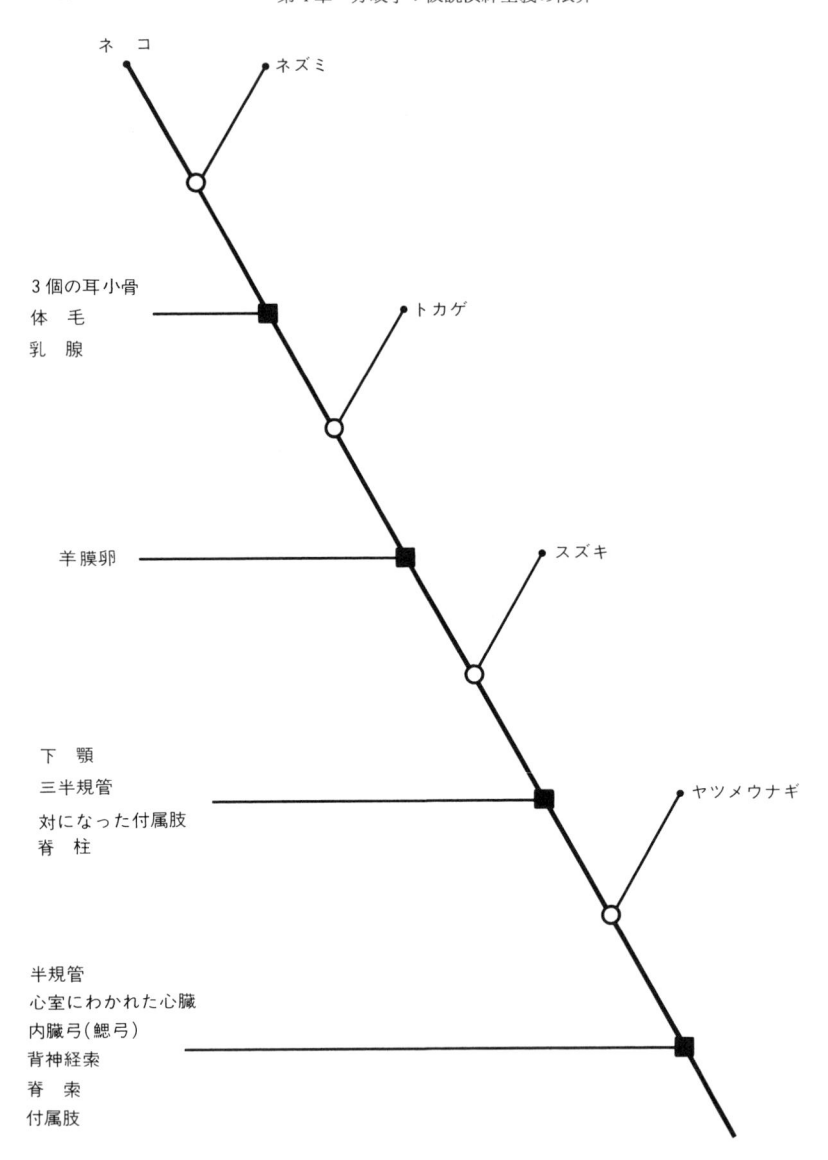

160　第4章　分岐学：仮説演繹主義の限界

図 14　形質と単系統群の関係を説明する図．新形質は新しい群が出現した標識となる．しかし，その単系統群に属する必要十分条件を与えるという意味で，その形質が単系統群を定義しているわけではない（Eldredge and Cracraft [1980, p.25]）より．訳語は，篠原明彦他訳 [1989, p.34] による

始形質だからである．つまり，その集合から除外されている密な体毛をもつ生物が，ほかにもいるのである．体毛をもつ他の生物群を加えることによって階層レベルを上げていけば，最終的に，この類似性は，生物学者が哺乳綱と呼ぶ集合に定義されることがわかる（訳文は，篠原明彦他訳[1989，p.46]『系統発生パターンと進化プロセス』蒼樹書房による）．

この文章によると，単系統性の定義にしたがえば，ある哺乳類の種に由来する体毛のない子孫種はやはり哺乳類であることになる．したがって，ある形質が単系統群を「定義」するならば，あるメンバーがその「定義」形質をもっていないという可能性をも認めなければならない．もしも**毛（すなわち濃い体毛）**という形質が哺乳類を「定義」するというのであれば，それは**未婚男性**（unmarried man）を女にもてない男と定義するのとはまったく異なるタイプの定義である．

では，属性が単系統群を「定義」するとはどういう意味だろうか．ここではっきりさせたい点は次の２つである．１つは，単系統群は種と同じく進化的新形質とともに生まれるということである．ある祖先種が子孫種を生むとき，その子孫種は祖先種にはみられないある属性をもっているという点が重要である．この点に関して，種間の由来関係は個体間の由来関係とは異なる．親個体の子供がクローンであるとしたら，親と同一であるかもしれない．しかし，ある種の個体群から周辺隔離集団が出芽し，その隔離集団とその子孫が母集団と同一であるならば，その隔離集団を新種とみなす生物学者はいないだろう．

ある種とそのすべての子孫種から成るグループが単系統群である．したがって，種分化が生じるたびに新しい単系統群ができることになる．また，種分化が必ず形質の変化を伴うならば（すなわち，子孫種は祖先種と差異がなければならない），新しい単系統群の出現もまたそうでなければならないということにもなる．新しい単系統群の最初の種はその直接祖先とは異なっていなければならない．ある新形質が単系統群を「定義」するという主張の１つの解釈はこれである．新形質は新単系統群の目印を与えている．

けれども，同じ単系統群のなかでその新形質は失われる可能性がある．だからこそ体毛のない哺乳類の種もやはり哺乳類に属しているのである．その集合に帰属する必要十分条件を与えるという意味で，属性が単系統群を定義しているのではない．

属性がグループを定義するという主張のもう１つの解釈は――上で言及し

た伝統的な定義観とは根本的に異なるが——，属性は単系統群の実在を支持する証拠だが完全無欠ではないという解釈である[10]．ここで挙げた2つの定義観と必要十分条件にもとづく従来からの定義観とのちがいをはっきりさせておかないと，共有派生形質が見つかれば，派生的分類群は原始的分類群を排除するある単系統群に属しているか否かという問題は定義的に決着すると考えてしまうだろう．この派生形質は先の2つの意味ではあるグループを「定義」するが，伝統的意味では「定義」していない．

証拠としての形質と系統仮説との関係を曖昧にするもう1つの主張は，「真」のホモプラシーは存在しないという考えである．ホモプラシーであるようにみえる類似形質はどれもよく調べてみれば，異なる形質が含まれていたのかもしれない．だから，コウモリと鳥の「翼」は，それらの付属肢をもっと詳しく調べれば，これら2分類群の間での外見だけの類似にすぎないのだから，ホモロジーとはいえないと主張される．

この主張の問題点は，たとえ真のホモロジーであったとしても，細かく調べれば，どんな類似性も認識されなくなるという点である．私の腕とあなたの腕を比べればどこかにちがいはあるだろうが，だからといって，われわれは共通祖先に由来する腕の構造を共有しているという主張を否定できない．その類似性はつねに多くの差異とともに認識されるからである．もしもホモプラシーがこのやり方で解消させられるならば，系統発生の証拠となる類似性にも同じ運命が待ち受けている．その果てにあるのは，共通祖先の仮説とは無縁で，類似形質がまったくない，ばらばらの種の集りである．

4.3 説明能力

Farris [1983]は，4.2節で論じた反証主義の立場から最節約法を弁護するために，**説明能力**(explanatory power)という別の側面から議論を展開した．Farrisの論証方針は，1.3節で述べたとおり，系統仮説のホモロジーに対する関係はホモプラシーに対する関係とはまったく異なるという主張に依拠している．この主張は，分岐学的最節約法の立証に貢献するだけでなく，最節約法はホモプラシーの頻度が低いと仮定しているというおなじみの批判もかわせるとFarrisは考えた．4.4節では，この批判に対するFarrisの反論について検討する．

註10　Hennig [1966, pp.79-80]は，自分のアプローチは形態形質を「高次カテゴリー[単系統群]の構成要素としてではなく，それらの背後にある遺伝的[血縁的]基準を見出す手がかりとみなしている」(角括弧は私による)と主張する．関連する議論はBeatty [1982]にもみられる．

1.3節で指摘したように，系統仮説は，分岐図であれ系統樹であれ，それ自身ではある形質がホモロジーであると演繹することはできない．3つの末端分類群に対して (AB)C という系統関係を示す系統樹を考えよう．この系統樹はどのようにして 110 という形質分布，すなわち A と B は派生的状態をもつが，C は原始的状態をもつという形質分布を説明するのだろうか．Farris は，その系統樹は，A と B がその派生的状態を共通祖先からそのまま受けついだことを演繹しないという点を指摘した．それらの派生形質がホモロジーである可能性も確かにあるが，それらが独立に獲得されたという可能性も残されるからである．

ホモロジーではなくホモプラシーの場合は，事情はまったく異なる．このとき，系統仮説は**確かに**ホモプラシーを演繹する．(AB)C 系統樹は 011 分布をするすべての形質が必ずホモプラシーであることを意味する．Farris[1983, p.13/680|338][11] はこの2点を次のように要約している：「形質と系統の関係は，ある種の非対称性を示す．$((A,B),C)$ という系統仮説のもとでは，$B+C$ 形質はホモプラシーでなければならないと要求するが，すべての $A+B$ 形質については何も要求しない．系統は，それと整合的な形質がホモプラシーであろうがなかろうが，真となり得る」[12]．

Farris はこの非対称性を踏まえて，系統仮説の説明能力なるものを次のように説明する（Farris [1983, p.18/684|342]；太字は私による）：

> 説明能力にもとづいて類縁関係の仮説を選択する際，できるだけ多くの観察を説明できる系統仮説を見つけたいと思うのが自然だろう．対立理論の相対的な説明能力を決定することは，一般には面倒な仕事である．しかし，系統はただ1種の説明だけを与えるから，それはもっと単純な作業になる．あるグループが新しい形質を獲得したのに対してその姉妹群が原始的形質を保持している原因を，系統仮説は**それ自身では説明** (explain by itself) できない．また，一見同じ形質が遠縁の系統で独立に獲得される原因も系統仮説は説明できない（もちろん，もっと複雑な進化理論のもとでは，どちらの現象も説明されるだろうが）．ある系統仮

註 11 Farris (1983) からの引用文で，斜線 (/) の後は，Sober [1984 b] に復刻された短縮版のページ数である．[訳註：縦線 (|) の後のページ数については，第5章の訳註6を見られたい．]

註 12 B と C が共有する派生形質がホモプラシーであるために，Farris はこの3分類群の直接共通祖先の形質状態が原始的であると仮定している．

説が観察される生物間の類似性を**説明する能力がある**（able to explain）といえるのは，共通祖先からの由来による同一性としてそれらの類似性を説明できるときだけである．生物が共有する形質は共通祖先からの由来かもしくはホモプラシーである．したがって，ある系統仮説の説明能力は，それが要求するホモプラシーの仮定がどれほど少ないかによって測られる．

上で Farris は，系統推定についての見解を仮説の評価というもっと一般的な問題に結びつけている．すなわち，より説明能力の大きな仮説（すなわち，仮説の説明能力を損なう**アドホック**な仮説がより少ない仮説）を選ぶのが科学的方法であるという主張である．ここから，系統仮説の説明能力に関する上の分析は，分岐学的最節約法に直結する．

Farris の主張では，仮説が「それ自身で説明する」（explain by itself）ことと，仮説に「説明する能力がある」（able to explain）こととが区別されている点に注意されたい．彼は，系統によってはどんな形質分布も「**それ自身では説明できない**」と言う一方で，「ある系統仮説が観察される生物間の類似性を**説明する能力がある**といえるのは，共通祖先からの由来による同一性として，それらの類似性を説明できるときだけである」と主張する．

Farris の第 1 の主張は，系統仮説がある形質分布の「完全な」説明を自発的に与えはしないという意味ならば，正しいようにみえる．A と B が C とは共有しないある共通祖先をもつという主張だけでは，なぜある形質が現在の分布をもつようになったかの説明にはなっていない．ましてや，形質の方向性（すなわち，その系統樹の根での形質状態）を知るための必要な情報にいたっては，ほとんど何もないに等しい．ある形質が根ではその形質状態が 0 で，末端の形質状態が A と B に固有の派生的状態であったとしても，**なぜ** A, B と C がそのような形質分布をもつのかという疑問にはまだ答えていない．この**なぜ**という疑問に答えていないという事実から，系統仮説は完全な説明をしてはいない．すなわち，説明の上で関連する情報を除外していることがわかる．

次に，Farris のいう非対称性なるもの——「ある系統仮説が観察される……類似性を説明する能力があるといえるのは，共通祖先からの由来による同一性としてそれらの類似性を説明できるときだけである」——を検討しなければならない．この一文を私なりに解釈すれば，ある仮説が類似性を「説明できる」という Farris の主張の意味は，その仮説が類似性の説明を**補助**（help）

する，すなわち，その仮説は類似性を解明する上で必須部分 (nonredundant part) であるということである．

(AB)C が110という形質分布を「説明できる」のは，その系統的グルーピングを補足すればより完全な説明ができるからである．この補足は，説明を行なう一群の前提から説明の対象である形質分布への演繹的論証として表現できる．Farris にしたがって，それら3種の直接共通祖先が原始的形質状態をもつと仮定すると，この演繹的論証は次のようになる：

系統仮説：A と B は，C の祖先ではないある共通祖先 X をもつ．
分岐点の形質状態：X は派生的形質状態をもち，その状態を A と B に伝えた．この派生的状態はただ一度だけ生じ，根から X への枝で保持された．根から C への枝では形質進化はまったく生じなかった．
進化機構：かくかくの進化的理由により，X は派生的形質をもつにいたった．しかじかの進化的理由により，X はこの派生的形質をそのまま A と B に伝えた．これこれの進化的理由により，根から C への枝では形質進化はまったく生じなかった．

観察された形質分布(110)：A と B は派生的状態を，C は原始的状態をもつ．

上の説明での「かくかく」とか「しかじか」とか「これこれ」という部分には，具体的な進化上の推測が代入される[13]．

(AB)C という系統的グルーピングは，上の説明図式の一部となることによって，110形質の説明を補助している[14]．けれども，他のやり方で(AB)C系統仮説を補足して，110分布を説明する上で補助させることもできる．たとえ

註13　形質分布を説明するこの図式は，含まれる各要素の知見を得ることがきわめて容易であることを意味しないし，それが原理的に可能であることさえも意味してはいない．論点は，どのようにして系統仮説が，より包括的な前提の集合（それらがすべて真ならば，形質分布は説明できるだろう）の不可欠な要素となり得るのかを示すことにある．

註14　「説明」という言葉の別の用法にしたがえば，前提が実際に真でないかぎり結果は説明できない．上述の説明図式で3つの前提が形質分布を説明するという私の主張は，それらの前提が真であるならば説明ができるだろうという意味である．それらの前提が「説明能力がある」(explanatory) といえるのは，この性質が前提が実際に真であるかどうかとは独立であるときである．まさにこの意味で，ニュートン力学は（たとえ実際には偽であったとしても）説明能力をもつ理論なのである．

ば，(AB)C 仮説は，110 形質は A と B にいたる枝で収斂したという分岐点および進化機構に関する前提でも補足できる．この場合でも，最初の場合とまったく同様に，系統仮説は観察された形質分布を説明する上で必須部分となる．

　上の説明はどちらも (AB)C という同じ系統仮説を踏まえている．異なる点は第2と第3の前提であるが，前提が3つそろえばどちらの説明も 110 という形質分布がなぜ生じたのかを説明できる．ホモロジーを仮定するシナリオに説明能力があるというのであれば，ホモプラシーを想定するシナリオにも説明能力はある．念のため言っておくが，これは，どちらの仮説も同等であるという主張ではないのである．私が言いたいことは，どちらの説明もそれが真実であるならば形質分布を説明できるだろうという点だけである．

　いま，第2のシナリオ，すなわち(AB)C 系統樹の上での収斂の結果 110 形質が説明能力をもつとするならば，同じ系統樹の上で 011 形質がどのように進化したかを説明する第3のシナリオも説明能力があるといわねばならないだろう．第2と第3のシナリオのちがいは，収斂が内群のなかで生じたかそれとも内群と外群にまたがって生じたかという点にある．結局，こういう筋書きは，何らかの収斂によって形質分布が生じたといっているのである．系統仮説はこの説明の前提になっている．

　Farris は，どんな系統仮説であっても「それだけ」ではいかなる形質分布も説明できないが，ある系統仮説はそれがホモロジーと認めた類似性だけを「説明する能力がある」と主張した．私は最初の点には同意するが，第2の点には同意しない．その系統仮説がホモプラシーと認めた形質分布を説明できないというのは，どう考えてもおかしい．

　ホモプラシーの仮定が妥当ではないからこそ，ある系統仮説の説明能力は，それが要求するホモプラシーの数だけ減少してしまうのだと反論されるかもしれない．この反論を検討するには，「妥当ではない」とはどういうことかを考えなければならない．「妥当ではない」が「あり得ない」という意味ならば，この反論は，ホモプラシーはあり得ないことだから，形質がホモプラシーと判定されるならばその理由だけでこの系統仮説は支持されないという主張である．この反論の問題点は，Farris を含む多くの分岐学者はこの仮定に頼らずに最節約法を擁護しようとしている点にある．だから，上の反論は Farris の主張を援護する妥当なやり方ではない．

　Farris の非対称性の主張にとって上の反論が役に立たないもう1つの理由は，彼のいう説明能力は，あるかないかという二者択一だからである．Farris

は，(AB)C 仮説は 110 形質を説明できるが，011 形質は説明できないと言いたいのである．上の反論での相対的妥当性という尺度からは，この二者択一的な説明は導けない．その尺度は説明の妥当性を程度の問題に置きかえてしまうからである．おそらく，適当な前提を置けば，(AB)C が 110 形質を 011 形質よりもうまく説明しているといえるだろう．けれども，こういう確率にもとづく考察では，ある系統仮説が属性を**説明する能力**がまったくないことは証明できない．

　説明能力についての Farris の主張に関して私が指摘した問題は，分岐学者が用いてきた反証概念に対する私の反論といくつかの点で軌を一にしている．系統関係と形質分布の間の演繹的関係を反証が要求するのであれば，いかなる系統仮説も形質分布によっては反証されない．一方，この強反証ではなくもっと弱い（より妥当な）弱反証（disconfirmation）の関係を基準として採用するならば，形質の解釈に関する分岐学的な仮説は真かもしれない．ただし，それが実際に真であることを示すには新しい証拠が必要である．

　説明は，確証と同様に，強い解釈と弱い解釈が可能である．ある系統仮説が形質分布を強い意味で説明しているといえるのは，その仮説がそれ自身だけで形質分布の完全な説明を与えるときである．しかし，Farris が正しく指摘したように，いかなる形質分布も強い意味で説明できる系統仮説はない．一方で，もっと弱い説明概念があってもよいのではないだろうか．私が上で議論してきたことは Farris が望んだ結論を導かなかった．ある系統仮説が弱い意味で形質分布を説明するということは，形質分布に関するある進化的説明の必須部分をその系統仮説が担っているということである．問題は，系統仮説がホモロジー形質だけでなくホモプラシー形質をも弱説明できるのかという点である．

4.4　仮定最小化と最小性仮定

　分岐学的最節約法はホモプラシーが稀にしか生じないという仮定を置いているというのが，おそらくこの方法に対する最もよく聞かれる批判である．結局この方法は，ホモプラシーが最も少なくてすむ系統仮説が最良の仮説であると主張しているのである．これはホモプラシーは稀であることを要求しているのではないのか．

　Farris [1983, p.13/679|337] は，「ある量を最小化する推論方法は，その理由により最小化されたその量が稀にしか生じないと仮定している」という主張に対して，次のような注目すべきアナロジーを用いて反論している……

正規分布にもとづく回帰分析では，複数の標本点の直線からの残差変動が最小になるように回帰直線が計算される．したがって，回帰直線の選択は結果として残差分散の推定値を最小化している．しかし，この方法はパラメーターとしての残差分散が小さいという前提を置いていると批判されることはまずない．実際，正規分布の統計理論によれば，残差分散が小さいかどうかとは関係なく，最小自乗直線はパラメトリック回帰直線の最良の点推定値である．したがって，最節約基準がホモプラシーの数を最小化するからという理由で，ホモプラシーが稀であるという前提を置いているという主張は，欠陥があるとしかいいようがない．その理屈は，最小化と最小性の前提との間には一般的な関連があるとみなしている．しかし，そういう一般的関連は何もないことがもう明らかになった．系統学的最節約法をきちんと批判するためには，もっと細部にわたる前提に言及する必要があるだろう．

最節約法において最良の系統仮説が選択されるやり方から，それが置く仮定を理解したつもりになっている人は，上のみごとな論証を十分吟味してほしい．Farris の論証は，最節約法がホモプラシーが稀であるという仮定を置いていないといっているのではない，という点を強調しておきたい．彼は，最節約法のもとで最良とされる系統仮説にはホモプラシーが最も少ないという理由だけでは，その仮定を置いているかどうかは結論できないと論証した．

ホモプラシーが稀であるという仮定を最節約法が要求しないことを示すために，Farris は前節の論点をまず指摘する．系統仮説はある形質分布がホモプラシーによって生じなければならないことは示せるが，ある形質がホモロジーであることは示せない．Farris はこの点を踏まえて，ホモプラシーの数を論拠として，最節約的ではない仮説が最節約的な仮説よりも強く支持されているとはいえないことを主張しようとした．彼は，A, B, C という 3 つの分類群と 11 個の形質を考える．最初の 10 形質は 110 分布をするが，第 11 形質は 011 分布をする．(AB)C という系統仮説は，第 11 形質がホモプラシーを含むことを要求するが，最初の 10 形質についてはホモロジーかホモプラシーかは判定しない．一方，A(BC) 仮説は，最初の 10 形質のそれぞれがホモプラシーを含むことを要求するが，第 11 形質が真であるかどうかの判定は行なわない．(AB)C 仮説の方がホモプラシーの必要数が少ないので，最節約的な仮説ということになる．

この指摘から，系統仮説はデータのなかに存在するホモプラシーの数に関して**下限は決定できるが上限は決定できない**という点が明らかになる．(AB)C仮説ではその個数は少なくとも1つであると主張するが，A(BC)仮説では少なくとも10個は存在すると言う．どちらの仮説もホモプラシーが稀であると主張しているわけではない．**最節約仮説は仮定の数を最小化（minimize）するが，最小性（minimality）を仮定しているわけではない．**

　かつて私は(Sober[1983, p.341])，この主張は最節約法がホモプラシーの頻度に関する仮定を置いていない証明であると考えた．しかし，そうではなかった．データに対する最良の説明であると最節約法が判断した**仮説**は，確かにホモプラシーの数の上限を定めてはいない．しかし，だからといって，それを導いた**方法**がホモプラシーの確率に関する仮定を必要としないことにはならない．

　ある推論方法にとって必要な仮定が，推論された仮説のなかに見当たらないことはよくある．たとえば，ある個体群の平均体長の推定を考えよう．データが単一の正規分布集団からの無作為標本であるとする．このとき，母平均の最良の推定値は標本平均である．さらに言えば，それは最尤推定値でもある．あるデータからこの方法にもとづいて平均体長は5フィート7インチと推定されたとしよう．私が得た仮説は無作為標本とか正規分布については何ひとつとして口にしていない．しかし，その方法がこれらの仮定を必要としないという意味ではない．

　Farrisのいう仮定最小化と最小性仮定のちがいはきわめて重要である．私の言いたいことは，この区別を実際に行なうためには，置かれている仮定をすべて洗い出す必要がある．ある方法によって推論された仮説は，その方法自身が要求する前提を必ずしもすべて明らかにしていないかもしれない．

　最節約**仮説**が最小性を仮定せずに仮定の数を最小化するという事実から，この**方法**もホモプラシーが稀であるという仮定を置いていないという結論をFarrisがどのように論証したかをここでもっと入念に検討したい(Farris [1983, pp.13-14/680|338]；太字は私による)：

> 最節約法にもとづく推論がホモプラシーの頻度によって大きく影響されることは，これらの事実からすぐにわかることである．ホモプラシーが実際に稀な現象であるならば，これらの形質から考えて((A,B),C)が真の系統関係であることは**ほぼ確実**だろう．このグルーピングが誤りであるためには，これら10個のA＋B形質すべてがホモプラシーであるこ

とがまず必要である．これらの形質が独立と仮定すると，10形質でホモプラシーがたまたま同時に生じる**可能性はまずない**．いま，ホモプラシーが頻繁に生じたため，その影響を逃れた形質は1つしかなかったとしよう．この1形質はデータ中の11個のどれでもかまわない．もしもそれが10個のA＋B形質のどれかならば，最節約的なグルーピングは真となる．そのグルーピングは ((B,C),A) よりも**ずっと可能性が高い**．すでに論じたように，ホモプラシーが普遍的であるという極端な場合には，形質は系統仮説に関する情報をもっていない．このとき，最節約グルーピングであろうが他のどんなグルーピングであろうが，それを支持する証拠は得られない．

ホモプラシーの出現頻度それ自体は，最節約的ではない仮説の選択を擁護する十分な根拠であるとは言えないだろう．それは選択を左右する要因ではない．ここで，ホモプラシー頻度と系統仮説との関係は，残差分散と回帰直線の選択との関係ときわめてよく似ている．残差分散が大きければ直線のまわりの信頼区間は広くなり，最小自乗直線を選択すべき根拠は薄弱になる．しかし，このこと自身は，データに対する適合が低い別の直線を選ぶ根拠にはならない．

したがって，Farrisの見解では，ホモプラシーの頻度は仮説に対する証拠による支持の**強さ**を変えることはあっても，どの仮説を支持するかの**選択**には影響を与えない．

Farrisは，競合する系統仮説からデータに関して**演繹**された事実だけに焦点を当てていることを指摘しておきたい．(AB)Cという系統仮説と11個の形質は，第11形質がホモプラシーに起因することを**演繹的**に導いている．一方，A(BC)とこの11個の（方向づけられた）形質は，形質1–10がホモプラシーであることをやはり**演繹的**に導いている．ある系統仮説が与えられたデータのもとで演繹する言明をその仮説の**個別帰結**（special consequence）と呼ぼう．ホモプラシーが普遍的でないかぎり，そして各形質が等確率でホモプラシーとなると仮定できるかぎり，少なくとも1形質がホモプラシーであるという事象の方が少なくとも10形質がホモプラシーであるという事象よりも確率が大きい．(AB)C仮説の個別帰結はA(BC)の個別帰結よりも大きな確率をもつ．したがって，Farrisは (AB)C はより「可能性が高い」と結論したのである．

一見，この論理は尤度的にみえる．系統仮説は，その個別帰結の確率によ

って判定されているからである．けれども，よく考えるとそうではないことがわかる．第1に，尤度にもとづく論証では，仮説が観察に**与える**確率が問題である．一方，(AB)C仮説はホモプラシーの確率を判定してはいない（少なくともFarrisはそれを示していない）．(AB)C仮説とデータが合体した結果，**少なくとも1つの形質はホモプラシーである**と演繹されたのである．しかし，これは(AB)C仮説およびデータがある数のホモプラシーの存在確率を演繹したわけではない．

　第2に，尤度を用いて証拠にもとづく仮説支持の程度を表したいのであれば，対立仮説の尤度は**同一の観察**のもとで比較されなければならないという点が肝要である．**異なる観察**に対して仮説が与える確率を比較しても大して意味はないだろう．しかし，Farrisの議論はこの誤りを犯している．すなわち，(AB)C仮説は第11形質がホモプラシーであると言い，A(BC)仮説は形質1−10がホモプラシーであると主張する．

　第3に，通常の尤度評価の方法は，独立に検証できる**観察**言明に対して仮説が与える確率の大きさの比較である．しかし，ある形質がホモプラシーであるという言明は，観察言明ではない[15]．確かに，Farrisが置いた各形質が等確率でホモプラシーとなるという仮定は，検討対象の系統仮説とは独立であるといえる．けれども，尤度的な論証のためにはそれでは不十分である．観察言明の確率だけではなく，どの観察言明が真であるのかをも知る必要があるからである．

　最後に，尤度の計算はすべてのデータにもとづく必要がある．ある仮説がデータ集合全体に与える確率をみなければならないということである．しかし，Farrisの論証は，仮説とデータとの結合から演繹される帰結の1つを論じているにすぎない．上で指摘したように，この帰結はデータの一部ではないと言った方が適切だろう．

　この議論の1つの欠点は上で指摘した．それは，**方法**の仮定が選択された**仮説**自身からは必ずしも見えてこないという点である．平均体長の推定という単純な例を思い出してほしい．もう1つの欠点は，Farrisの論点が対立仮説とデータの連言から**演繹される帰結**だけに絞られてしまったという点である．あるデータのもとで最節約仮説はホモプラシーの少なさを演繹的に導かないから，最節約法もそういう仮定を置いていないとFarrisは主張する．し

註15　観察言明は背景情報なしに立証できるというナイーブな説はここでは必要ない．観察と仮説の区別は4.6節で論じる．

かし，ある方法の仮定が，その演繹的帰結をみればすべてわかるのかという点を問題にする必要がある．いま，ホモプラシーの確率が次の確率分布にしたがっていると仮定する，ある方法を考えよう：

ホモプラシー数	0	1	2	3	....	n
確率	1/2	1/4	1/8	1/16	....	$(1/2)^{n+1}$

この確率分布のもとでは，ホモプラシーが低頻度であると**演繹**することはできない．結局，この方法のもとでは，多くのホモプラシーが与えられた系統樹の上で生じる可能性が絶対ないとは言いきれないからである．しかし，ここにも前提はある．ある方法がホモプラシーの回数に関して絶対的な上限を導かないとしても，ホモプラシー数の期待値に関する仮定はやはり置かれている[16]．反証や説明と同じく，前提もまた演繹という観点だけではなく，確率の観点から理解しなければならない．

Farrisの例では，(AB)C仮説とデータは少なくとも1つのホモプラシーの存在を演繹的に示すが，A(BC)仮説とデータは少なくとも10個のホモプラシーの存在を演繹する．ホモプラシーの回数の下限についてのこの演繹を，私は2つの系統仮説の「個別帰結」と呼んだ．第1の仮説の個別帰結は第2の仮説からの帰結よりも決して確率が小さくならない．なぜなら，少なくとも10個のホモプラシーがあるというのであれば，少なくとも1つのホモプラシーは必ずなければならないからである(その逆は成立しない)．さて，系統仮説から演繹される個別帰結の相対的確率に関するこの事実から，系統仮説そのものの相対的確率について何か結論することができるだろうか．

その答えは，ノーである．さらに別の仮定を置かないかぎり，この2つの系統仮説の確率については何も言えない．ここから得られる教訓は確率概念だけにとどまらない．Popper [1959，第6-7章] は，反証可能性との関連で同様の問題に直面した．次の論証形式(Popperはその誤りをわかっていたが)によって，この問題のありかを説明しよう：

註16　この論点は，2.4節の「無上限問題」(no upper bound problem) の議論と関わってくる．観察と矛盾しない最も単純な仮説を選ぶという行為は，選ばれた仮説の複雑さの上限を設けない．しかし，最も単純な仮説を選ぶのは，仮説の事前確率の大きさがその複雑性に比例すると規定(Jeffreys [1957] はそうしたのだが) したからであると仮定しよう．このとき，たとえ上の方法がいかなる仮説をも原理的に除外しなかったとしても，対立仮説の確率に関する現象面での仮定を置いていることになる．

H_1 ならば S_1 である
H_2 ならば S_2 である
S_1 は S_2 よりも反証可能である
―――――――――――――――――
H_1 は H_2 よりも反証可能である

S_i は考察対象の仮説から得られる「個別帰結」である．ここでは，仮説 H_1 と H_2 の個別帰結の反証可能性を調べることにより，2つの仮説そのものの反証可能性を評価しようとしている．しかし，一般にそれは妥当な方針ではない．

その根拠を Popper の例を引用して示そう．S_i は地球の公転軌道を表す一般式についての次の推測を表す：

地球の公転軌道は円形である． (S_1)

地球の公転軌道は楕円形である． (S_2)

任意の3データ点は S_1 と矛盾しないこと，そして S_1 を反証するためには少なくとも4つのデータ点が必要であることを Popper は指摘した．一方，S_2 はいかなる4データ点とも矛盾しない．それを反証するためには最低5データ点は必要である．したがって，S_1 は S_2 よりも反証可能性が高い．Popper の方法論的枠組のなかでは，これはどちらの仮説も観察と矛盾しなければ，S_1 がよりよく裏づけられているすぐれた仮説であることを意味する．S_1 はより反証可能性が高い．したがって，Popper によれば，それはより単純である．

ここで，地球の公転軌道を表す正確な式を示す個々の仮説を考える．H_1 は特定の円軌道を，そして H_2 は特定の楕円軌道を記述する仮説とする．H_1 ならば S_1 であり，H_2 ならば S_2 であることに注意されたい．H_1 と H_2 が指定する軌道曲線の上に乗っていない点が1つでもあれば，これらの仮説は等しく反証されるという点が問題である．たとえ演繹された個別帰結の反証可能性が等しくなかったとしても，それらの仮説の反証可能性は等しい．これは上の論証法が誤りであることの証明となる．

個別帰結を論拠として，それを演繹した仮説の地位を評価するのは問題であるという指摘はさらに一般化できる．それは確率に関する結論を導くときだけに限定されない．反証可能性についても状況は同じだからである．Farris の例では，(AB)C 仮説とデータは最低1個のホモプラシーの存在を演繹するが，A(BC) 仮説とデータは少なくとも10個のホモプラシーがなければなら

ないと主張する．これらの個別帰結は，反証可能性や確率などの属性を基準にして比較すればよい．個別帰結間の関係は，さらに別の仮定を置かないかぎり，それらを演繹した仮説間の関係を探る上で確たる手がかりにならない．

以上をまとめると，Farris の興味深い論証は大きく分けて次の2つの点で欠陥がある．1つは，ある方法の前提と，その方法が選択した仮説からの演繹との間には決定的なちがいがあるということである．後者は前者を完璧に反映していないかもしれない．もう1つは，たとえある方法が選んだ仮説の帰結によってその方法の仮定を確かめられるとしても，個別帰結にもとづいて仮説を判定するという方針には問題がある．最節約仮説が主張するホモプラシー回数の下限は，非最節約的な対立仮説が要求する下限よりも制約が緩い．この点では，最節約仮説は最小性を仮定せずに仮定を最小化している．この事実にもとづいて系統仮説の全体的評価をどのように行なうのかについては，次節で論じる．

4.5 安定性

分岐学的最節約法のもとで，異なる形質集合が同じ系統仮説を導く場合が多いことがわかれば，この方法の正しさは証明できるだろうか．Nelson and Platnick [1981, p.219] は，最節約法のもとで2つのデータ集合が同じ分岐図を導いたならば，次の2つの理由しかないと主張する：「……その一致は，(1)研究者が用いた方法がサンプルデータに押しつけた虚構であるか，または(2)方法や研究者とは独立な ある実在する要因の反映であるかのどちらかである」．この単純な二者択一は，最節約法の安定性——すなわち，異なるデータ集合から同一の系統仮説を導く能力——それ自体は，この方法の正しさの証しではないことを示していると思われる．

2つのデータ集合がともに (AB)C という系統的グルーピングを選ぶのは，どのようなときだろうか．分岐学的最節約法を用いたならば，それは各データ集合のホモプラシー回数が (AB)C 仮説では最小になったときにほかならない．最初のデータ集合が最も強く支持する仮説を分岐学的最節約法が正しく選んだとき，独立な第2の形質データ集合が発見されたならば，その仮説はより強く確証されたといえるだろう．ある仮説を支持する証拠は，1つだけよりも2つあった方が望ましいからである（もちろんそれらの証拠が独立であればのことだが）．

ある**系統仮説**を支持する独立なデータが増えるほど，その仮説がより強く支持されることは議論の余地がない．しかし，それは，新たな形質がつけ加

わっても結論が変わらないという「安定性」を**系統推定法**がもてばいいということではない．

仮に，分岐学的最節約法が，形質分布の証拠としての重要性を評価する最良の方法であるとしよう．最初のデータ集合が 50 形質から成り，最節約法から導かれた最良の系統仮説は (AB)C であるとする．新しいデータ集合がやはり 50 形質で，それに対する最節約系統仮説は A(BC) だったとする．このとき，データ集合間に矛盾が生じたことになる．最節約法が証拠としての意味を解明する正しい方法であるならば，上の結果は最節約法の方法としての信頼を損ねるものではけっしてない．2 つの独立なデータがあるとき，それらのデータの**全体**からどんな結論が得られるのかが重要である．自然な「全証拠の原理」(principle of total evidence) のもとでは，合計 100 個の形質データに対する最節約系統樹を発見する必要がある．

他の系統推定法——たとえば，全体的類似性にもとづく方法——についてもまったく同じことがいえる．表形学的分析の結果，最初の 50 形質が (AB)C という系統仮説を，第 2 の 50 形質は別の A(BC) 仮説をそれぞれ最も強く支持したとする．この結論の矛盾を解決する妥当な方法は，**すべての**データを総合することである．全体的類似度法が正しい方法であるならば，これらの 100 形質すべてにもとづく全体的類似度を計算すべきだろう．

あらかじめ推定法が与えられているならば，独立なデータ集合の間での一致は，最良として選ばれたその**仮説**に対する全体的な支持を強めることになる．逆に，ある推定法のもとで，データ集合の間に一致がみられなければ，手元の形質すべてを考慮したときの複数の対立仮説の信頼性を評価せざるを得ない[17]．重要なことは，こういう議論は，推定法が前もって選ばれていると仮定する点にある．安定性とは**仮説**の地位には関係しても，それらを選択するのに用いる**方法**とは無関係である．

分類の安定性を美徳とする見解は，分類学では長い伝統をもっている[18]．分類学がデューイ式十進図書分類のような生物分類体系を目指すだけのものな

註 17 データ集合の間にみられる**合意点**（つまり「合意樹」consensus tree）を求めるという手もあるだろう．分類群が 4 つ以上あるとき，データ集合間で一致する系統関係と一致しない系統関係がみられることがある．たとえば，第 1 のデータ集合が ((AB)C)D を，第 2 のデータ集合が ((AB)D) C をそれぞれ選んだとする．このとき，両データ集合は，(AB) が他の 2 種を排除する単系統群をつくるという点で合意している．

註 18 関連文献と議論については，Mickevich [1978], Nelson [1979], Wiley [1981, pp.268-271], Sokal [1985, pp.738 ff] を参照されたい．

らば，安定性は妥当な性質だろう．図書館員は，本の分類方法を絶えず改善し続けることができる．しかし，図書館の利用者にとっては，安定こそ分類の美徳である．利用者は旧方式の分類に慣れているので，情報検索理論の最新流行に振りまわされた分類方式の変更は決して望まないだろう．

系統推定において安定性が望ましいかどうかは，分類の議論とはまったく別の結論を導く．以前に受け入れられていた系統関係を否定するに足る新しい形質がつけ加わったならば，系統仮説は安定であるべきではない．系統推定の理論では，安定不変を美徳と考えてはいけない．それは自然界の客観的性質の復元を目指す他のすべての科学にもまったく同様にあてはまる．

4.6 観察と仮説の区別

科学史のなかでは，観察と仮説との区別の重要性がたびたび議論の的になった．いわゆる観察なるものが過度に理論負荷的(theory-laden)と考えられたこともあった．この問題を解決する上で本質的な認識は，データを理論中立的(theory-neutral)とみなす理論的仮定を捨て去ることである．そうすれば，観察と仮説とを結びつける仮定がもっとはっきりしてくる．

Einsteinによる同時性の概念——彼の特殊相対性理論にとって不可欠な方法論的前提である——の明確化は，この思考プロセスのもっとも有名な実例だろう．2つの遠隔現象が同時に生じたことを「直接的に観察する」のは不可能である．実際の観察方法は，一方の事象からの信号(おそらく光線)が，もう一方の現象からの信号と同時に届いたか否かを調べることである．これらのデータから，遠隔現象が同時に生じたかどうかを推論できる．この推論を行なうためには，観察だけではなく，付加的な原理も必要である．2つの信号の受容という**観察**と遠隔現象は同時であるという**仮説**とをはっきり分けることで，Einsteinは現象間を結びつける理論的原理についての考察ができた．

同様に，分類形質がホモロジーかそれともホモプラシーかを直接観察することはできない．観察できるのは，種がある形質を共有したりしなかったりするということだけである．形質の方向性についての仮定をつけ加えれば，手元のデータは2種類の類似性——原始的類似性と派生的類似性——を含んでいるといえる．これにもとづいて，系統関係を推定しようと試みる．ここでの問題点は，系統仮説を評価するためにはこれらの観察にどのような原理を付加しなければならないかということである．ただ観察しただけでは，系統仮説を特定することはできない．

しかし，もしもデータが共有派生形質——4.1節で与えた強い解釈にしたが

えば——と共有原始形質から成ると解釈したとたん,観察された類似性,形質方向性の推測,系統仮説という明確な区別は曖昧になってしまう.共有派生形質がただの**共有された**派生形質ではなく**相同な**派生形質を意味するとしたら,共有派生形質に照らして仮説を評価することはもはや不可能になってしまう.ある形質を強い意味での共有派生形質とみなすことは,系統関係の問題が**すでに**決着がついているということである.それはとりもなおさず**証拠**とそれにもとづいて行なうはずの**推論**とをごちゃまぜにすることである.また,観察と仮説とを結ぶ**非演繹的な**原理の占める位置をも危うくする.

011 分布（"0"は原始的状態,"1"は派生的状態）をする形質が1ステップで進化してきたという主張と系統仮説（AB)C との間には,ある演繹的関係がある.それは両者が論理的に両立し得ないということである.一方,100 分布をする形質が1ステップで進化してきたという主張と系統仮説（AB)C との間には演繹的関係が何ひとつない.それらは論理的に矛盾しない（その形質はどんな系統仮説とも矛盾しない）.上の理由から,Popper の反証主義にもとづく仮説演繹主義 (hypothetico-deductivism) は分岐学的最節約法を支える基盤として妥当のように見える.しかし,形質が1ステップで進化するというのは,データからの主張ではない.この点がわかれば,仮説演繹主義が形質分布の証拠を解読するための解析的道具としては性能が低いこと（たとえ,形質方向性の決定方法を知っていたと仮定しても）も同時にわかるだろう.系統仮説は,特定の形質分布を演繹的に導いたり除外することはできない.

「観察」と「理論」とのちがいにこだわるのは,いまではもう時代遅れである.理論中立的な観察言語が存在し得ないこと,すなわち,すべての観察には必ずたくさんの理論的仮定が付随することをわれわれは学んできたはずである.誰も相手にしなくなった素朴な実証主義 (positivism) しか,「純粋な観察」によって——解釈や付帯的な背景知識をまったく必要とせずに——決定的に実証され得る言明が存在するなどと主張しないだろう.「感覚所与の神話」は長い時間をかけてその実体が明らかにされてきた——結局それは神話だったのである[19].

私は,観察と仮説との間の今や見向きもされない区別に戻れと言っているわけではない.上で述べたことは,曖昧かもしれないが,当然のこととして

註 19 この呪文の威力は絶大で,過去 40 年間に及ぶ著名な哲学者の関連文献を挙げないわけにはいかない.たとえば,Goodman [1952], Hanson [1958], Kuhn [1970], Maxwell [1962], Popper [1959], Quine [1952, 1960], Sellars [1963], Smart [1963] がある.

私は喜んで受け入れる．また，形質の種間類似性の判定が**絶対的に**理論を排除していると言っているわけでもない．2つの種が同じ形質状態をもっていることを「見たままに話す」（背景知識にまったく依存せずに）能力があると言っているのでもない．そういう類似性の判定は，推論と憶測をたくさん含んでいるだろう．生物学者は，特性の判定をどうやれば行なえるかについて知る必要がある．

　私のここでの主張は，推定された系統樹とそれがもとづいているデータとは分けなければならないという点である．系統，データはともに，ある背景仮定があってはじめて正当化できるという広い意味で「理論的」といえるものだろう．私が反論しているのは，データを相同概念により記述するときに導入される理論的視点に対してである．われわれのデータの記載は何かの理論に依存しているかもしれない．しかし，データによって評価しようとしているまさにその仮説には依存しない方がいいだろう．

　哲学の流行は，すでに述べたように，極端から極端へ移ってきた．Carnapのような実証主義者は，完全に「理論中立的」な観察言語を見出そうとした．その言語で書かれた言明は，決定的に実証可能である．科学の諸理論は，この観察の基礎と結びつければ，正当化できるだろう．この哲学がいったん拒否されるや否や，振子はもう一方の極端に振れた．

　ほかの多くの点と同様，体系学における議論も哲学の発展と並行する傾向がある．表形学者は，形質の選抜や重みづけあるいは分類体系構築に用いた方法に対し理論的仮定が影響を与えてはならないという強い見解をもともと主張していた．その後しだいに，この絶対的理論中立性は実現不能であるばかりか，望ましくないとまでいわれた(Hull [1970])．形質に等しい重みを与えるというのは，異なる重みを与えるのと同じく一種の重みづけである．何を形質とみなすかについての判断がなければ，類似度なるものは存在し得ない[20]．方法は絶対的な中立性をもち得ない．表形学者自身さまざまな全体的類似性の尺度を考案した．そして，どの尺度をとっても，形質の重みづけを変えればお望みの全体的類似度関係を導くことができる．何をやろうとしているのかについてはっきりした観念をもたなければ，ある類似性尺度がまちがっているとか不適切であるとか，ある形質の重みづけがまちがっていると

註20　残念なことに，類似性に関するGoodman [1970]の含蓄のある論考は体系学界には浸透しなかった．彼は，何を形質として数えるのかを定める選択原理と，共有形質が全体の類似度にどれほど貢献するかを定める重みづけ原理を与えない限り，任意の対象間の類似度はすべて同じになることをきわめて単純かつ見事に示した．しかし，生物学者は，独力でこの結論に無事到達できた．

か不適切であるとかいうことはできない．

　最盛期の実証主義は，観察を絶対的に理論中立的と考えた．実証主義への反論が振子をもう一方の極端――すなわち，観察と理論との区別はまったく無意味であるという見解――へと揺り動かしたのもきわめて当然のことだった．最盛期の表形主義は，形質が絶対的に理論中立的であるという考えを好んだ．表形主義に対する分岐学の反動が，形質それ自身を仮説とみなすという定式化に到達したのももっともなことだった[21]．形質分布と系統仮説とが演繹的関係をもたない（形質方向性が既知であると仮定しても）という事実をその反動がうやむやにしなかったら，実害はなかったのだが．

　哲学においても，体系学においても，観察が「理論負荷的」なのかどうかという疑問に対して，常に二者択一的な解答が求められてきた．つまり，その疑問は次の2つの極端な見解のいずれを選ぶのかという問いが投げかけられている．その一方は，観察は絶対的に理論を含まないという見解であり，もう一方は，観察と仮説との間には何ひとつ重要な違いがないという見解である．この単純すぎる二者択一的設問を捨て，かわりに理論中立性と理論負荷性は程度の問題であるという見解をとる必要がある．形質分布の記載が理論的仮定を置いているかどうかを問うのではなく，どんな仮定を置いているのかを問題とすべきである．

　共有派生形質は理論的カテゴリーであると考えられるが，それが個々のケースに適用されるときには系統関係があらかじめわかっているはずがないだろう．同様に，形質方向性も理論的カテゴリーである．そして，形質が特定の向きに方向づけられると考える生物学者は，自分の見解を証拠によって弁護せざるを得ない[22]．しかし，これらのカテゴリーが理論負荷的であったとしても，系統推定問題のすべてが互いに相手を前提とするという混沌に変貌してしまうことにはならない．対象生物群の系統を知らなくても形質が方向づけられるならば，そしてその状況で類似と差異がわかるならば，系統推定は行なえる．観察と仮説とをこのように分離できなければ，系統推定は先に進めることができない．

註 21　系統推定の問題をこのように設定することは，分岐学者以外の体系学者にとっても魅力的だった．たとえば，Meacham and Estabrook [1985, p.43] は，彼らの形質整合性分析法の解説の冒頭で，彼らの方法は「進化的関係の復元の妥当性を高めるために……，形質はそれ自体がすでに進化的関係の仮説であるとみなしている」と書いている．

註 22　形質方向性を推定する方法は，第6章で議論する．

共有派生形質とホモロジーとを私が概念的に分離しようとしたことは，ホモロジーの仮説が受けいれられないという意味ではない．(AB)C という系統樹は110形質をさまざまな内的過程によって生成する．その過程においてただ1回の変化のみを含むという仮説が複数回の変化を許す仮説よりも確率がはるかに大きいといえる根拠を生物学者がもっていれば，その仮説は命題として生物学的証拠により支持され，形質の証拠としての意味を評価するときに考察の対象となるだろう．けれども，この仮説が明示できなければ，共有派生形質がホモロジーであると仮定してはいけないだろう．上で提案した私の用語法は，派生的形質状態の共有とその派生的共有が系統樹の末端で生じたプロセス仮定との分離を目指している．この分離により，派生的共有を類縁関係の証拠と解釈することがそのプロセス仮定に必要かどうかを問うことができるのである．

　次章では，分岐学的最節約法を確率論的な視点から議論することにしよう．系統仮説は，形質分布に対して演繹的な関係をもっていない．しかし，こうした系統仮説があればこそ観察された類似性に対して確率を与えることがおそらく可能だろう．もしそうなら，最節約法やそれ以外の系統推定法の射程と限界は，推定法の正確さが系統樹のデータに対する確率にどの程度関わっているかを調べればわかってくるだろう．このもくろみもまた，いろいろな問題を抱えていることをこれから見ていこう．

第5章 最節約性・尤度・一致性

　本章では，統計的推論の観点からみた分岐学的最節約法をめぐる Farris [1973, 1983] と Felsenstein [1973 b, 1978, 1981, 1982, 1983 a, b, 1984] の論争について詳しく述べよう．5.1 節では，**攪乱変数**(nuisance parameter) の概念について説明する（第3章で Reichenbach の共通原因の原理を論じたとき，この概念に言及した）．そして，系統推定のどのような場面で攪乱変数が問題となるのかを述べる．5.2 節は，生物系統学での Farris(1973) 対 Felsenstein(1973 b) の戦いがどのような経緯で始まったのかを考える．その第1ラウンドの論点は，最節約性と尤度の関係だった．論争の場はその後他の論点に移っていった．Felsenstein [1978] が，統計学的一致性 (statistical consistency) というまったく別の観点から最節約性を検討しはじめたからである．Felsenstein の議論，それに対する Farris [1983] の反論，そして統計学的一致性が必要かどうかについての私自身の見解は，5.3 節から 5.4 節，5.5 節にかけて述べる．5.6 節では，Felsenstein の最近の研究(Felsenstein[1979, 1981, 1982, 1983 a, b, 1984]) に焦点を当てながら，最節約性と尤度とはどのような関係にあるのかという問題にもどる．

　上の段落で，私はわざと「戦い」という言葉を使った．過去20年あまりにわたって，体系学の世界は感情過多だった．表形学者は進化分類学者に戦いを挑み，次いでリングに登場した分岐学者は表形学者にかかっていった．科学者が肉体をもたない精神だったならば，激しく論争しても好悪の感情は抱かなかったかもしれない．しかし，科学者とて良くも悪くも生身の人間だからそれはできなかった．Hull [1988] は，体系学界での論争がたどった錯綜した経緯について詳しく解析している．彼が特に強調したのは，概念の発展が人間関係の推移とどのように関わったのかという点だった．これはまさし

註 1　Hull の分析には，知識社会学という言葉が通常意味している概念的な相対主義は見られない．

〈知識社会学 (sociology of knowledge) である[1]. しかし,以下での論点は概念についてであって,それを唱導した人間についてではない.本書の目的は系統推定の論理であり,主義信条への忠誠ではない.私のとったアプローチを Hull のそれと競わせるつもりはない.両者は異なる方向からのアプローチであり,互いに補いあっているからである.

今からたどろうとする論争には,感情的な対立がついてまわった.しかし,概念そのものを考察する際,それに伴う感情的側面を第三者的に除外することは(少なくともある程度は)可能だろう.歴史としてみたとき,こういうやり方はきっと偏りがあり,完全とはいえないだろう.けれども,系統推定問題へのさまざまなアプローチの正しさを明らかにしようとするとき,この第三者的な処置にはそれなりの意味があるだろう.

5.1 攪乱変数による攪乱

単系統群をいくつか含むある系統仮説 (H) が妥当な補助仮定 (A) のもとで形質分布 (C) を演繹するのであれば,分岐学的最節約法がどれほど信頼できるかはもっと容易にわかるだろう.なぜなら,H かつ A ならば C であるとき,C が偽で A が真ならば,H は偽でなければならないからである.C と A が真であることを別の証拠で示すことができれば,真の仮説を除く他のすべての系統仮説を反駁することが,原理的には可能だろう.

前章で,系統推定の論理がこの単純なモデルに合致しないことを私は示した.妥当な補助仮定を与えたとき,単系統群を含む系統仮説から形質分布を演繹することは不可能である.仮説演繹主義的アプローチの根本的限界はここにある.

尤度 (likelihood) にもとづくもう少し緩い見解については,第 3 章で論じたし,第 4 章でも言及した.どんな形質分布が**確実**に生じるかを系統仮説から演繹できなくても,形質分布が**いかなる確率**で生じるかだったら演繹できるかもしれない.つまり,尤度は(強)反証概念を確率の観点から読みかえたものである.観察された形質分布に対して,2 つの仮説がそれぞれある確率を与えるならば,より大きな確率を与える仮説はその証拠によってより強く支持されているといえる.この考え方にしたがえば,たとえ強反証は不可能でも,なぜある系統仮説が形質分布によって支持されたりされなかったりするのかを示すことができるだろう.

けれども,このアプローチが単純すぎる理由も,やはり単純に示せる.本書でいう系統仮説は,いかなる形質分布の確率も与えないからである.系統

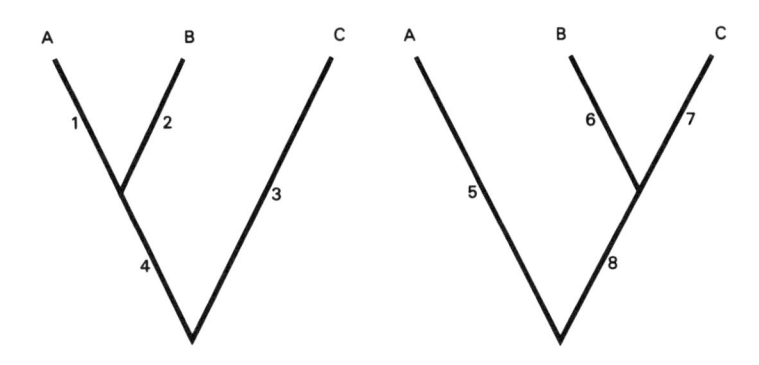

図 15 (AB)C系統樹とA(BC)系統樹から観察された形質分布が生じる確率を計算するためには，枝1-8における形質状態の遷移確率を与えなければならない．これらの枝ごとの遷移確率が攪乱変数である．

仮説とは**分岐図**（cladogram）または**系統樹**（phylogenetic tree）のことである（1.3節）．分岐図も系統樹も独力ではいかなる形質分布の生じる確率も導けないという点をここで指摘しておきたい．系統仮説は形質がどのように分布するかを演繹できないだけではなく，形質分布の生じる確率さえ与えられないのである．この単純な事実から，系統推定の確率論的なアプローチがやっかいな問題に直面していることがわかる．

このように系統仮説は確率を与えることができないが，論理的にもっと強力な仮説――系統樹を1つの構成要素として含む仮説――ではそれはあてはまらない．実際，**系統樹の枝ごとに形質状態遷移確率（枝遷移確率：branch transition probabilities)**を与えたならば，すべての可能な形質分布についてそれが生じる確率を計算できる．たとえば派生的状態（1）と原始的状態（0）の2つの形質状態のみをとる形質を考える．図15に示した2つの系統樹の各枝については，次の2つの枝遷移確率を与える必要がある．確率"e_i"（進化"evolution"を表す）を第i枝で状態0から1への遷移が生じる確率とし，確率"r_i"（逆行"reversal"を表す）を状態1から0への遷移が生じる確率とする．この2つの数値は，各枝で生じ得るそれ以外の2つの事象――枝の両

訳註1 枝の両端が0という事象0→0は事象0→1(確率"e_i")の余事象だから，その確率は1−e_iである．同様に，事象1→0(確率"r_i")の余事象1→1の確率は1−r_iとなる．

註2 確率"e_i"と"r_i"はそれぞれ進化的変化を表すが，その余事象（complements）は変化がないということでは必ずしもない．ある枝で2つの形質状態の間の交互遷移が偶数回生じたときにも，その枝の終点は始点と同じ形質状態をとるからである．

端で同じ形質状態が保持されるという事象——の確率(訳註1)をも決定する(2)。

枝1-8の遷移確率の値が決まれば，2つの系統樹(AB)CおよびA(BC)の尤度が計算できるだろう(3)．AとBには共有されるがCには存在しないある派生的形質状態（110分布をする形質）が生じる確率は，2つの系統樹の尤度をみればわかる．系統樹(AB)Cには枝1-4の遷移確率値が，一方，A(BC)には枝5-8の遷移確率値がそれぞれ与えられていて，系統樹と遷移確率の連言命題となっている．

この2つの連言命題のどちらの尤度がより大きいのだろうか？　それは，遷移確率の値に依存している．すべての枝の全変化が確率1/2で生じると仮定しよう．このとき，(AB)Cのもとで110分布が生じる確率は1/8である．同じ遷移確率値を仮定すれば，A(BC)仮説でも確率は1/8になる．したがって，$e_i=r_i=1/2$（任意のiに対して）ならば，(AB)CとA(BC)はどちらもその形質分布を同じ確率で与える．つまり，それらは尤度が等しい．

$e_i=r_i=0.1$（任意のiに対して）ならば状況は異なる．この仮定を置くと，110形質に対して(AB)CはA(BC)よりも9倍大きな確率を与える（0.081＞0.009）．

最後の例として，枝1, 2, 4ではe_iとr_iの値がほとんど0だが，枝5と6ではそれらの値が1に近いという場合を考えてみよう．実際の数値を与えた計算は読者に委ねるが(訳註2)，110形質が生じる確率は(AB)Cの方がA(BC)よりもずっと小さいことがわかるだろう(4)．

分岐学的最節約法は，派生的形質状態の共有がつねに祖先共有の証拠であると主張している．それは，110形質がA(BC)よりも(AB)C仮説の方をより強く支持すると無条件に主張することである．この主張を，尤度は支持するだろうか？　上で論じたように，系統仮説はそれ自体では確率を与えることができず，遷移確率として与えた値によってどちらの仮説の尤度が大きく

註3　議論を単純にするため，この3種全体の直接共通祖先ではすべての形質が原始的であると仮定している．もう1つの考え方は，図5(p.50)の系統樹に示した種ゼロが全形質にわたって原始的形質状態をもつという仮定である．この定式化だと計算は少し複雑になるが，結論自体には実質的な影響はない．

訳註2　たとえば，枝1, 2, 4では$e_i=r_i=0.01$，一方，枝5, 6では$e_i=r_i=0.99$と仮定し，残りの枝での遷移確率をすべて0.5とする．このとき110形質の生じる確率は，系統樹(AB)Cでは0.0000005，A(BC)では0.245025となる．

註4　なぜなら，系統樹に対する制約が(AB)CとA(BC)とでは異なっているため，(AB)CではA(BC)に比べて110形質の進化がはるかに「生じにくい」からである．

なるかが左右される.

　上の3つの例で，枝遷移確率の値が妥当であるとは私はいっていない．まず始めに，すべての形質が同じ遷移確率をもつと仮定した．しかし，そのままでは受け入れ難い仮定は，ほかにもある．最初の2つの例では，e_1 と e_3（および e_5 と e_6）が同じ値であると仮定した．しかし，これらの枝は時間的な長さが異なっているはずである．この仮定は直観的にみて妥当ではないし，第6章で考察する形質進化モデルとも矛盾している．第3の例では，枝遷移確率が系統仮説に対して不自然な依存性を示している．私がここで言いたかったことは，遷移確率の値が変われば，系統樹(AB)CとA(BC)の尤度の値にも影響があるということだけである．遷移確率に関する前提が妥当かどうかはまた別の問題である．結論として，最節約法は与えられた遷移確率値のもとでのみ尤度を与えることができる．そして，遷移確率の値によっては最節約法からの結論がつねに支持されるとはかぎらない．

　図15の議論で，図11(p.122)におけるReichenbachの共通原因の原理を思い出していただきたい．まったく同じ問題がそこでも生じた．系統樹(AB)Cがそれ自身では110形質が生じる確率を与えられないのと同じく，2つの事象がある共通原因をもつという仮説も2つの事象が生じる確率を与えられない．同様に，系統樹A(BC)が110形質の確率を与えないのと同じく，2つの事象がある個別原因をもつという仮説も2つの事象が生じる確率を与えない．Reichenbachの原理には，2つの規定があった．そのどちらか1つがありさえすれば，共通原因仮説の方が個別原因仮説よりも大きな尤度をもつ十分条件となる．その推論では，この2つの規定は問題ないかもしれない．しかし，それらはいずれも必然的ではなく，蓋然的な規定である．双方の状況で共通する点は，遷移確率の値が異なれば，形質分布110のもとでの(AB)CとA(BC)の尤度の大小関係が変わるということである．

　これまで，系統仮説の評価は，もし関係のある枝遷移確率の値がわかっていれば，尤度の比較により可能であると述べた．この主張は，十分条件ではあっても，必要条件ではない．事前に遷移確率を知っていることは，系統仮説を尤度によって比較するための**十分条件**ではある．しかし，これはその知識が仮説を比較するための**必要条件**であるという意味ではない．実際，それは必要条件ではない．なぜなら，遷移確率の値の異なる配置が，それぞれの系統樹にどのような確率で依存しているのかを知っていれば，この問題は切り抜けられるからである．(AB)Cが真であるならば，枝1-4に対するある遷移確率値の配置が生じる確率は，他の配置に比べて高くなるだろう．あら

ゆる配置の生じる確率を知っていれば，これらの異なる配置を考慮に入れることにより (AB)C の尤度は計算できるだろう．

遷移確率の確率とは何か，という疑問に読者がつまづいてしまわないように，それが3.5節の単純な推論問題とまったく同じ状況であることをみておくのがいいだろう．そこでの問題は，スミスの所属政党――民主党員 (D) かそれとも共和党員 (R) か――を，彼がロナルド・レーガンに投票したという単純な事実 (V) から推論することだった．尤度を用いるとすると，$\Pr(V/R)$ と $\Pr(V/D)$ の大小を比較するというのがわかりやすいだろう．

その例では，レーガンに投票する確率が，所属政党だけでなく，第3の因果要因 (N) によって影響されると仮定した．次の2×2表を用いて，レーガンに投票する確率を4通りの要因の組み合わせごとに示す：

		攪乱変数	
		N	not-N
仮　説	民主党 (D)	x_1	x_2
	共和党 (R)	y_1	y_2

上例について前に議論したときは，$\Pr(V/D)$ と $\Pr(V/R)$ が与えられた情報からはまったく計算できないような状況だった．しかし，以下では本章の議論に合うように状況を変更しておこう．

スミスの所属政党に関する仮説がどの程度支持されるかを相対的に比較しよう．スミスが N であるかないかは，**攪乱変数**である．それを攪乱変数と呼ぶ理由は，それが尤度に影響を与える変数であるにもかかわらず，その値についての情報がない――この例でいえば，スミスが N であるかどうかについてわれわれは知らない――からである．

系統推定に話を移すと，推論したいのは系統関係である．攪乱変数に当たるのは，枝遷移確率の値である．上で述べたように，遷移確率の値は尤度に影響するが，その値は未知である．図15のケースで，スミスの例との類似性を強調するために，2×n 表に尤度を記入しよう．この表に記入されるのは，系統仮説およびその枝遷移確率の値を配置するという条件のもとで，ある観察

註5　表記を簡単にするため，各 N_i は，両方の系統樹に関係するすべての遷移確率の値のある組を指定すると考える．

が生じる確率である[5]：

		攪乱変数		
		N_1	$N_2 \cdots\cdots$	N_n
系統仮説	(AB)C	x_1	$x_2 \cdots\cdots$	x_n
	A(BC)	y_1	$y_2 \cdots\cdots$	y_n

　スミスの例と同様に，この系統推定問題でも，x_i および y_i の値は既知である．問題は，その情報にもとづいて対象仮説の尤度について何が言えるのかという点である．

　スミスが N であるかどうかが既知であれば，所属政党に関する仮説の尤度は表のなかの該当する数値をみればよい．N であれば，x_1 と y_1 とを比較すればよい．もし N でなければ，表中のもう1つの列を見ればよい．同様に，もし正しい遷移確率の組がわかっているのであれば——，すなわち，それぞれの系統仮説のもとで枝遷移確率の値がわかっているのであれば——，やはり表のなかの該当列の尤度値を比べればよい．このやり方は，尤度を得るための**十分条件**ではあるが，**必要条件**ではない．

　民主党員における N あるいは共和党員における N の確率がわかっていさえすれば，必要な尤度値は計算できる．このとき，$\Pr(V/D)$ と $\Pr(V/R)$ はそれぞれ次式のように展開できる[訳註3]：

$$\Pr(V/D) = \Pr(V/D \,\&\, N)\Pr(V/D)$$
$$+ \Pr(V/D \,\&\, \text{not-}N)\Pr(\text{not-}N/D),$$
$$\Pr(V/R) = \Pr(V/R \,\&\, N)\Pr(N/R)$$
$$+ \Pr(V/R \,\&\, \text{not-}N)\Pr(\text{not-}N/R).$$

もし共和党員の半数と民主党員の半数が N であるとすると，上式は次のようになる：

$$\Pr(V/D) = x_1 (1/2) + x_2 (1/2),$$
$$\Pr(V/R) = y_1 (1/2) + y_2 (1/2).$$

訳註3　この式は，条件つき確率の定義により導ける．つまり，
$$\Pr(V/D) = \Pr(V \,\&\, D)/\Pr(D)$$
$$= [\Pr(V \,\&\, D \,\&\, N) + \Pr(V \,\&\, D \,\&\, \text{not-}N)]/\Pr(D)$$
$$= [\Pr(V/D \,\&\, N)\Pr(N \,\&\, D) + \Pr(V/D \,\&\, \text{not-}N)\Pr(\text{not-}N \,\&\, D)]/\Pr(D)$$
$$= \Pr(V/D \,\&\, N)\Pr(V/D) + \Pr(V/D \,\&\, \text{not-}N)\Pr(\text{not-}N/D).$$

この式の意味は，スミスが N であるかどうかは知らなくてもよいということである．2つの対立仮説のもとでの N の確率さえわかれば十分なのである．

まったく同じやり方が，系統推定にもあてはまる．2つの対立仮説のもとでの遷移確率の値ではなく，遷移確率の組の生じる確率がわかれば問題は解決できる．なぜなら，$\Pr[110/(AB)C]$ と $\Pr[110/A(BC)]$ が，それぞれ次のように展開できるからである(訳註4)：

$$\Pr[110/(AB)C] = \Pr[110/(AB)C \& N_1]\ \Pr[N_1/(AB)C]$$
$$+ \Pr[110/(AB)C \& N_2]\ \Pr[N_2/(AB)C]$$
$$+ \cdots\cdots$$
$$+ \Pr[110/(AB)C \& N_n]\ \Pr[N_n/(AB)C],$$
$$\Pr[110/A(BC)] = \Pr[110/A(BC) \& N_1]\ \Pr[N_1/A(BC)]$$
$$+ \Pr[110/A(BC) \& N_2]\ \Pr[N_2/A(BC)]$$
$$+ \cdots\cdots$$
$$+ \Pr[110/A(BC) \& N_n]\ \Pr[N_n/A(BC)].$$

総和記号を用いると，もっと簡単になる：

$$\Pr[110/(AB)C] = \sum_i \Pr[110/(AB)C \& N_i]\ \Pr[N_i/(AB)C],$$
$$\Pr[110/A(BC)] = \sum_i \Pr[110/A(BC) \& N_i]\ \Pr[N_i/A(BC)].$$

この2つの式の意味は，系統仮説のもとである形質分布が生じる確率は，枝遷移確率の取り得るすべての値にわたる平均値であるということである[6]．

ある系統仮説のもとで枝遷移確率値を与える3つの事例を，本節の冒頭で論じた．この3事例は，$(AB)C$ と $A(BC)$ の 110 形質に対する尤度が，それぞれ $(AB)C > A(BC)$，$(AB)C = A(BC)$ および $(AB)C < A(BC)$ となる場合である．ここでは，遷移確率の正確な値が未知であるという状況を考えている．しかし，冒頭の議論はそのままあてはまる．いま，あらかじめ与えられ

訳註 4　訳註3での導出よりは複雑だが，この式もまた条件つき確率の定義から得られる：
$$\Pr[110/(AB)C] = \Pr[110 \& (AB)C]/\Pr[(AB)C]$$
$$= \sum_i \Pr[110 \& (AB)C \& N_i]/\Pr[(AB)C]$$
$$= \sum_i \{\Pr[110/(AB)C \& N_i]\ \Pr[(AB)C \& N_i]\}/\Pr[(AB)C]$$
$$= \sum_i \Pr[110/(AB)C \& N_i]\ \Pr[N_i/(AB)C].$$

註 6　議論を単純化するために，枝遷移確率が連続的に変化することをここでは無視している．実際には，本文で用いた総和記号ではなく，積分記号を用いた方がもっと正確な表現になる．

た値が，既知の確定値ではなく，系統仮説のもとでほぼ1に近い確率で生じる枝遷移確率の組であるとしよう．たとえば，最初の例で，各枝でのすべての進化現象の確率が1/2である確率がほぼ1（たとえば0.999）であるとしよう．他の確率値が生じる確率が0に近いように適当に設定すれば（それらの配置が生じる確率の和はたかだか0.001であるとか），2つの系統仮説の尤度は等しいことがわかるだろう．同様の状況設定は，上述のそれ以外の事例にも適用できるだろう．

　分岐学者が主張する共有派生形質だけが証拠であるという一般論とは矛盾する枝遷移確率値が可能であることを，私は冒頭で示した．枝遷移確率の確率分布を与えるときにも同じことが言える．

　第4章の仮説演繹主義の論議は悲観的な結論に終った．系統仮説から形質分布を演繹することは，妥当な背景仮定を置いたとしてもまったく不可能である．上では，形質分布の確率を系統仮説から導くことが，各系統仮説ごとに遷移確率値の組の確率分布に関する情報があれば，可能であるという結論に達した．では，対立系統仮説の尤度評価を行なえばよいのだろうか？　未解決の問題が2つ残されている．1つは概念上の問題，もう1つは実践上の問題である．

　概念上の問題とは，枝遷移確率の確率の解釈である．これを論じた生物学者と同様，私も確率生成（chance setup）のモデルが想定不能な確率を考えることにはためらいがある．放射性原子はある確率で崩壊するが，ニュートンの重力の法則は私が知るかぎり確率をもたない．対象生物群3種の真の系統樹が図15の系統樹（AB)Cであったとしたら，各形質に対して枝1－4のそれぞれに対する確率（e_iとr_i）が確定値として与えられる，と私は考えるだろう．だからといって，遷移確率の確率を論じることに意味があるということではない．プルトニウム原子はある半減期をもっているが，半減期の値が確率（0,1ではない値）をもつとはどういう意味なのだろうか？　この原子の半減期値が袋のなかから無作為抽出されたというのであれば，問題はない．けれども，私の知るかぎり，そのような確率過程はこの現象の背後にはない．1階確率（first-order probabilities：それら自身は確率論的に定義されない事象の確率）は存在するが，2階確率（second-order probabilities：確率の確

註7　この2階確率のモデルとして，対象分類群が複数の種類の形質——形質の種類によって(1階の)遷移確率が異なる——をある与えられた割合でもつという考えを発展させればいいかもしれない．このとき，2階確率は，これらの形質集合全体から無作為に抽出された形質がある（1階の）遷移確率をもつ確率とみなすことができるだろう．2階確率をうまく定義できるもう1つのモデルについては，第6章で考察することにしよう．

率）は存在しないのだろうか？　ある系統樹での遷移確率は確定値である．しかし，遷移確率の組の確率過程がはっきりしないうちは，可能な確率のそれぞれに確率を与えることの意味について確たることはいえない[7]．

　上の問題をとりあえず不問に付すとしても，実践上の問題がまだ残っている．系統推定問題では，遷移確率の真の値が未知であるだけでなく，遷移確率の組の確率分布に関する情報もないと思う．つまり，2階確率の概念をどのように意味づけるのかという概念上の問題を解決できたとしても，ある系統仮説のもとでの遷移確率の組の確率分布をどうすれば決定できるのかという実践的問題が未解決のままである．

5.2　最良事例にもとづく2つの便法

　3.5節で，私は，攪乱変数問題を解決する「最良事例解」(best-case solution) について論じた．その説明のために，スミスが民主党員 (D) かそれとも共和党員 (R) かを，彼がレーガンに投票したという事実 (V) にもとづいて推論するという例を取り上げた．その例の問題設定では，尤度を直接評価するのに必要な情報がなかった．つまり，$\Pr(V/D)$ や $\Pr(V/R)$ はわからなかった．けれども，$\Pr(V/D \& N)$, $\Pr(V/D \& \text{not-}N)$, $\Pr(V/R \& N)$, $\Pr(V/R \& \text{not-}N)$ の値ならばきちんと計算できる．これらは，前節の表でいえば，x_1, x_2, y_1, y_2 にそれぞれ対応する尤度である．これら4つの数値は既知だが，スミスが N であるかどうかについて，あるいは民主党員と共和党員との間での N の確率については情報がない．

　攪乱変数問題に対する「最良事例解」を得るには，民主党仮説の最良事例と共和党仮説の最良事例とを比較すればよい．もとの例(p.135-6)で与えた数値のもとで，次のようにすればよい．スミスが民主党員ならば，彼がレーガンに投票したという事実は，N である方がそうでない場合よりも高い確率を与えるだろう ($x_1 > x_2$)．したがって，民主党仮説の最良事例は，「民主党員かつ N」である．同様に，スミスが共和党員であるならば，彼がレーガンに投票したという事実は，N ではないときの方が N であるときよりも高い確率が与えられるだろう ($y_2 > y_1$)．したがって，共和党仮説の最良事例は，「共和党員かつ not-N」である．次に，この2つの最良事例の尤度を比較したところ，$x_1 > x_2$ であることがわかったとする．つまり，「民主党員かつ N」の方が，「共和党員かつ not-N」よりも尤度が高いということである．このとき，最良事例解は，スミスが民主党員であるという仮説の方が共和党員であるという仮説よりも尤度が高いと結論する．3.5節で，私はこの推論にはもう1つの仮定

が必要であることを指摘した．それは，**連言命題** (conjunction) の一方が他方よりも大きな尤度をもつことと，前者の**連言要素命題**(conjunct)が後者のそれと対応する連言要素命題よりも大きな尤度をもつこととの間には，何の関連性もないという仮定である．

　攪乱変数に対処するこの最良事例戦略は，考察対象である仮説よりも論理的に強い最尤仮説を発見し，その仮説からある要素を「除去」することにより論理的に弱い仮説を導いていることに注意されたい(訳註5)．「民主党員かつ N」は4つの対立仮説のうちで最も尤度が高いという理由で，所属党の仮説として最も強く支持されるのは「民主党」であるという結論を下している．分岐学的最節約法の尤度的解釈で用いられてきたのもこの戦略である．系統仮説よりも論理的に強い最尤仮説を見出し，その仮説から余分な要素を捨て，その最尤仮説のもとになる系統仮説を最尤とみなすやり方である．

　これまでの議論を通じて，この最良事例戦略が，対立する系統仮説それ自身について，本来の意味での完全な尤度評価をしていないことを読者はよく理解されただろう．しかし，この問題を論じた生物学分野のこれまでの研究の特徴は，最良事例戦略がいく通りにも解釈され，それらがたがいに矛盾する結果を導いてきたことである．以下で，この点について詳しく述べよう．

　4.3節で，分岐学的最節約法を仮説演繹主義の立場から擁護した Farris [1983]の論文について論じた．この論文は，その問題に関する Farris の過去の見解から大きく転向している．以前の Farris [Farris 1973, 1977, 1978] は，確率論的な観点から最節約法を擁護してきたからである．しかし，Farris [1983, p.17/683|341](訳註6) は，次の文章によって，この論法全体——Farris 自身の研究成果だけでなく——を結局否定してしまった：「系統推定へのモデルにもとづくアプローチは最初からまちがっていた．それは，系統を研究しようとするには，進化がどのように進行したかについてまず始めに詳細に知らなければならないという考えに立っているからである．それが科学的知識を得る最適な方法であるとはいえない．進化に関する知見は，別の手段に

訳註5　ここでいう「論理的な強さ／弱さ」とは，連言命題 (conjunction) とそれを構成している連言要素命題(conjunct)との関係を指している．すなわち，連言命題は連言要素命題よりも論理的に強い．

訳註6　Farris [1983] および Hennig [1965] が復刻されている Sober(1984)の本は，1994年に第2版が出た：Elliott Sober, ed. 1994. *Conceptual issues in evolutionary biology*, second edition. The MIT Press, Massachusetts. 縦線（|）の後に記したページ数は，この第2版での該当ページである．

よって得なければならないだろう」．Farris のいう「別の手段」とは，最大説明能力をもつ仮説の探索である．この主張は，4.3節で考察した論証によって，最節約法とむすびつく．

統計学的アプローチをこのように全面的に拒否することは，以前の Farris 自身の発言と比べると別人のようである［Farris 1973, p.250］:

> 進化樹の復元は，理想をいえば，統計学的推論の1問題とみなすべきであることは一般に同意されている．しかし，進化的分類学のほとんどのアプローチはこの前提について真剣に考えてはいない．統計学的推論法が可能であるのは，その方法が特定のモデルから導かれ，そのモデルのもとで1つまたは複数個の最適性基準をもつことが証明されたときに限られる．進化プロセスの確率モデルが進化的推論問題のなかで議論されたことはこれまでほとんどなかったし，その結果，進化的推論法の統計学的最適性基準について明確に考察されたこともなかった．本論文の目的は，進化プロセスの単純な確率モデルを構築し，そのモデルのもとでのいくつかの推論法の長所を論じることである．

この文章は，本書の第2, 3章の，そして系統推定論の中心問題を要約する文章にしたいくらいである．背景理論の文脈のなかでのみ，観察は証拠としての意味をもつ．このとき問題となるのは，最節約法のもとでの形質分布の証拠としての意味を評価できる妥当な背景理論を構築することである．

系統推定問題に統計学からアプローチするためには，ある「最適性基準」に対して，指定された進化モデルのもとで複数の系統推定法がどのような結果を導くかを評価しなければならないと，すぐ上の引用文で Farris は主張する．Farris はベイズ最適性基準の採用を目論んでいる．同じデータに照らして，複数の進化仮説を比較することを考えよう．Farris が言うには，進化仮説によって事前確率（prior probabilities）は異なっている．このとき，事後確率（posterior probabilities）によって対立仮説を順位づけをすることは，尤度にもとづく順位づけと同じである[8]．したがって，ベイズ主義の立場からは，尤度を計算しさえすればよい[9]．

註8　133ページに示したベイズの逆公式をみれば，その理由が理解できるだろう．

註9　Farris が置いた事前確率が等しいというベイズ仮定に疑念を抱く尤度主義者ならば，Farris の以後の議論には事前確率が本質的な役割を果たしていないと言うだろう．

Farris [1973, p.251] は，採用する進化モデルの一般的特徴を次に論じた．最初に，Cavalli-Sforza and Edwards [1967] の系統推定論の論文に言及する．彼らは，尤度の観点に立って，ランダムな遺伝的浮動が進化的変化の唯一の原因であるようなモデルを考えた．彼らのモデルでは，単位時間当りの変化確率は，すべての分岐プロセスにわたって同一である．進化速度の均一性を仮定することにより，彼らは生物学者が「時計（速度均一性）の仮定」(clock assumption) と呼んでいる仮定を置いたことになる．

　彼らの定式化が数学的に面倒であることはもちろんだが，Farris はそういうモデルの採用に対して根本的に反論する．われわれが**検証**したいのは，時計の仮定である．そのためには，この仮定に依存せずに系統を推定し，得られた系統樹の枝ごとの変化速度が一定あるいは均一であるといえるかどうかを調べなければならない．この文脈で，速度一定性を仮定して系統を構築するのは，解くべき問題を不問に付していることになる．プロセス仮説をそれとは独立に決定されるパターン復元に照らして検証したいのであれば，パターン復元におけるプロセス仮定は最小限に留めておかねばならない．

　Farris が次に提示するモデルは，Cavalli-Sforza and Edwards [1967] が開発したモデルよりも弱くて単純な仮定であると彼は言う．各形質のある枝での進化は，その系統樹の他の枝での形質進化とは独立であり，各形質はたがいに独立に進化すると仮定する．また，形質進化は可逆的であると仮定する．

　Farris 論文では，推定される系統樹は根から末端に達するまでの時間 (n) を未知定数としている．この時間 n は，単位時間 u によって $N=n/u$ 個の微小時間区間に分割される．Farris はここでポアソン型の形質変化確率モデルを採用する．u が十分に小さいとすると，ある単位時間に2回以上の形質変化が生じる確率は無視できる．第 i 形質が第 j 単位時間に変化する確率を p_{ij} とする．このとき，その形質の変化数の期待値は，

$$s_i = \sum_{j=1}^{N} p_{ij}$$

という単純な式で表される．Farris [1973, p.252] は，「u が十分に小さければ，任意の形質について s_i は u と独立である．すなわち，u が限りなくゼロに近づけば s_i はある有限確定値に収束する」と仮定する．

　これらの仮定は生物学的にみて現実に可能である，と Farris は擁護する [Farris 1973, pp.252-253]：

……十分に短い単位時間により全時間を細かく分割すれば，進化プロセスで繰り返し変化する確率が高い形質であっても，特定の単位時間にそれが複数回変化することはあり得ないだろう．それぞれの単位時間ごとに各形質の変化確率が p_{ij} で与えられるから，その進化プロセスは明らかに時間的な速度均一性の制約——すなわち u が限りなくゼロに近づくとき s_i が収束する有限確定値は，単位時間の取り方にいっさい依存しないという制約——を受けない．

Farris は，これらの仮定にもとづいて，どのようにして進化「経路」(pathway)——Felsenstein［1973 b］にしたがって私もそう呼ぼう——を推定したのかに議論を進める．それは，系統樹（われわれの言う意味での）だけでなく，系統樹内部における単位時間ごとの形質状態をも指定しなければならない．このとき，根から末端までの形質変化が最も少ない進化経路が最大尤度をもつことを Farris は示した[10]．「われわれの関心は，形質変化系列の完全な情報ではなく，進化樹の樹形の推定だけにいつも向けられているから」(p.253)，系統樹内部の形質状態に関する推定部分を除去して，系統樹仮説だけを残しておけばよい．このような Farris の議論は，私の言う最良事例戦略そのものである．ただし，Farris は，「樹形の推定を……直接的に行なえたら，数学的にはもっと都合がよかっただろう」(p.254) とも述べている．彼のいう「直接的に」とは，各系統樹ごとの最良事例だけではなく，ある系統樹と整合的なすべての内部形質状態の配置にわたる完全な尤度関数の考察を指している．けれども，それを実行するには，「確率論的な進化モデルに加えてさらに他の仮定を置かなければならないだろう」と Farris は予想した．最良事例戦略の長所は，「推論手続きのなかで一般性ができるだけそのまま保持されるという点である」．この解析の結果，「構築したモデルのもとでは，……最節約系統樹が最尤推定系統樹でもある」(p.254) という結論が得られた．

次に，Farris は，最節約法が何を仮定しているか，そして何を仮定していないかについて興味深い結論を導いた．上のモデルは，任意の形質に対して変化数の期待値 (s_i) が小さいことを要求してはいない，と彼は言う．すなわち，「進化系列全体にわたって，ある形質がただ1回しか変化しないことが，複数回変化することよりも起こりやすいとか，自然界では並行進化が稀であ

註 10　樹形は同じでも，多くの進化経路が可能である．たとえば，図 15 の系統樹 (AB)C の上で進化する 110 形質について言えば，枝 4 の「どこか 1 カ所」でただ 1 回だけ変化が生じ，それ以外ではまったく変化が起こらないときにその最適進化経路が得られる．

る」(pp.254-255)という仮定をそのモデルは置いてはいない．したがって，推論規則としての最節約法は進化プロセスの最節約性を仮定していると Camin and Sokal [1965] は言うが，彼らの主張は誤りであると Farris は結論する．

確かに，Farris の議論は，系統樹の根から末端にいたるまでに形質が経験する期待変化数の大きさに関する仮定には依存していない．その理由は，Farris が，その仮定にまったく依存しないように最良事例戦略を用いたからである．図 15 の (AB)C 系統樹の上で，110 形質を考えよう．単位時間当りの変化確率が非常に小さければ，(AB)C の内部形質状態の最良事例配置では，枝 4 のどこかでただ 1 回形質変化が生じ，それ以外ではまったく変化しないだろう．けれども，ここで仮りに，この進化プロセスには時間が十分にあるため，期待変化数は 10 近辺の値であると仮定してみよう．このとき，先ほど構築した最良事例配置についてはどのような結論が得られるだろうか？

妥当な結論は，その配置が生じる確率はきわめて小さいということになる．しかし，Farris の議論は，彼が想定している系統樹の内部配置の**確率**については何も言わない．攪乱変数問題の最良事例解はこの問題に対して無関心である．それが関心を示すのは，選んだ値が最大尤度をもつ仮説の一部分であるという点だけである．まったく同様に，スミスの所属党を推論する場合の攪乱変数問題の最良事例解は，連言命題である「民主党かつ N」という仮説が最大尤度であることに注目するが，ひょっとしたら，民主党員が N である確率はほとんどゼロであることに調査者が気づかなかったかもしれない．

Farris の方法が，図 15 の枝 3 において 110 分布をもつ形質をどのように説明するかを考えよう．いま，この枝が 1000 個の単位時間に分割され，各単位時間での変化確率が $1/100$ であるとする．Farris が支持する進化経路の最良事例解は，各単位時間ごとに変化がない配置をするだろう．したがって，この枝の始点での状態が 0 であり，その後の形質状態の系列が終点にいたるまですべて 0 である確率は $(99/100)^{1000}$ である．これは，それ以外のいかなる配置が生じる確率よりも高い確率値である．たとえば，第 100 区間から始まって単位時間 100 区間ごとに変化が生じると規定するならば，$(1/100)^{10}(99/100)^{990}$ という確率が得られるだろう．しかし，こういう**場合の数**——すなわ

訳註 7　枝 3 のどこか 10 区間で変化が生じる確率は $(1/100)^{10}(99/100)^{990}$ だが，「どこか」の選び方は $_{1000}C_{10}$ 通りあり，それらはすべて互いに排反な事象である．したがって，その合計確率 P は $P = {}_{1000}C_{10} \times (1/100)^{10}(99/100)^{990}$ となる．${}_{1000}C_{10} = (1000/10)(999/9)\cdots\cdots(991/1) > 99^{10}$ だから，$P > 99^{10} \times (1/100)^{10}(99/100)^{990} = (99/100)^{1000}$ となり，P 値は枝 3 で変化がまったく生じない確率 $(99/100)^{1000}$ よりも大きいことが示される．

ち，その枝のどこかで10回変化が生じるという事象が生じる場合の数——を考えると，第1の事象よりも確率が大きくなる[訳註7]．

　上の例について完全な尤度計算をするとどうなるだろうか？　問題の枝は始点も終点も形質状態が0である．期待変化数に関して上の仮定を置くならば，ある確率（小さい値ではあるが）でその枝での変化数はゼロになる．また，ある確率で2回だけ変化が生じることもある．同様にして，偶数回の変化確率を求めることができる．完全な尤度計算とは，枝の始点の形質状態が0であるときに終点の形質状態が0である確率を，始点0から終点0を結ぶ**すべての可能な進化経路にわたる**重みつき総和として計算することだろう．それぞれの進化経路の重みとは，その進化経路が生じる確率として表されるだろう．私の論点は，Farris の最良事例法では，こういう考察がいっさい切り捨てられているという点である．とくに，ある系統樹の樹形のもとでの最良の進化経路は，樹形と進化経路の最尤連言命題に含まれている経路であり，その樹形のもとでの最良経路の生起確率が高いとは必ずしもいえないことに注意してほしい．

　与えられた樹形のもとでのある進化経路の確率が重要であるという点を私は強調しているが，それは厳密な尤度の考え方から逸脱しているわけではない．この問題は，系統仮説の尤度を評価する上できわめて重要であるが，その仮説の事前確率の問題とはあまり関係がない．188ページの総和の式をみれば，この点を納得していただけるだろう[訳註8]．

　Felsenstein［1973b］もまた最良事例の便法を用いて，最節約法と尤度との関連性を調べている．けれども，彼が用いたのは，進化経路を推定した上で内部形質状態を捨てるというやり方ではなく，別の種類の連言仮説だった．Felsenstein は，仮想的な4種3形質分布のデータ集合を用いて系統推定を行なう際，枝ごとの形質状態遷移確率をも指定した．系統樹と枝遷移確率との連言仮説のうち最大尤度をもつものを発見した上で，彼は推定された遷移確率を捨て，そのあとに残った系統樹を最尤系統樹と判定する．Felsenstein も Farris も最良事例法を利用しているのだが，その用法は両者で異なっていた．

　Felsenstein はこの最良事例戦略を用いて2つの結論を導いた．第1に，最節約性と尤度が同じ結論を導くためのごく一般的な十分条件について論じた．もし各形質の系統樹全体にわたる期待変化数が非常に小さければ，最尤系統

訳註8　188ページの N_i を第 i 進化経路と解釈すると，N_i は $\Pr[N_i/(AB)C]$ を介して尤度値に直接影響を与えるが，系統仮説 $(AB)C$ の事前確率 $\Pr[(AB)C]$ には何の影響も与えないということ．本章の訳註4での式の導出も参照のこと．

樹は形質変化回数が最小である系統樹である．これは「直観と一致する結論である．進化的変化それ自体の確率がきわめて小さいと仮定すれば，観察されたデータを説明するためには，そういう生起確率の低い事象をできるだけ少なく要求する系統樹が最も自然だろう」(p.244) と彼はいう．とくに，もし形質変化がきわめて起こりにくいできごとであるならば，任意のデータ集合に対して，最大尤度を示す連言仮説──系統樹と1組の枝遷移確率との連言──を構成する系統樹は，最節約法が選択する系統樹と一致するだろう．

　Felsenstein [1973, p.245] は，「変化確率が小さいという仮定を緩めるならば，尤度と最節約性との間に必然的な関連性はなくなる」と続ける．これを示すために，彼は4分類群3形質の例を挙げる．枝遷移確率が任意の値を取り得るとしたとき，系統樹と枝遷移確率推定値との最尤連言仮説の系統樹は，最節約法が選択する系統樹ではないことが示された．

　Felsenstein の例をここで繰り返すかわりに，Felsenstein and Sober [1986] で彼が用いたもっと単純な例に沿って同じ議論をしよう．その例は，次に示す3種3形質のデータ集合である：

	種		
	A	B	C
1	1	1	1
形質　2	1	1	0
3	1	0	0

遷移確率は枝ごとに変動してもよいが，ある枝のなかではすべての形質は同一の遷移確率をもつと仮定する．これまでと同じく，"0" は祖先的状態，"1" は派生的状態を意味する．遷移確率の推定値が取り得る値には何も制約を設けない．

　目的は，図15の2つの系統樹 (AB)C と A(BC) のそれぞれに対して，最良事例となるように枝遷移確率の値を与えることである．各連言仮説の最大尤度を計算した後，この2つの最良事例を比較し，最良事例戦略のもとでの最尤系統樹を決定する．

　Felsenstein は，異なる遷移確率の初期値を出発点として，コンピューターを用いて探索を行ない，遷移確率値の微小変化に対して尤度がもはや増大しなくなるまで遷移確率値の最適値を探した．この発見的探索法は，「山登り法」(hill-climbing) と呼ばれ，その方法特有の欠陥をもつ．ある山に登りはじめ

てもうそれ以上進めなくなるまで登りつづけるというこの方法は，**局所的**(local)な極大値に到達することは保証できても，それが**大域的**(global)な最大値であるという保証は必ずしもない．けれども，異なる初期値からの探索を繰り返せば，大域的最大値を発見できるというある程度の確信が得られるだろう．

"e_i"を枝iで0から1への状態遷移が生じる確率，"r_i"を枝iで1から0への状態遷移が生じる確率とすると，Felsensteinの方法では，枝1-8に対して次の遷移確率値が得られた：

(AB)C 仮説に対する　　A(BC) 仮説に対する
最良事例での枝遷移確率　最良事例での枝遷移確率

$e_1 = 1$　　　　　　　　$e_5 = 1$
$r_1 = 0$　　　　　　　　$r_5 = -$
$e_2 = 0$　　　　　　　　$e_6 = 1/2$
$r_2 = 0$　　　　　　　　$r_6 = 0$
$e_3 = 1/3$　　　　　　　$e_7 = 0$
$r_3 = -$　　　　　　　　$r_7 = 0$
$e_4 = 2/3$　　　　　　　$e_8 = 1/3$

データ集合の3形質に対して，この攪乱変数の最良事例推定値[11]のもとでの(AB)C仮説の尤度は0.02194，A(BC)仮説の尤度は0.037037となる．

このように，最良事例法では，A(BC)の方が(AB)Cに比べてより大きな尤度をもつ．しかし，分岐学的最節約法では，A(BC)ではなく(AB)Cの方を選択することに注意されたい．なぜなら，(AB)Cはデータを説明するためにホモプラシーをまったく必要としないのに対し，A(BC)は形質2を説明するのにホモプラシーを仮定しなければならないからである．

もっと単純な例を作ることは可能である(Felsenstein and Sober [1986])．たとえば，それぞれが110分布をする複数の形質をFelsensteinの最良事例戦略がどのように処理するかについて考えてみればよい．分岐学的最節約法ならば（全体的類似度法はもちろんだが），それはA(BC)を否定し(AB)Cを支持する強力かつ明白な証拠であると解釈されるだろう．しかし，Felsensteinの最良事例戦略では，話がいささかちがう．そのとき2つの対立仮説はどち

註11　遷移確率値は0よりも大きく1よりも小さくなければならないという制約があるときには，ここでの最良事例推定値での極端な値（0とか1）は，微小数値をそれから加減した値に修正されるだろう．

らも，枝遷移確率の最良事例配置のもとで，等しい尤度1をもつ．枝遷移確率の値は単純で，e_1, e_2, e_5, e_6 が1に，e_3, e_4, e_7, e_8 が0になる．

　Felsenstein [1973b] と Farris [1973] は，尤度と最節約性との関連について正反対の結論に達した．Farris は，形質の変化が稀であるかどうかとは無関係に，最節約法は最尤法であると主張した．一方，Felsenstein は，変化が稀であるという仮定を置いたときにのみ，最節約法と最尤法との必然的な一致が立証できる考えた．その論証の後半部分で，Felsenstein は形質が高い枝遷移確率をもつと仮定しているのではなく，その確率が任意の値を取り得るという仮定を置いただけである．攪乱変数の値はデータから推定され，その取るべき値に関して事前の制約は何もない．

　Felsenstein と Farris はともに最良事例戦略を採用したが，その用法がそれぞれちがっていた．Farris は系統樹と内部形質状態との連言を推定したのに対し，Felsenstein は系統樹と枝遷移確率との連言を推定した[12]．最節約性と尤度の関連についてこれほど異なった結論が導かれたのだから，どちらの方法がより妥当なのかという疑問がすぐに出てくる．これに答えるために，Felsenstein [1973b, pp.246-247] は，推論規則の判定手段として，尤度とはまったく別の基準をもち出してきた．それは，推論規則は**統計学的一致性**(statistical consistency) をもつべきであるという説である．Felsenstein は，彼の方法はこの性質を満たしているが，Farris の方法がそれを満たしているかどうかは明らかではないと主張する．

　この点について次節でさらに議論する前に，Felsenstein [1973b] の証明について確認しておきたい．攪乱変数を最良事例法によって処理することで，Felsenstein は一般論とその例を提示できた．一般論の結論は，もし系統樹全体にわたる各形質の期待変化数が小さいならば，最節約系統樹が最尤系統樹となるだろうということである．すなわち，変化が稀であることは，最節約法が尤度的に支持されるための十分条件である．しかし，それは，変化がきわめて生じにくいことを最節約法が**要求する**という結論では決してない．Felsenstein はそういう例があると述べただけで，一般的に立証したわけではない．彼

註 12　Martin Barrett (私信) は，Farris の方法は，厳密に言えば，観察値に最大確率を与える進化経路を発見してはいないと指摘した．Farris がしたように，進化プロセスがマルコフ的——ある時点での状態を決定するのはその直前の状態だけであるという性質［訳註］——であると仮定するならば，系統樹末端の直前の時間区間で同一の状態を示す任意の2つの進化経路は末端の形質状態に対して同一の確率を与えるだろう．一方，Farris は**与えられた経路**に沿って**末端状態**に**到達する**確率を計算している．これは観察値のみの確率ではなく，観察とある仮説の「混合物」の確率である．この点は，4.4節で述べた Farris(1983) の議論と並行している．

の例は，変化確率が高くなることを許せば，最節約性と尤度の結論は相異なることがあるというケースを示した．しかし，それは，変化が稀ではないという仮定を置いたとき，最節約性と尤度の結論が互いに矛盾しなければならないという意味ではない．

以上から，最節約法が尤度的に支持されるためには，Felsenstein よりも緩い十分条件でもよい可能性が未解決のまま残されている．これまでの議論から考えて，変化が稀であることは，十分条件ではあっても，必要条件ではないようだ．けれども，これまでに明らかになった点は，もし Felsenstein の攪乱変数処理の方法を採用するとしたら，最節約性と尤度が同一であることを普遍的かつ無制約に主張できないことになる．

5.3 統計学的一致性

収束性（convergence）——統計学者は統計学的一致性（statistical consistency）と呼ぶ——とは，推論規則あるいは推定量がプロセスモデルのもとで示すある性質である．ある規則が収束性をもつというのは，データ集合がどんどん大きくなっていったとき，最終的にその規則が真の仮説に収束することを意味する．たとえば，あるコインのおもての出る確率を独立試行の繰り返しの結果によって推定する場合を考えよう．そのとき，データを解釈する規則がいくつかあるとしよう．たとえば，サンプルの標本平均をもってコインの確率を求めるための最良の推定値とみなすかもしれない．あるいは，サンプルの別の性質をもって判断基準とするかもしれない．標本平均は収束性を示す．その理由は，大数の法則により，サンプルのサイズをかぎりなく大きくすると，標本平均は漸近的に真の確率に収束するからである．

確率論の言葉でこれをもう少しきちんと書くと，次のようになる．いまあるパラメーター θ の値を推定したい．s_n を n 個の観察値から成るサンプルのある関数であるとする．このとき，s_n が一致推定量（consistent estimator）であるとは，以下の条件が満たされることである．それは，任意の2正数 δ と ε に対して，ある整数 n_0 が存在し，n が n_0 を越えるとき，

$$\Pr(|s_n-\theta|<\delta)>1-\varepsilon$$

が成り立つという条件である[訳註9]．おおざっぱに言えば，標本平均があるパラメーターの一致推定量（収束推定量）であるのは，十分なサイズのサンプ

訳註 9　原文では δ と ε はそれぞれ d と e で表されている．

ルをとれば,推定量とパラメーターとの差を限りなく小さくする(δを限りなく小さくする)確率を限りなく1に近づけられる($1-\varepsilon$を限りなく1に近づけられる)ということである[13]。

次に,対立仮説の評価という場で,一致性がどんな意味をもつかについて考えよう。パラメーターにある値を割りふるのがここでの目的ではない。いま問題なのは,たとえば系統推定での2つの対立仮説——(AB)C と A(BC)——を評価するための方針の決定である。ある仮説 H_0 をその対立仮説 H_1 に対して検定するという例を考えよう。私の検定が一致性をもつといえるのは,H_1 が真であるとき,サンプルの大きさが無限大になれば H_0 を棄却する確率が1に収束するときである。一致推定と一致検定の共通点は,データ集合が限りなく大きくなるにつれて,偽である仮説が棄却される確率がかぎりなく1に近づくという点である。

上では,推論規則や推定量は,あるモデルを前提としたときにかぎりその収束性を論じることができた。単純なコイン投げではモデルの問題は表に出ないが,実はその場合にも当てはまる。コインのおもてが出る確率を推定するために,反復投げ試行のサンプルのなかでのおもての出る平均回数を推定量として用いよう。得られた推定値は,最尤推定値である。同時にそれは統計学的一致性ももっている。サンプルの抽出過程について何も仮定しなくても,これらの議論は進めることができるだろう。典型的な仮定は,コイン投げの試行系列のなかで,そのコインがまったく同じ確率値をもち続けるという仮定である。また,コイン投げ試行の結果は互いに独立であるという仮定も置かれる。これらのプロセス仮定を置けば,標本平均が一致推定量の1つであることが証明できる。

私は1つの一致推定量といったが,それは標本平均だけが一致性をもつと証明された唯一の推定量ではないことがよくあるからである。身長が正規分布をするヒトの集団から重複を許してサンプル抽出する場合を考えよう。標本平均は一致推定量の1つである。しかし,この場合の一致推定量にはもう1つあって,それはサンプルのメジアン(median)すなわち中央値である。この2つの推定量は同じ有限サイズのデータに対して異なる推定値を与えることがあるが,サンプルのサイズを無限大にすると,どちらの推定量も真のパ

註13 Fisher[1956, pp.150-151]は,「有限個の観察値の標本……にもとづくいかなる方法も,一般的な関数の1種とみなせる」という理由でこの定義には満足しなかった。彼は,それにかわる定義として,一致統計量とは「観察頻度のある関数であって,これらの頻度のかわりにその期待値を代入したときに正確なパラメーター値をとる関数である」の方を好んだ。

ラメーター値に収束する．この単純な例をみても収束性だけを求めるのでは不十分なことがわかる．ある規則が統計学的な一致性をもつことが示されても，それが最良の規則であるとはいえない．けれども，規則は一致性をもつべきであるという理念が統計学では有力である．Felsenstein [1973 b, 1978] が分岐学的最節約法を論じる上で拠りどころにしたのはこの理念である．

Felsenstein [1973 b, pp.267-267] は，最尤系統樹を発見するための彼の最良事例法は統計学的な一致性をもつと主張する．これはどういう意味だろうか？ T_t を真の（未知）系統樹，P_t を枝遷移確率の真の（未知の）値の組とする．このデータ集合のすべての形質は同じ組の遷移確率をもつと仮定した．このとき T_t と P_t は，可能な形質分布のそれぞれに対して，ある同時確率分布にしたがう．0または1という2つの形質状態しかとらない形質のもとでの3分類群の系統推定問題を考えるとき，T_t と P_t の組は，可能なすべての形質分布——111，110，101，011，100，010，001，000——のそれぞれに対してある確率を与える．抽出する形質のサンプル数を増やすにつれて，これら8つの形質分布カテゴリーに属する形質がサンプルに含まれる割合は，それぞれに対応する確率に近づいていくだろう．Felsenstein は，その極限を考えると，彼の最良事例法は系統樹および遷移確率の連言仮説「T_1 かつ P_1」を推定することになると主張する．極限では，推定された系統樹 T_1 は，ほぼ確実に真の系統樹 T_t と一致する（すなわち，その確率は任意の正数 ε に対して $1-\varepsilon$ である）．

Felsenstein は，Wald[1949] が証明した最尤推定は，一致性をもつための十分条件を彼の最良事例法が満たしていると弁護している．しかし，Felsenstein の論文では，その完全な論証はなされていない．

Wald の提唱する十分条件の1つに，推定されるべき未知パラメーターは有限個でなければならないという条件がある．Farris の手法は，この条件に抵触すると Felsenstein は言う．上で述べたように，Farris は各形質ごとに系統樹の内部での状態を推定する．彼の方法では，新しい形質が増えるたびに，新しいパラメーターの組（系統樹の枝を分割した小区間ごとに1つのパラメーター）を推定する必要があるからである．しかしこのことは，Farris の方法が統計学的一致性をもたないという証明ではなく，その方法が Wald の示した一致的推定のための十分条件を満足しないという点を示しただけだ，と Felsenstein は結論した．

その後，Felsenstein は，1978年の「最節約法および整合性法が確実に誤りを犯す状況」という論文で，この未解決問題に決着をつけた．その論文で，彼

は最節約法が収束的ではない単純な例を与えた．Farris の最良事例法はいつでも分岐学的最節約法と一致する結果を導くのだから，この結果は Farris の方法もまた統計学的な一致性をもたないことを示したことになる．Felsenstein [1978] の例の基本的な考え方を，図15(p.183) の (AB)C 系統樹を用いて簡単に説明しよう．対象分類群の真の系統樹が (AB)C であって，$0 \to 1$ の遷移は可能だが，逆転 $1 \to 0$ は不可能であると仮定しよう．さらに，枝1と3での変化確率（"P"で表す）は2と4での変化確率（"Q"で表す）よりもずっと大きいと仮定する．これまでと同様に，すべての形質について枝遷移確率は同じ値の組であるとする．

これらの仮定のもとで，抽出される形質数を増やしていったとき，最節約法は漸近的に真の系統樹を検出できるだろうか．あらゆる形質分布があり得るから，個々の形質がたまたま 011 分布をすることはきっとあるだろう．たった1形質だけを観察して，それがこの 110 分布をもっていたとしたら，真の系統樹は A(BC) であるというまったく誤った結論を最節約法は導くことになるだろう．しかし，これは分岐学的最節約法が完全無欠ではなく，まちがった結論を出すことがあると言っているにすぎない．ここでの関心事は，形質の抽出誤差がいわば除去できる状況で，分岐学的最節約法が確実に真の系統樹を発見できるかどうかである．

Felsenstein は，P と Q の値によっては分岐学的最節約法が統計学的一致性をもたないことを示した．その理由は単純である．最節約法は，共有派生形質だけが証拠として意味をもつとみなしている．上の例で言えば，分岐学的な推論とはたった3つの形質分布だけ——すなわち 110，101，011 分布パターンだけ——を考慮するということである．110 分布をもつ形質が 101 や 011 よりも頻繁に生じたら，分岐学的最節約法は (AB)C が最も強く支持される仮説であると判定するだろう．同様に，101 形質が 110 や 011 よりも多くあれば，最節約法は (AC)B が最良であると判断するだろう．

Felsenstein の例は，(AB)C が真の系統樹であるとき，110 形質が 101 形質よりも小さな確率をとるような枝遷移確率の値が存在するという単純な事実を示した．これが成立するのは，

訳註 10　110 形質が (AB)C 系統樹の上で生じる確率（左辺）は，次の2つの排反事象の確率和として求められる：1) (AB) 分岐点が状態1であるときの確率 $(1-P)Q$；2) (AB) 分岐点が状態0であるときの確率 $(1-P)(1-Q)PQ$．一方，101 形質が生じる確率（右辺）は，$P(1-Q)(1-Q)P$ である．

第5章 最節約性・尤度・一致性

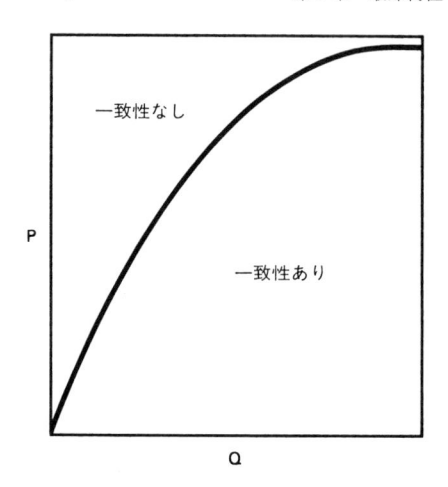

[Figure: P vs Q graph with curve separating "一致性なし" (upper region) and "一致性あり" (lower region)]

図16 Felsenstein [1978] は，最節約法が統計学的な一致性をもたないための十分条件を示した．図15(p.183) の(AB)C系統樹において，根の状態を0とし，1から0への遷移は不可能であると仮定する．枝1と3で0から1への変化が生じる確率を P，枝2と4で0から1への変化が生じる確率を Q とする．$P^2 \gg Q$ の条件のもとでは，最節約法は収束しない．

$$(1-P)[Q+(1-Q)PQ] < P^2(1-Q)^2$$

が満たされるときである[訳註10]．この式を簡単にすると，

$$P^2 > Q(1-PQ)/(1-Q)$$

となる．Felsenstein [1978, p.405/668：斜線 (/) の後の数字は Sober [1984b] でのページ数（訳註)] は，上の結果から，Q の各値に対して上式を満たす P の値の範囲を求めた．図16 に示した曲線の上側がその範囲である．

おおざっぱに言えば，P^2 が Q よりもずっと大きければ，101形質よりも110形質が生じる確率が小さくなる．上の例で言えば，調べる形質数を増やしていくにつれて，大数の法則により，110形質がデータに生じる確率は101形質よりも小さくなることがほぼ確実である．枝遷移確率をそのように設定すると，分岐学的最節約法は誤った仮説──(AC)B系統樹──に必ず収束する．したがって，分岐学的最節約法は，このケースでは統計学的一致性をもたない[14]．

註14 この例では，整合性法（compatibility methods）もまた統計学的一致性をもたない．この方法は，最低限の数の形質を捨てて，残った形質データが完全に整合的になるように操作をする．この例では，101形質が110形質よりも多いから，整合性法だと後者のタイプの形質が捨てられ，(AC)B系統樹が導かれるだろう．

Felsenstein のモデルには,「並行的な変化の方がユニークかつ逆転しない変化よりも高い確率で生じる」(Felsenstein [1978, pp. 407-408/672]) という性質があるため,最節約法の一致性が失われた.これは,統計学的不一致性をもたらす仮定の1つである.では,もっと現実的なほかのモデルに対しても,この結果が一般に通用するのだろうか.Felsenstein はこの問題を提起したが,その答えは与えていない [p.408/672]:

> ここで用いたモデルには,確かに大きな問題がある.たとえば,すべての形質が進化的変化に関して同一の確率モデルにしたがうこととか,それらの形質の抽出を独立に行なうことは現実にはまず不可能だろう.この分析をもっと現実的な進化モデルに拡張することは,きっと難しいだろう.しかし,それはしなければならない.なぜなら,最節約法や整合性法の不一致性が疑われているときに,ここで採用した進化モデルが実際に直面するデータのタイプには適用できないとあげつらうだけでは答えになっていないからである.そういう言い逃れは,嫌疑をかけられている推定法の正しさを立証したのではなく,無知であることを告白しているに等しい.

Felsenstein の結果は,彼が採用した単純なモデルが導いた虚構であるという非難に対して,彼はこう切り返す:もっと現実的なモデルを構築し,お気に入りの方法がそのモデルのもとで一致性をもつことを示すべきだ.けれども,そういうモデルがない以上,このやり方で Felsenstein の結果を否定することはわれわれにはできない.

分岐学的最節約法が統計学的な一致性をもたないことに重大な意味があるのだろうか.Farris [1983, pp.14-17/680-682 | 338-340] は,Felsenstein のモデルには現実性がないと反論する.Felsenstein の結果からは系統推定法の選択に関して何ひとつ結論を引き出すことはできないと Farris は言う.その結果は,現実の分類群から得た現実のデータに適用したときにも最節約法が統計学的な不一致性を示すのではないかと疑ぐる根拠にはならない.さらに,Farris は,いかなる系統推定法であっても——全体的類似度法,整合性法はもとより Felsenstein 自身が唱導する最尤的アプローチでさえ——Felsenstein 的な論法から逃れることはできないと主張する.任意の系統推定法に対して,その方法が一致性をもたないようなモデルを構築することはいつでも可能だからである.

全体的類似度法が統計学的に不一致であるような例を作るのは簡単である．図15の(AB)C系統樹において，101または010分布をする形質の確率が110または001分布をする形質の確率よりも大きくなるように，遷移確率を設定しさえすればよいからである[15]．

最尤推定法は一致性をもたないことがあるだろうか．その方法がもしWald[1949]の確立した一致性のための十分条件を満足すると言うのであれば，必ず一致性をもたなければならない．けれども，Farrisは，最尤法はあるプロセスモデルを仮定しなければならないという事実を指摘しただけである．もし仮定したモデルが現実には誤りであったとしたら，現実の世界に適用したときに最尤法が真実に収束するという保証はどこにもない．敢えて言えば，その方法が前提とするモデルが正しい**ならば**，その方法は一致性をもつということである．

どんな推定法でも前提とするモデルがまちがっていたら一致性はもてないというのが，予想される反論だろう．しかし，Felsensteinは，最節約法であれ他の推定法であれ，何らかのプロセスモデルを仮定しているにちがいないと主張しただけである．とすると，Felsensteinの議論から学ぶべき真の教訓は，最節約法や整合性法はFelsenstein論文が定めたモデルが偽であるという仮定を置いているということだろう．

おもしろいことにFarris [1983] は，この点については同意しているようである：

> 最節約法は何の仮定も置いていないということではない．Felsensteinのモデルは非現実的であると最節約法は仮定しているのかもしれない．しかし，その仮定は一般に認められていると考えられるので，その仮定を置いたからといって最節約法だけが批判されるいわれはない……(p.16)．

> もちろん，そのモデルは最節約法が潜在的にもつ弱点を明らかにしているという見解もあるだろう．そのモデルの条件がたまたま満たされならば，その最節約基準は誤りを導くからである (p.16/682 | 340)．

上の引用文から，Felsensteinの議論のもっとも根幹となる仮定——ある推定

註15 Felsenstein [1983 b, p.325] は，ここで示した3分類群問題のような単純な例では，最節約法が一致性をもつ条件は，全体的類似度法が一致的である条件よりも緩いと指摘している．しかし，これは一般に通用する結果ではなく，この例にかぎっての話である．

方法が与えられたプロセスモデルの制約下で統計学的に不一致であるならば，その方法は前提であるモデルが偽であることを暗黙に仮定しているということ——に対してFarrisが同意していることがわかる．

FelsensteinとFarrisの見解が対立したのは，この仮定の重要性についてであって，それが真であるかどうかについてではない．Felsensteinは，単純なプロセスモデルのもとで最節約法が一致性をもたないならば，もっと現実的な状況でもやはりそうだろうと考えた．一方，Farrisは，明らかに非現実的なモデルのもとで最節約法が一致性をもたないことは，その方法を現実のデータに対して適用すべきかどうかの判断とは何の関わりもないと考えた．Felsensteinの例での不一致性からどのような外挿ができるかをめぐって彼らは対立したといえよう．おそらくこの対立は，信念をぶつけあってもその解決にはいたらないだろう．もっと現実的な進化モデルのもとで統計学的一致性が期待できるかどうかは，調べてみなければわからないからである．

ここではこの議論についてはこれ以上深入りせず，FarrisとFelsensteinの合意点を検討しよう．彼らは，あるモデルのもとでの不一致性は，当該モデルが偽であることをその方法が仮定していることの反映である，という点で合意した．ほかの点ではことごとく見解を異にしていた両者もこの点だけは同意見だった．次の節では，統計学的一致性は不要であるという私の反論を述べる．私の議論が正しければ，Felsensteinの一致性説は最節約法が前提としなければならない進化プロセス上の仮定を発見してはいないという結論が得られる．

5.4 なぜ一致性なのか？

統計学的一致性に関しての統計学者の見解はこれまで二分されてきた．一致性は，正当な推定量あるいは検定のもつべき重要な属性であるとする見解が一方にあった．Fisher[1950, p.11]は，一致性をもたない推定量など「まっとうな代物じゃない」と言い捨てた．Neyman[1952, p.188]は，この発言を引用し，声を大にして同意している．Kendall and Stuart[1973, p.273]は，「一致性を要求するのはしごく理にかなっている」と主張する．

尤度を用いた推定や仮説評価がすべて統計学的一致性を満たしていたならば，一致性は尤度の利用に関して実用上の問題とはならなかっただろう．しかし現実はそうではなかった．Wald[1949]が提示した十分条件はきわめて一般的だったが，統計学者はずっと以前から尤度の使い方によっては統計学的一致性がなくなることに気づいていた．

尤度にもとづく一致性をもたない推論規則や推定量を，どうみればよいだろうか．上述の伝統的な見解はこの点についてははっきりしている．しかし，統計学者のなかには別のアプローチをとる者もいる．上で引用した Fisher の立場と真っ向から対立したのは，ほかならない Fisher の昔 [1938] の主張——尤度は「原始仮定」(primitive postulate) であって，サンプル抽出の反復による正当化を必要としないという主張——だった．Edwards[1972, p.100] は，この原始仮定説は Fisher が熟慮した上での見解であるとみなしている．Edwards は，尤度の尺度は，証拠が対立仮説と比較してある仮説をどの程度支持するかを測っているのであり，その尺度の漸近的行動が真実に近づくかどうかとは何の関係もないと述べている．Hacking [1965, pp.184-185] もまた一致性の意味についてはいささか疑念を表明している．最尤推定量は一致的であると彼は考えているが，一致性はそれらの推定量に付随する「魔力」ではなく，それ自体は「選ばれた判断基準」ではないだろうとみなしている．

　本節では，尤度が一致性をもたなくても「まっとうな代物じゃない」という判断には結びつかないことを示したい．そのために，無限のデータ集合が真実を導くという保証がない場合でさえ，尤度的推論が正当となるような例を下で挙げよう．まず始めに，尤度は証拠の重み（前の部分では支持"support"と呼んだもの）であると天下り的に仮定しよう．以下で説明する例は，尤度の考察だけが問題であって，対立仮説の事前確率については何も規定しない．2つの対立仮説のうちデータがより強く支持する仮説を正しく選べる推論規則を与える．いま，その規則が統計学的な一致性をもたないことが示されたとしよう．以下の議論では事前確率は与えないが，それを考慮するように一般化するのは容易である．ここでは，対立仮説が等しい事前確率をもつとだけ仮定しておこう．このとき，事後確率の大小関係と尤度の大小関係とは一致する．ここでもまた「尤度主義者」(likelihoodist) 的な見解にしかみられない特殊な仮定を私の議論が置いているわけではない．ある推論規則が，証拠に照らして最も妥当性の高い仮説（ベイズの定理が定義する意味での）を正しく判定するという事実は，たとえその規則が統計学的一致性をもたなかったとしても，事前確率を与えることでは変わらない．

　あるコイン製造機を考え，それが2つの状態 (S_1 および S_2) のどちらか一方の状態をとるとする．そして，この製造機がどちらの状態をとるかによって，製造されるコインのおもての出る確率が変わるとする．状態 S_1 と S_2 の生じる確率はそれぞれ 0.9 と 0.1 であると仮定する．

　検定したい次の2つの仮説は，どちらも製造機の状態がコインの歪みに影

響を与えるという点では一致している．しかし，その影響の内容に関して両仮説は対立する．一方の仮説 H_1 は，S_1 はコインのおもての出る確率を0.8に，S_2 はおもての出る確率を0.2にすると主張する．したがって，H_1 のもとでは，S_1 はおもてを出やすくする方向に，S_2 は裏を出やすくする方向に，コインを歪ませることになる．対立仮説である H_2 の主張はその正反対である．その仮説は，S_1 はコインのおもての出る確率を0.2に，S_2 はおもての出る確率を0.8にすると主張する．したがって，H_2 のもとでは，S_1 は裏を出やすくする方向に，S_2 はおもてを出やすくする方向に，コインを歪ませる．

　この製造機が作った1枚のコインを用いて，投げ上げ試行を繰り返し行ない，おもての出る頻度を観察することで，上の2つの対立仮説間の判定ができるかどうかがここでの問題である．そのコインを作ったときの製造機の状態が何であったかはわからないものとする．わかっているのは，製造機の2つの状態が生じる確率だけである．

　この例での尤度にもとづく推論は次のようになるだろう．2つの仮説のもとでおもての出る頻度の期待値をそれぞれ計算する．H_1 では，期待頻度は $(0.9)(0.8)+(0.1)(0.2)=0.74$ である．一方，H_2 では，$(0.9)(0.2)+(0.1)(0.8)=0.26$ となる．そこで，推論規則として，

> 観察されたおもての頻度が50％よりも大きければ H_1 の方がより強く支持されたと推論せよ；一方，観察されたおもての頻度が50％よりも小さければ H_2 の方がより強く支持されたと推論せよ

という規則を設定しよう．これは，尤度にもとづく推論規則である．なぜなら，より大きな尤度をもつ仮説ほど証拠による支持がより強いとみなしているからである．

　しかし，この規則には統計学的な一致性がない．H_1 が真ならば，データ集合を限りなく大きくしたときに，H_2 を棄却する確率は1に収束しない．H_2 を棄却する確率は漸近的に 0.9 である．同様に，H_2 が真であるときには，H_1 を棄却する確率はこれまた漸近的に 0.9 となる．

　製造機の状態——確率には影響するがその値は未知である——の観点から上の結論を考えよう．製造機の状態が S_2 であるならば，おもての出る確率は，H_1 が真ならば20％に，H_2 が真ならば80％にそれぞれ収束する．しかし，上の最尤推論規則は，おもての頻度が50％を下回れば H_2 を，おもての頻度が50％を上回れば H_1 をそれぞれ支持する．製造機の状態が S_2 をとる確率がゼ

ロではないという事実は，極限でも，真の仮説ではなく偽である仮説を選択してしまう確率がゼロにならないことを意味している．

上の結果をもう少し一般化するために，下の表をみていただきたい．H_iS_j の形式で表される推測仮説のどれが真であるかは未知とする．それらの尤度——それぞれの仮説のもとでコインがおもてを出す確率——は下の表の示すとおりである．

		製造機の状態	
		S_1	S_2
仮 説	H_1	w	x
	H_2	y	z

ただし，$w=z$ および $x=y$ と仮定する．

コイン投げ上げ試行を繰り返し行なうと，おもての出る頻度は $w=z$ または $x=y$ に収束するだろう．この例の確率生成過程（chance setup）に関する知見がこれだけだったとしたら，H_1 と H_2 と比較評価をすることはできないだろう．けれども，この製造機はおそらく状態 S_1 にあるだろうという知見がそれ以外にある．これは，おびただしい数の投げ上げ試行の結果，もしおもての出る頻度が $w=z$ にきわめて近い値であるならば，H_1 の方がより強く支持されるだろうということである．同様に，その頻度が $x=y$ にほぼ等しい値をとるならば，H_2 がより強く支持されるだろう．

上の例で最も肝心な点は，2×2 表の確率配置が対称的であるという点である．S_1 と S_2 の確率を変化させれば，表は非対称的になる．これらの確率にちがいがある限り，その推論が統計学的に一致性をもたなくても，尤度的推論は可能である．

上例に対しては，尤度にもとづくこの推論規則は統計学的に不一致なのだから，その理由だけをとっても誤った規則であると反論されるだろう．この見解は極端すぎると私は考える．標本から得られた頻度が証拠としての意味をもつことには異論はないだろう．この情報が与えられたとき，どの仮説がより強く支持されるかを尤度は正しく反映している．もちろん，製造機の状態について無知のまま推論を進めなければならない状況になかったとしたら，あるいはまた，製造機から無作為に抽出された多数のコイン投げ上げ試行ができたとしたら，もっとよかっただろう．しかし，だからといって，製造機の状態の生起頻度がそれに関する情報のすべてであるときに，単一のコイン

から得られる証拠が，まったく何の情報も含んでいないとはいえないだろう．

　上の例の私の状況設定はまちがっているというもう1つの反論もあり得るだろう．つまり，単一のコインの投げ上げ試行の反復が，製造機から無作為に抽出された多くのコインについてのもっと大規模な投げ上げ実験の一部であるとみなしさえすれば，この尤度規則は**確か**に統計学的一致性をもつというのである．結局，ある規則が収束性をもつかどうかを調べるには，「実験の反復」が何を意味するかについてきちんと定義しておく必要がある．私の解釈では，反復とは目の前にあるそのコインを何度も繰り返して投げ上げるという意味である．しかし，実験の反復をまったく別の観点から解釈すべきであるという見解があり得る．単一コインの投げ上げはもっと大きな実験――かぎりなく大きなコインの集団から，あるコインを抽出しその投げ上げを何回も繰り返し，次にもう1枚コインを抽出して同様の反復試行を行なう，という実験――の一部であると解釈すればいいではないか．単一のコインに関する実験をもっと大きな実験の一部であるとみなすことで，尤度的推論が一致性をもつような実験を想定できるというのがこの反論のポイントである．

　では，「実験の反復」はどんな状況で可能なのだろうか．目の前にある1枚のコインは，何回投げ上げ試行をしてもその歪みが変わらないとする．歪みが異なる（その値は未知）コインの集団は現実にはない．この点をもっとわかりやすくするには，その製造機を管理している造幣者が1枚しかコインを鋳造しない状況――2枚目以降のコインは鋳造されないと明言している――を想定してみればよい．このコインをある回数投げるとする．そして，サンプルサイズが限りなく大きくなるとどうなるかを問う．誰の目にも明らかだが，この実験を反復するということは，**この**コイン――おもての出る確率は実験を通じて定数のまま変わらないとする――を反復して投げることにほかならない．それは，ある回数だけこのコインを投げ，次に新しいコインを抽出した上で同数回投げるという意味ではない．

　ある推論方法が収束するかどうかは，データを生成するプロセスのモデルに左右される．製造機の状態が既知であったり，あるいは歪んだコインを9：1の割合で混ぜた集団の投げ上げ試行実験であれば，収束性は保証されるだろう．けれども，私が上で規定したプロセスモデル――ある歪みをもつ（一定値だが未知の値）単一のコインの投げ上げ実験で，製造機の取り得る状態の確率だけが既知である――のもとでは，収束するという保証はない．

　この例についての私の解釈は，両極端の見解の中道を進む．つまり，一方で，投げ上げ試行をいくら反復しても証拠としての意味はないという説には

与しない．他方で，推論規則が最終的な一致性をもつように，実験の筋書きを書きなおすべきだという主張にも反対する．前者の考えは，投げ上げの繰り返しが証拠となることを認めない点で誤りである．後者は，実際に直面している実験と推論問題の記述が間違っているという犠牲を払ってまで，尤度と収束性とを関連づけようとしている．この例では，たとえ尤度にもとづく推論規則が統計学的に不一致であったとしても，どちらの仮説がより強く支持されるかを尤度は正しく発見できる．

ある意味で，収束しなければならないという要請は，通常の意味とはいささか異なる漸近的な意味での確実さを求めることである[16]．製造機の状態 S_2 の確率がごくわずかであっても，統計学的な一致性は実現されないだろう．データ集合のサイズが限りなく大きくなったときに，この推論規則が誤った結論を導く可能性は完全にゼロではないからである．収束性の要求とは，状態 S_2 の生起が**不可能**でなければならない——もっと正確に言えば，その確率がゼロである——という要求である．しかし，そういう絶対的な保証がなくても，データが仮説と関連づけられることは明白である．

上の例を Felsenstein [1978] の系統推定の例とすり合わせるには，どうしたらよいだろうか．両者が異なる１つの点は，Felsenstein の例は，いわば100％の確率で最節約法が誤った結論に収束するのに対し，この例ではその確率がかなり小さい——製造機の２つの状態が生じる確率のうち小さい方と等しい——という点である．けれども，コイン投げの例の最も重要な点は，それがあらゆる点で Felsenstein の例と同じであるということではない．最尤推定は，たとえその推定が統計学的な一致性をもたなくても，実行できることをその例で説明しようとしたのである．

たとえそのとおりだったとしても，上で述べた差異は，もう１つの反論を招く．コイン投げの例はある方法が確実に真実に収束する必要はないことを示したが，それはある方法が真実を導く確率が50％よりは大きくなければならないという要求に対する反例とはいえない．この要請は，上の要求よりは緩いが，やはり否定できるというのが私の答えである．次の推論問題を例にとろう．この例では，製造機のとり得る状態が３つあり，検定すべき仮説も３つある：

註 16　Farris [1983, pp.16-17/682|340] は，Felsenstein の一致性の議論は，「確実に証明できないすべての結論」を暗に拒絶していると反論した．この主張は一面ではまちがっているが，別の一面では正しい．統計学的推論は，不確実な状況のなかで推論を進めていく．けれども，一致的でなければならないという主張は，結果的に，**極限での確実性**を要求しているのである．

製造機の状態
	$S_1(0.4)$	$S_2(0.4)$	$S_3(0.2)$	
H_1	0.8	0.5	0.2	0.56
H_2	0.5	0.5	0.5	0.5
H_3	0.2	0.5	0.8	0.44

製造機の状態のとなりに書かれた数値は，その状態が生じる確率である．右端の数値は，それぞれの仮説のもとで期待されるおもての出る頻度である．前の例と同様に，製造機から無作為に抽出された1枚のコインを繰り返し投げ，その結果を用いてどの仮説が最も強く支持されるかを判定するのが問題である．

おおざっぱに言えば，尤度にもとづく推論規則にしたがえば，おもての出る頻度が0.56を越えればH_1が，0.44を下回ればH_3が，そして0.5付近の値であればH_2がそれぞれ最も強く支持される．

データ集合のサイズが無限であるとき，おもての出る頻度は確実に0.8, 0.5または0.2のいずれかとなる．H_1（またはH_3）が真であるとき，収束する確率はS_1の確率すなわち0.4である．数値を変えて，S_1の生じる確率をS_2の確率よりも小さく，S_3の確率よりも大きな適当な値に設定する．このとき，尤度的推論の収束確率は50%さえも割り込むことになる．

ここまでのところで，私は収束性をもたない推論規則は「誤りを導く」という言い方をした．いくつかの例では，データは無限にあるのに推論規則が偽である仮説を指し示すのだから，この表現は正しいように**見える**．この評価には異論がないようにみえるが，それは時にまちがうことがあると思われる．上で議論してきたコイン投げの例に戻ると，われわれの判断を誤らせるのは**自然界**である．尤度規則はいかなるときにも忠実にその責務を果たしている．規則が誤りを導いてしまうのではない．それはデータ（だけ）が意味するものを正しく報告しているだけである．

尤度が記述するのは，証拠のもとでどの仮説が最も強く支持されるかである．証拠が誤りを導くとき，最も強く支持された仮説は偽となるだろう．観察の証拠としての意味を正しく伝える推論規則は，証拠が誤りを導くときには，偽である仮説を選ぶべきである．そういうときにも，推論規則はデータが言わんとすることを正しくとらえている．証拠を生み出すシステムがほとんど確実に誤った証拠を生みだしてしまうならば，データが無限にあっても尤度が偽である仮説を指し示してしまうのは当然のことである．しかし，デ

ータが無限にあるときに真実に収束できないからといって，もっと少ないデータのもとで誤りを犯してしまうこと以上に，尤度規則にとって不利になるわけではない．

尤度は，「受容の規則」ではない．最も強く支持された仮説を真実として受容すべきである，と尤度が主張しているわけではない．尤度の主張はもっと謙虚である．それは「評価の規則」であって，単にデータが最も強く支持する仮説はどれかを指し示しているだけである．尤度が「証拠としての意味」を明文化するという説[17]は，尤度を，文章のもつ言語学的な意味を伝えようとする翻訳者にたとえる．統計学的な一致性をもたないときに誤りを犯す尤度は，**文章そのものがまちがいを犯したときにその文章の意味を正しく記録する翻訳者**のようなものである．

では，なぜ収束性が，あれば望ましいというだけでなく，なくてはならない性質であるという評価を受けてきたのか？　おそらく，次の2つの理由で，この性質は分不相応の地位を獲得したのだろう．1つの理由は，統計学者は**最適**な実験計画をいつも念頭に置いてきた．だから，コイン投げの例でいえば，異なる歪みをもつコインが9：1の比率で混じっているときに投げ上げ実験を行なった方が，歪みのわからない単一のコインの投げ上げ実験よりもずっとすぐれていると考えるのが道理である．ある手法が相対的にすぐれている理由を説明するためには，**両手法が利用できる状況で**，ある実験だけが満足し，他方の実験は満足しない必要条件があることを示すというのが自然だろう．けれども，たとえ一致性をもつ推定量の方がそうではない推定量よりもすぐれているとしても，(ⅰ)一致推定量は一致的であるが**ゆえに**すぐれている，とか(ⅱ)一致性がないときには推定値を求めようなどと思わない方がよい，と結論するのはおかしい．

実際にどんな実験が実行できるかをまったく考慮しない最適実験計画は，確かに調べる価値がある課題である．しかし，最適実験がいつでも可能とはかぎらないことを忘れてはいけない．コイン投げの例では，手元のコインは1枚しかなく，ほかには何もない．原理的に最適の実験以外のすべての実験は認めないという主張は，この1枚のコインを使って証拠を得ることがまったくできないということである．統計学的一致性が推定量や推論規則にとって必要不可欠な性質であるとみなされるようになったのは，おそらく，「推定量を

註17　この表現を私はBirnbaum [1969]からとったのだが，おそらくそれがもともと用いられていた意味とは異なっているだろう．

選ぶ」という問題が手元のデータや実行可能な実験の限界によってそれほど厳しく制約されてこなかったからだろう.

推論規則や推定量にとって統計学的一致性が重要であるとみなされてきた——必要であるとさえ言われてきた——もう1つの理由がある. Neyman[1950, 1957]は, 統計的検定を実際の行動規範とみなすべきだと考えた. この行動的解釈の典型例は, 工業製品の品質管理でみられる. たとえば, コンテナから電球の標本をとり, 欠陥電球の数がある定められた限界値よりも多いか少ないかを決めなければならないとしよう. 電球の標本にもとづいて, ある選ばれた統計的規則のもとで, そのコンテナの荷を「受領」すべきかそれとも「返品」すべきか決定するのである (Rosenkrantz, [1977]).

行為として受容するかそれとも拒否するかは, どちらも可能である. すなわち, その荷をそのまま在庫とするかそれとも生産者に返品するかである. 実業家が自分の方針の長期的な性質について関心をもつのはきわめて当然のことである. 欠陥品を受け入れてしまったり, 欠陥のない荷を返品してしまったりすることができるだけないようにしたいと考えるのもまたしごく当然のことである. したがって, 意思決定方針の違いは, それらの漸近的性質によって判定するのが自然である.

Reichenbach[1938]のような哲学者もまた, 推論規則の漸近的性質が重要であると考えたが, それは行為の意思決定に興味をもったからではなかった. 彼らの興味は, 何を信じるべきかという疑問にあった. そこでは, 受容とは真であるとみなすこと, 拒否とは偽であるとみなすことだった. しばしばこれらの見解には現実にとるべき特定の行動指針を与えなかった. Reichenbachは, すべての非演繹的推論は, 最終的に彼のいう「明快な規則」に頼っていると考えた. これは, 観察された m 個の A のなかの n 個が B であるならば, A のなかでの B の頻度は n/m であるという規則である. Humeに直結するこの原理は, 考え得るさまざまな状況のもとで収束性をもつ. その理由を統計学者はずっと前から知っていた.

ReichenbachはHumeの問題に沿って——「帰納の原理」が何を**信じるべき**かを教示するとされた——研究を進めていた. そのような原理を擁護するために, Reichenbachはこの規則が極限において真実を与えることを示そうとした. コインを投げたときにおもてが出る真の確率みたいなものがあると

註 18 Reichenbach の目的は帰納の「弁護」であり, その「正当化」ではなかった. 彼は帰納が知識を与える非演繹的推論の方法であることを示そうとした. 知識の確率に関する無条件的な主張が擁護できるとは彼は信じていなかった.

したら，無限に大きなデータ集合を与えれば，帰納がほぼ確実に真実を導くだろう[18]．

　Reichenbach が彼の言う明快な規則が適用される場面として考えていたのは，たとえば次のような状況である．それは，ある回数だけコインを投げるという場合である．このとき，観察されたおもての回数がそのコインの真の確率であるとわれわれは**信じる**．そこで，コインの投げ上げ回数をもっと増やし，そのデータ集合にもとづく信念を受け入れ，古い信念は捨てる．これを何度も繰り返し，そのつどわれわれの信念を更新していく．極限では，ほぼ確実に，われわれの信念は真実に達するだろう．

　Keynes やその他多くの研究者は，漸近的な長期試行というこの説に対して，それが限りある人生にとってどんな意味があるのかと一笑に付した．「試行を長期にわたって繰り返しているうちに，僕らはみんなあの世に行ってるよ」と Keynes は言う．無限のデータに照らしたときのある推論規則のとる行動が，有限のデータにおけるその妥当性とどんな関わりがあるのだろうか？　この問題の解決をここで迫るつもりはない．むしろ私は，Reichenbach の構図のまったく別の部分に目を向けてみたい．

　何を信じるべきかを示してくれる明快な規則がある．それを哲学者は「受容」の規則と呼んでいる．しかし，尤度は何を信じるべきかを決める助けにはならない．それは，証拠のもとでどの仮説が最も強い支持を得たかを指し示すだけだからである．まさにこの理由により，ベイズ的な事後確率の比較は何を信じるべきかをわれわれに教えてはいない．最も確率が大きくなる仮説はその証拠のもとで最も妥当であるといっているにすぎないからである．しかし，最も確率の大きな仮説の確率の値が，結局のところ，きわめて小さいことだってあり得るだろう．このとき，たとえその仮説が最大の確率をもっているからといって，それだけでその仮説を「信じろ」というのは無理である[19]．

　ここで私が言いたいことは，尤度にもとづく対立仮説の比較は，ある仮説を信用すべきかどうかの基準を与えないという穏当な主張である．もっと過激な見解にも目を向けておこう．それは，仮説の「受容」などということは

註19　これは，Kyburg[1961]のいうくじのパラドックスである．くじのパラドックスというのは，公平に行なわれるくじ引きでは，たとえば1000枚あるくじのそれぞれが当りになる確率はきわめて小さい．だから，「受容の規則」が最も確率の大きいと信じることであるならば，どのくじも当たらないと信じなければならないだろう．これらを連言で結びつければ，すべてのくじははずれであるということになる．これは，くじ引きが公平であるという前提と矛盾する．

あり得ないという見解である．科学という行為は，「信用度」（主観的確率）を与えることである．この見解にしたがえば，仮説の科学的評価はベイズの定理によって行なわれ，どれを「受容」すべきかを決める規則は存在しないことになる (Jeffrey [1956])．私の上の主張は，こういう過激な主張とは一線を画する．尤度それ自体は「評価規則」とはなっても「受容規則」ではない，と私は言いたいだけである．

だとすると，収束性が重要であると論じた Reichenbach の根拠は，尤度的推論規則が統計学的一致性をもたねばならないかという問題とは何の関係もないことになる．ましてや，推論規則はその漸近的性質を明らかにすべきであるという Neyman の行動的理由は，尤度的推論とは無縁のものである．Reichenbach と Neyman は，「受容」対「棄却」の点から推論を理解しようとした．しかし，尤度それ自身にはそのような意味は込められていない．「尤度的推論」という言葉は，どうやらこの点を曖昧にしてしまったようだ．正しく言えば，尤度を用いて「推論」されるのは，どの対立仮説が真であるかではなく，どの仮説を証拠が最も強く支持するかである．

Reichenbach のもくろみは，ここで論じたよりももっと根本的なレベルで議論されている．私は論証ぬきで尤度が証拠による支持の尺度であると仮定した．Reichenbach は，標本平均が母平均の最良の推定量である理由を示す証拠を出さなければならないと考えた．彼は，ある推定量がもつべき必須条件の1つが収束性であると主張した．私のいう尤度の解釈を正当化する自明でない論証が可能かどうか，あるいは Fisher[1938]に同意する Edwards[1972]のように，尤度を「原始仮定」とみなすべきか否かについての私の見解はここでは述べない．

尤度による評価が対象とするのは，現実のデータであって，仮想的な無限データを意味するわけではない．いま，ある有限のデータ集合を考えよう．このデータ集合は次の2つのタイプから成り立っているとする．一方のタイプのデータ (E_1) は H_2 ではなく H_1 を支持し，他方のデータ (E_2) は H_1 ではなく H_2 を支持する．これら2つのデータのもとでの仮説の尤度は，次のように表せる：

		データのタイプ	
		E_1	E_2
仮 説	H_1	w	x
	H_2	y	z

上の議論にしたがえば，これら2種類のデータのもつ証拠としての意味は，この表での**垂直方向**（vertical）の尤度の大小，すなわち $w>y$ ならびに $z>x$ にほかならない．

現実に遭遇するデータが第1のタイプだとしたら，データは H_1 を支持しているとしてそのまま受け入れるのがごく自然である．しかし，一致性が必要であると言い出すと，事実とは無縁の仮想的としかいえない考察が要求される．H_1 が真であるとしよう．データのサイズを限りなく大きくしたときに，得られるデータが確実に E_2 だったと仮定しよう．すなわち，$w<x$ という仮定である．この**水平方向**（horizontal）の尤度比較は，もし H_1 が実際に真であるならば，目の前のデータを信用しない方がよいという結論を導く．

この事実は，現実に直面するデータの解釈にある指針を与えるのだろうか．与えてはいないと私は思う．垂直方向の尤度の大小関係は，それぞれのタイプの観察をどう解釈すべきかを示している．しかし，水平方向の大小関係が統計学的一致性に貢献するのではという考えはまったく的外れである．

分岐学的最節約法は，110 形質を (AC)B ではなく (AB)C 仮説を支持する証拠と解釈し，101 形質は (AB)C ではなく (AC)B 仮説を支持する証拠と解釈する．この主張が尤度によって支持されるかどうかを調べるには，次に示す表の数値が3つの**垂直方向**の不等式を満たすかどうかを見ればよいだろう：

	過半数の形質での共有派生形質の種類		
	110	101	011
(AB)C	x_1	x_2	x_3
(AC)B	y_1	y_2	y_3
A(BC)	z_1	z_2	z_3

このとき，

$x_1 > y_1, z_1$；
$y_2 > x_2, z_2$；
$z_3 > x_3, y_3$

が成り立つならば，最節約法が仮定する共有派生形質の解釈は正しいだろう．そして，これらの不等式が成立しない条件が明らかにされるならば，それは

最節約法と最尤法の結論が一致しないことを示したことになるだろう.

注意すべき点は，統計学的一致性の議論はまったく異なった比較法に焦点をあてていることである．統計学的一致性は**水平方向**の関係である．たとえば，$x_1 > x_2, x_3$ が成立する条件を論じるようなものである．Felsenstein[1978]は，この不等式が満たされない反例を示した．尤度の議論は同じ観察に対して対立仮説がどのような確率を与えるかをみる．一方，一致性の議論は，ある特定の仮説が異なる観察に対してどのような確率を与えるのかを調べる[20].

それゆえ，尤度に関する Farris [1973] と Felsenstein [1973 b] との見解の対立は，まったく別の点で重要であると私は考える．Felsenstein [1978]は，Farris の方法は統計学的な一致性をもたないが，自分の方法には一致性があるという．Felsenstein [1978] は，最節約法は次の仮定を置いていることがわかったと主張し，Farris[1983]も明らかにその点には同意した．すなわち，その仮定とは，Felsenstein [1978] のモデルが誤りであるということである．しかし，彼らの議論では，ある方法をつかうためには，それが一致性をもつことは，望ましいだけでなく，それが不可欠の属性であることが暗黙に仮定されている．

尤度は統計学的な一致性を要求しない．しかし，最節約法も一致性をもたないからといって，最節約法と尤度が一致した結論を導くかどうかという疑問に答えてはいない．推論規則が統計学的な一致性をもたねばならないと考えるならば，Felsenstein の 1978 年の論文は最節約法の前提を発見していることになるだろう．しかし，私が上で論じた見解をとるならば，そういう結論は出せないことになろう．最節約法は，証拠がどの仮説を最も強く支持するかを判別しようとする．その働きは，尤度概念それ自身の働きと同じである．このことは，最節約法が尤度によって支持されるという意味ではない．しかし，少なくとも最節約法は尤度概念とは無縁の基準によって判定されるべきではない．一致性は，まさにそういう基準として求められたのである．

尤度と一致性の議論は，現在でははっきり分けられているが，尤度と最節約法とがどのように関連しているのかという疑問はいまなお未解決である．私は，Felsenstein [1973 b] の例——最良事例法を単純なデータに適用し，最

註 20 実験計画では一致性についての考慮が重要であることを否定しているわけではない．たとえば，ある推定量の収束が単調であるならば，それは小さなデータ集合ではなくもっと大きなデータ集合を調べるべきであるという主張の根拠になるだろう．Hacking [1965, 1971] の用語では，これは**試行後の評価** (after-trial evaluation) ではなく**試行前のかけ** (before-trial betting) である．一方，一致性が不要であるという私の主張は，観察がすでに得られている前者の状況に当たる．

尤仮説が最節約仮説ではない場合があることを示した——がまちがっていると言っているのではない．けれども，その例は，最節約法と尤度の間の一般的関係については解明していない．それは，何の条件もつけない最も一般的な主張だけを否定しているからである．さらに，Felsenstein の例は，最良事例法にもとづいているが，それが尤度関数を完全に解析しているとは考えられない．

上で論じた一致性基準への反論がどのような哲学的な意味をもつかを次節で考察した後，5.6節では，Felsenstein[1979, 1981, 1982, 1983 a, b, 1984]を取り上げ，最節約法などの系統推定法が仮定する進化プロセスを尤度の観点から調べた彼の研究を論じる．

5.5 悪魔と信頼性

最近，認識論の世界では，信念が生みだされるプロセスや方法の「確実性」(reliability) を重視した知識論や合理性理論の提唱が流行している[21]．真の信念が知識として十分ではないのはなぜかというのは，古くからある問題だった．たまたま偶然にとか，何の合理性もない想像の飛躍によって，正しい信念を得ることだってたまにはある．真の信念を知識とみなすためにはほかに何が必要なのだろうか．

ここでは，それに関係する合理性の議論に目を向けよう．合理的な見解は必ずしも真実である必要はない．それらは，合理的な手続きによって生み出された見解である．認識論での確実主義 (reliabilism) は，合理的な手続きは確実でなければならないと主張した．確実主義の表現はいろいろあるが，最大公約数的な共通認識は，方法というものは最終的には真実に収束しなければならないという主張である．

ある推論方法が使えるためには，それは誤りを犯してはならないと言いきる人は今ではいないだろう．合理性は，リスクの危険性が完全にゼロであることを求めてはいない．哲学者の多くは，もっと穏当で擁護しやすい合理性の概念を念頭に置いているようである．合理性は確実性を要求するが，無謬性は求めない，これなら何とかなる．ある方法が実際に手元にあるデータから真実を言い当てるのは無理としても，もっと多くのデータを積み重ねていけば，真実にいくらでも近づいていけるという道がまだ残されている．

しかし，長期的な視点で収束しなければならないという要求がきびしすぎ

註 21　知識と正当化に関する最近の確実性の理論については，Kornblith [1985] 編集の論文集や Goldman [1986] を参照されたい．

ることは，実際には，短期的な視点で真実の発見を要求することと同じである．過ちを犯さない方法を求めることは，方法が合理的方法であったとしても証拠が誤りを犯させるかもしれないという事実を見逃している．このとき，その方法はデータの意味するものを正確に解析しているのに，当然ながら誤った結論を導くことがある．前節で論じたコイン投げの例をみれば，収束を要求するときにも同じことが起こることがわかる．自然界とは，きわめて合理的なデータ解析の方法が，データ集合を無限に大きくしても，なお誤った結論に収束するような場なのかもしれない．

系統推定とコイン投げに関連して上で論じたいくつかの例は，デカルト的な再定式化が可能である．邪悪な悪魔の存在――われわれの感覚を系統的に誤らせる存在――は，対立仮説の尤度計算の障害となる攪乱変数と解釈できる．その理由は，感覚の証言をどのように解釈するのかについて，次の単純な例を考えればわかる．

私の隣にテーブルがあって，そこにコーヒーカップを見たと私は考える．このとき，その物理的実体が存在するという私の信念は私がいま得ている視覚的経験によって支持される．第1近似として，この証拠の関係を次のように表現してみよう．仮説 H_1 は隣のテーブルの上にコーヒーカップが存在するという仮説である．一方，H_2 は，そのテーブルの上には何も乗っていないという仮説としよう．E_1 は私がいま体験している視覚経験であり，「コーヒーカップが見えている気がする」と表現できるだろう．E_2 は「テーブルの上には何もない気がする」という視覚経験である．

隣のテーブルの上にコーヒーカップがあるような気がするという経験 (E_1) をしたならば，このとき H_1 の方が H_2 よりも尤度が大きくなる．同様に，テーブルの上には何もないようであるという経験をしたならば，H_2 の方が H_1 よりも尤度が大きくなる．2つの仮説の尤度は，これら2つの可能な経験によって，次の2×2表に表される：

		可能な経験	
		E_1	E_2
仮 説	H_1	w_n	x_n
	H_2	y_n	z_n

尤度の垂直方向の比較はここではきわめて自然である．すなわち，$w_n > y_n$ および $z_n > x_n$ である．この関係は，この2種類の経験に対するわれわれの解釈

を大まかに表現している．つまり，E_1 は H_2 ではなく H_1 の方を支持するが，E_2 は H_1 ではなく H_2 を支持する．

デカルト的問題がここで顔を出す．われわれの観察が「通常の」状況で行なわれたとしたら，それらの経験は上で説明したとおりの証拠としての意味をもつ（上の表での添え字"n"は，「通常の」(normal) の"n"である）．けれども，デカルトの悪魔がわれわれの観察に介入したならば，証拠としての意味は大きく変わってしまう．このとき，コーヒーカップを見ているようだという経験は，カップが実在するということを支持する確かな証拠ではないし，テーブルの上には何もない気がするという経験も，テーブルの上には何もないことを支持する確かな証拠ではない．

われわれの経験が「通常」の状況で行なわれたかそれとも悪魔の介入があったのかが，この例での攪乱変数である．それは，考察対象となる仮説——コーヒーカップが実在するのかしないのか——の尤度に影響を及ぼす．しかし，悪魔がいるのかいないのかを事前に仮定することはできない．次の表は，コーヒーカップを見た気がするという経験 (E_1) の確率を，4 つの可能な状況のもとで条件づけられた値として表示したものである：

	攪乱変数	
	通常	悪魔
H_1	w_n	w_d
H_2	y_n	y_d

$w_n > y_n$ であることは事前にわかっている．通常の観察状況ならば，H_1 は H_2 よりもコーヒーカップを見た気がするという経験に高い確率を与える．しかし，いま，悪魔が魔法をかけたとすると，$y_d > w_d$ となる．すなわち，この状況で，テーブルの上にコーヒーカップを見た気がするという経験をしたならば，最も尤度の高い仮説は，テーブルの上には何もないという仮説である．

通常の状況では，コーヒーカップを見た気がするという経験は，H_2 よりも H_1 の尤度を高くする．しかし，悪魔が介入しているとしたら，この大小関係は逆転する．では，この攪乱変数のとり得るすべての値を考慮に入れた，**総合的な尤度**を評価するにはどうすればいいのだろうか．攪乱変数がどの仮説が真であるかとは無関係ならば，そして悪魔の存在する確率が十分に小さいならば，悪魔の存在を考慮したとしても，最初の尤度評価が変更を迫られたりはしないだろう．悪魔がごく稀にわれわれの知覚を惑わすことはあったと

しても，E_1 は H_1 を支持し，E_2 は H_2 を支持するとわれわれは結論するだろう[22]．

前節のコイン投げの例とまったく同様に，ここで用いている尤度による推論規則は統計学的な一致性をもたない．悪魔が存在するという仮定の確率がきわめて小さいならば(たとえば，10^{-10} という確率を考えよう)，コーヒーカップを見た気がするという経験は，それが実在するという仮説を強く支持すると結論できる．しかし，一致性が合理的な推論規則にとって**必須の性質**であると信じている人びとにとっては，そういう結論は出せないだろう．彼らの疑念は，次のような主張に現われる：悪魔が存在するならば，もっと多くのデータ(触ったり匂いをかいだり別の角度からみたりして)を集めることにより，H_1 が真であるときに，誤った H_2 に収束することがあるだろう．

確かにそのとおりだ．しかし，収束の**保証**を求めることはまちがいなく要求が高すぎる．認識論的な懸念はもっともなことだが，それは悪魔の生じる確率が十分に小さければ，たいした問題ではなくなるだろう．私が言いたいことは，それは統計学的一致性が必要である論拠にならないということである．

哲学で確実主義が流行した理由の1つは，悪魔の仮定を無視したいという願望にあったのではないだろうか．こういうたぐいの認識論的悪夢(たとえば，あなたが皿に乗った脳ではないことをどうやって証明するのかとか)は，現場の科学者が頭を悩ませるべきではないSF的事例のようにみられるかもしれない．哲学者はこういうつまらない夢想から足を洗って，観察の誤りが生じる状況をきちんと議論することにいそしむべきであるというのがいまの風潮である．

哲学者はもっと現実的な認識論の諸問題と格闘すべきであるというこの指針に逆らうつもりはない．しかし，収束についての Felsenstein の主張は，悪魔を想定して推論規則が一致性をもたないような事例をひねり出す必要などないことを示している．長期的な収束性が，ある方法の使用にあたっての必要条件であるかどうかという疑問は，Descartes の問題では生じる．しかし，同じ疑問は科学研究の世界でも生じる．古めかしい哲学的問題など自然科学の世界には存在しないと頭から信じこまないで，こういう現実を直視すべきである．

註 22　仮定により，ある小数 e に対して，$\Pr(E_1/H_1) = (1-e)w_n + ew_d$ および $\Pr(E_1/H_2) = (1-e)y_n + ey_d$ となる．

Descartesの問題を排除すべきではないもう1つの理由がある．知覚経験の解釈に関して現実主義に立つとき，ベイズ主義の観点から言えば，悪魔一族が悪業をはたらいたという仮説に対しては，ごく小さな有限確率値を割り当てるべきである．悪魔に確率ゼロを与えることは合理的ではないと私は考える．ベイズの定理によれば，確率ゼロを割り当てられた仮説は，新たなデータによってその確率を増加させることができないからである[訳註11]．教条主義に陥りたくなければ，いかなる仮説にも確率ゼロを与えるべきではない．確率ゼロを与えてしまうと，将来の経験によってものの見方が変わる可能性を閉ざしてしまうからである．

　Descartesの恐るべき説に対するわれわれの（望むらくは合理的な）態度を現実主義的に表現するとしたら，収束性は合理的な推論の本質ではないことがわかるだろう．有限の確率で悪魔に支配されるならば，データを限りなく大きくしたときに，有限の確率で誤った結論を引き出すことになるだろう．しかし，この小さな確率の値が証拠の意味を評価する妨げにならないとしたら，推論規則は統計学的な一致性をもたねばならないなどと要求できなくなる．

　この主張は，Descartesの懸念が容易に解決できるということではない．われわれの知覚にもとづけば，テーブルの上にコーヒーカップがあることがわかるということを示すものは何ひとつない．また，悪魔の仮説が小さな確率しかもたないと主張することは私にはできない．私の論点は，もし悪魔の確率が十分に小さいと考えられるならば，収束するという制約を置かなくても，経験にもとづいて仮説を検定できるだろうということである．明らかに，科学的合理性は，それ以上多くを求めてはいない．

　認識論の確実主義は，「想定できるだけ」のものではなく「本当に可能な」ものの考察に重きを置いている．実際，もし悪魔の確率がゼロであるならば，彼らの目くらましは何の意味もなくなるにちがいない．しかし，この直観的にもっともらしいおとぎ話はつごうよく否定できないと私は考える．というのは，悪魔（あるいはその一族郎党）に出くわすことは，たとえその確率が極端に小さくても，現実にあり得るからである．悪魔に欺かれる確率が十分に小さいならば，われわれのいつもの知覚経験を解釈するために尤度的な支持を求めることができるだろう．たとえその確率が小さくても，長期的にみて悪魔の影響を実際に受けているのであれば，私の推論プロセスは確実では

訳註11　ベイズの定理 $P(H|0) = P(H)P(0|H)/P(0)$ において，事前確率を $P(H)=0$ と置いてしまうと，尤度 $P(0|H)$ の値とは関係なく，事後確率 $P(H|0)$ はゼロ以外の値をとれなくなってしまう．

ないことになるだろう．そのとき，合理性と確実性は袂を分かつことになる．

5.6. 必要性と十分性

Felsenstein [1973 b] の論文は，攪乱変数問題に対して最良事例解を与えることにより，最節約仮説が最尤仮説となる条件を発見した(5.2節)．Felsenstein のこの結果は，系統樹全体にわたる形質変化量の期待値が１よりもずっと小さいならば，最節約法と最尤法は一致するが，この条件をはずすと，両者は一致しないということだった．その後の Felsenstein の論文 [1979, 1981] は，この方向で研究が進められている．つまり，進化モデルを与え，最節約法と最尤法とが一致するようなパラメーター値を調べるというやり方である．

Felsenstein は，1979 年の論文で，形質状態が３つある進化モデルを考察した．状態０と１はいままでどおり原始的状態と派生的状態を意味するが，さらに 01 という多型状態(polymorphism)——状態０と１が集団中に共存していること——が追加された．Felsenstein は，ある進化事象が単位時間に一定の確率で生じる「進化時計」モデルを与えた．ある集団は，０から 01（あるいはその逆）および 01 から１（あるいはその逆）へ進化することはできるが，０から１へ直接進化することはできない．微小時間 dt の間のこれら３つの事象の確率は次のようになる：

$$0 \underset{b/2dt}{\overset{adt}{\rightleftarrows}} 01 \underset{cdt}{\overset{b/2dt}{\rightleftarrows}} 1$$

重要な点は，これらの確率は**枝ごと**の遷移確率ではないということである．それらは「瞬間的」な確率，すなわち微小時間内に変化が生じる確率である．したがって，この瞬間的変化モデルからどのようにして枝遷移確率を計算するのかが問題となる．

ここで，もう１つの確率が導入される．それは，進化的な確率ではなく，心理的な確率である．体系学者がある形質を「誤解」する確率を M とする．これは，形質の方向性を誤って解釈したとか，110 分布形質を間違って 101 分布と誤解したという意味ではない．Felsenstein のモデルでの誤解というのは，それが生じたときに，形質の情報がまったく失われることを意味している．Felsenstein [1979, pp.50-51] は，「これは誤解のモデルとしてはそれほどいいものではない．これを選んだ理由は，現実的だからということではなく，それを仮定することにより，形質整合性法が系統樹の最尤推定の極限形式であることを示しやすいからである」と弁明している．

Felsenstein はこのモデルを用いて，系統樹の末端に位置する分類群の形質状態から，最尤系統樹を推定する．そのためには，まず始めに，そのモデルがどのようにしてある単一系統樹の尤度を計算するのかをはっきりさせる必要がある．ここで，「系統樹」という用語は分岐構造の樹形のみを指していることに注意しよう．その系統樹は，その内部での分岐事象の生じた時期や内部分岐点の形質状態を指定してはいない．

　まず始めに，この種のモデルがある形質にどのような確率を与えるかを考えなければならない．次に，ある系統樹が，どのようにして各形質に与えられた確率を総合し，全形質の確率を計算するのかを考察しなければならない．これらの問題はどちらも Felsenstein のいう形質が「誤解」されない状況に適用される．最後に，誤解という事象をどのようにモデル化するのかについてもっと検討しなければならない．

　簡単な例として，110 分布をするある形質を与えたときに，図 5 a(p.50) の (AB)C という系統樹を考えよう．この系統樹の根にある種ゼロは原始的 (0) な形質状態をもっている．この系統樹が末端種で 110 形質を進化させる確率を計算するためには，この形質分布を生みだすあらゆる異なる経路をすべて考慮する必要がある．この系統樹で根から種 A に向かって昇るとき，2 つの内部分岐点に遭遇する．それらを順に x および y と呼ぼう．これらの分岐点はどちらも原始的または派生的状態をとり得る．したがって，内部分岐点の形質状態の組み合わせとしては 4 つの可能性 ($x=y=0$, $x=0$ かつ $y=1$, $x=1$ かつ $y=0$ および $x=y=1$) がある．それぞれの形質状態の配置ごとに，この系統樹が末端点で 110 形質を進化させる確率を計算できる．このようにして，(AB)C を与えたときの 110 形質の確率は，内部分岐点に配置される可能な形質状態の組み合わせに条件づけられた，形質分布の生起確率の総和である．また，この計算を実行するためには，枝遷移確率を求めておかねばならない．

　枝遷移確率は，系統樹の末端点または内部分岐点がある形質状態をとる確率を，その点の直接祖先である点の形質状態を与えたときの条件つき確率として表現したものにほかならない．Felsenstein のモデルでは，枝遷移確率を上述の瞬間的遷移確率と時間の 2 つの変数によって決定する．したがって，ここでの枝遷移確率は $P_{B_k E_k}(t_k)$ という式で表現できる．この式は，第 k 枝の始点の形質状態が B_k，始点から終点までの時間間隔が t_k であるとき，その終点の状態が E_k である確率を表す．

　この総和が計算され，110 形質に対してこの系統樹が与える確率が求められ

たとしよう．同様の計算をすれば，異なる分布をする形質，たとえば100形質に対して，この系統樹が与える確率も求められるだろう．どのようにすればこれら2つの確率をまとめて，系統樹がこの2つの観察に与える単一の確率として統合することができるのだろうか．Felsenstein は，形質が互いに独立であること，すなわち110形質および100形質を得る確率は，それぞれの形質の確率の積にほかならないという仮定を置いた[23]．

最後に，Felsenstein のいう「誤解」のモデル化について検討しよう．各形質 i に対して，誤解が生じる確率 M，および形質 i が誤解されたときに観察データが得られる確率 K_i を考慮しなければならない．これは，樹形には関係なく，データにのみ依存する定数であると仮定される．

結局，Felsenstein はある系統樹の尤度 L を次のような積として表現した：

$$L = \Pi \left[MK_i + (1-M) \Sigma \Pi \, P_{B_k E_k}(t_k) \right].$$

この尤度式で，総和 (Σ) は，あらゆる内部分岐点の形質状態配置に関する条件のもとで観察データが得られる確率の和である．これらの「観察データが得られる進化経路」は，それ自身が内部分岐点の形質状態配置を与えたときの枝遷移確率をすべてかけ合わせた積 (Π) として表現される．上式の最初の総積記号 (Π) は，データ集合に含まれる形質すべてにわたる積である．

この式を用いて，ある系統樹の尤度の値を求めるためには，K_i, a, b, c および M の値を指定しなければならない．末端分類群の数が増えると，Felsenstein の調べたところ，データ集合から尤度を計算することはきわめて難しくなる．その理由は，分類群の数が4とか5でも，ある樹形のもとで可能な内部分岐点の形質状態配置の総数が膨大な数になってしまうからである[24]．け

註23　これは厳密には正しくない．(AB)C という同一の樹形をもった系統樹であっても，内部の枝の時間的長さはいろいろ異なるかもしれない．しかし，たとえ独立な形質であっても，ある特定の系統樹の内部で進化する必要がある．これは，Pr [110&100/(AB)C] が2つの形質進化のあらゆる経路にわたる総和であるならば (この総和が枝の時間的長さの違いを考慮したとして)，たとえ両形質が互いに独立であるとしても，この項は Pr [110/(AB)C] Pr [100/(AB)C] とは等しくならないということである．この点については，第6章のモデルの議論で再び論じる．

註24　実際には，計算量だけが問題ではない．Felsenstein が言及したパラメーターの値すべてを指定したとしても，それだけでは枝遷移確率は決定できない．枝の時間的長さが決まっていないからである．したがって，樹形と Felsenstein の瞬間的遷移確率に含まれるパラメーターを条件として与えたときに異なる枝の時間的長さが生じる確率を記述するモデルがさらに必要になる．Felsenstein のモデルはこの問題を解決していない．第6章で検討するモデルでは，与えられた樹形のもとでさまざまな枝の時間的長さがあり得るという事実を考慮に入れている．

れども，Felsenstein [1979, p.52] は，これらのパラメーター値に関してある仮定を置けば，計算量は大幅に減少すると指摘している：「形質の起源・逆転・多型の喪失・誤解という4タイプの事象の確率が大きく異なっているならば，多くの可能な事象復元のなかで，ある復元によって尤度の大部分が決定されているということが直感的に期待されるだろう．」

すべての瞬間的遷移確率がきわめて小さい値であるという仮定を置くと，そういう事例が得られる．Felsenstein [1979, p.54] は，この仮定のもとでさらに4つの「状況」について議論を進める．第1の状況は以下のとおりである：

I．$c, e^{-b}, M \ll a$ のとき．「このとき，$0 \to 1$ の変化だけを含む内部分岐点の形質状態配置に比べれば，逆転，誤解あるいは多型の維持を含む復元の[系統樹の]尤度への貢献はごく小さい．しかし，a が小さいため（他のパラメーター値よりは大きいけれども），ある系統樹の尤度の大部分は，$0 \to 1$ の変化が最小となる復元によって決まってしまうだろう．また，a が小さいので，$0 \to 1$ の変化が多くなるほど，その系統樹の尤度は小さくなるだろう．このとき，観察データを説明するために必要な $0 \to 1$ の変化が最も少ない——誤解や逆転がなく多型も失われたとして——系統樹が最尤系統樹であることは容易にわかるだろう．これは，Camin-Sokal 的な最節約基準にほかならない．」

Felsenstein [1979, pp.54-55] は，次に，彼のモデルのパラメーター間の大小関係に関する残る3つの状況に議論を進め，それらが3つの系統推定法と関連づけられることを示した：

II．$e^{-b}, M \ll a \ll c$ のとき．「4つのパラメーター値のうち，c が最も大きければ，個々の形質で尤度に最大の貢献をするのは，誤解や多型がなく，形質ごとにたかだか1回の $0 \to 1$ 変化があるという制約のもとで $1 \to 0$ 変化が最も少なくなるような復元だけである．ある系統樹の末端種の観察された形質状態を説明するのに必要な $1 \to 0$ 変化が多くなるほど，その系統樹の尤度は小さくなる．誤解や多型がなく，形質ごとにたかだか1回の $0 \to 1$ 変化があるという条件のもとで，最尤系統樹は $1 \to 0$ 変化が最小となる系統樹だろう．これは Farris [1977] のいうドロー (Dollo) 最節約法によって得られる系統樹と正確に一致するだろう．」

III. $c, M \ll a \ll e^{-b}$ のとき.「このとき，ある形質の尤度項の大部分は，逆転や誤解を仮定せず，形質状態 1 の起源はたかだか 1 回で，その形質が多型となる系統樹部分が最も小さくなる復元によって決定されるだろう．」この状況は，Felsenstein が「多型的方法」(the polymorphism method) と呼ぶ新しい方法に当たる．

IV. $c, e^{-b} \ll a^2 \ll M \ll a$ のとき.「このとき，尤度の大部分を決定する復元は，$0 \to 1$ 遷移がただ 1 回だけ生じるが，それが不可能であるならば，形質の誤解があったと仮定する復元だろう．誤解されたと解釈される形質が多いほど，尤度は小さくなるだろう．したがって，最尤系統樹は，できるだけ多くの形質がたかだか 1 回の $0 \to 1$ 遷移によって説明できる系統樹だろう……．これは Estabrook, Johnson and McMorris [1976] の形質整合性法に相当する．」

Felsenstein は，Camin and Sokal [1965] と Farris [1977] の方法は異なるといっているが，これらは同一の方法を異なるやり方で導いたものと考える方が自然であると私は思う．Camin and Sokal [1965] のモデルでは，$1 \to 0$ の逆転は禁じられているが，$0 \to 1$ 変化が複数回生じることは許されている．Farris (1977) のモデルでは，$0 \to 1$ 変化はその逆方向の変化よりも生じる確率が格段に小さいと仮定されている．私としては，両者のちがいはモデルのちがいであって，方法のちがいではないと考えたい．どちらの論文も，要求される変化の最小化にもとづく進化的推論方法を提唱している．両方法で異なっているのは，$0 \to 1$ 変化と $1 \to 0$ 変化をどのように「重みづけ」するかである．

Felsenstein [1979, p.60] は，これらの尤度の導出について，その意義と限界を次のように述べている：

> 上で示したように，われわれはある共通のモデルを構築できることがわかった．そのモデルはパラメーターを極端な値に設定することにより，既存のもしくは新たな系統推定法に帰着させることができる．しかし，そのモデルは，これらの推定法を用いる論拠としては決して十分ではない．たとえば，進化樹のタイムスパン全体にわたって形質状態 1 の進化が稀であると積極的に仮定するときには，並行進化や収斂がわれわれのデータにはまったくないかあったとしてもごくわずかであると期待しているからである．しかし，それが事実であることはまずない．たいていの場

合，形質状態の変化は単一生起で，かつ逆転しないような形質はほんの少数であることがわかっている．

上で引用した最初の文章は，これら4つの方法が最尤法と一致するための**十分条件**をFelsensteinが導いたことを示している．続く文章で，Felsensteinはこの十分条件が論拠とはならないと指摘している．これは，Felsenstein [1973b, p.244]が以前に導いた最節約法と最尤法が一致するための十分条件に発見されたのと同じ「玉に瑕」(fly in the ointment)である．

彼の主張は，最節約法やほかの方法が形質変化の確率がきわめて小さいという仮定を置いていることを証明してはいない．むしろ，それはFelsenstein自身の仮定といえる．その仮定を置いたおかげで，彼は最節約法と最尤法が一致する条件および両者が一致しない条件を導くことができた．したがって，Felsensteinの得た結果の論理的形式は次のようになる：もし変化確率がごく小さく，かつⅠまたはⅡの不等式が満たされるならば，最節約法と最尤法とは一致するだろう．一方，ⅢまたはⅣの不等式が満たされるならば，形質整合性法と最尤法とが一致するだろう．このように，Felsensteinの主張は，変化率の小ささそれ自体は，最節約法を選択する十分条件では**ない**ことを示した．また，変化率が小さいという仮定が必要条件であるかどうかという問題に決着をつけたわけでもない．

Felsensteinは，彼が導いた十分条件が生物学的には決して妥当ではないことがわかっていた．だから，彼の得た結果は，変化が稀であるという仮定を最節約法が置いているという証明になっていないだけではなく，Felsensteinによれば，最節約法が意味をもつ妥当な十分条件を与えているわけでもないのである．

上の引用文に関連して，ある系統学的方法が尤度的な根拠をもつための必要条件と十分条件とがまったく別であることは，この論文の結論では明言されていないようである．Felsensteinは，モデルのパラメーターの数値を与えない限り，直接的な最尤法を系統推定に用いることはできないと指摘している．あるいは，すでにくわしく論じた最良事例法を用いれば，これらのパラメーター値をデータ自身から推定できるかもしれない．しかし，Felsenstein [1979, p.61]は第3の方法を提案している：

極端なパラメーター値を仮定したときの最尤法である最節約法や形質整合性法を，これらの条件が満たされない場合にも用いることはできる．こ

のときそれらは最尤法とはいえないだろうが，最尤法と同じく，望ましい統計学的性質（とくに一致性，十分性，有効性）をもつかもしれない．最節約法と形質整合性法の統計学的一致性を単純なケースについて検討した別の論文［Felsenstein 1978］で……私はこの方向に向けての研究を開始したばかりである．これらの手法は，すでにいくつかの検証を通過してきた．けれども，系統を推定するための手法が論理的にしっかりした基盤をもつためには，この方向に沿ってもっと研究がなされなければならない．［太字は私による］

Felsenstein が，彼の 1978 年の論文で，最節約法と形質整合性法が「すでにいくつかの検証を通過してきた」と書いているのは，どういうことだろうか．それはともかく，私がここで言いたいことは，太字の文についてである：Felsenstein が導いた条件式は十分条件だったのに，Felsenstein はそれを必要条件と誤って解釈していることに注意しよう．彼は，それらの条件式が満足されないならば，最節約法などの推定法は尤度的な論拠をもたないと主張した．

これはうっかり口が滑ったということでは決してない．Felsenstein のその後の論文でも同じ誤り――ある方法が有効であるための十分性が証明された条件をその方法の「仮定」とみなすこと――が見つかるからである．十分性を証明した上で，その必要性を主張するというこの論点のすりかえについて少し詳しくみるのがよいだろう．

しかし，その前に，言っておきたいことがある．第 1 に，Felsenstein 自身も同じ結論に達していたという点である．彼は今では「最節約法が統計学的に望ましい性質をもつには，異なる系統枝での変化確率が小さいかまたは等しいと仮定しないとだめだという一般的な証明をしたわけではない．しかし，私が調べたケースでは，いつもそのパターンが見られた」(Felsenstein and Sober [1986, p.624]) と認めている．第 2 に，批判はするが，彼の研究を軽視するつもりは私には毛頭ない．Felsenstein の研究のおかげで，系統推定の問題に対するわれわれの理解は大いに深まった．Farris の研究も同じくらい高く評価しているが，批判すべき点はやはりある（第 4 章）．こんにち，生物学における論争は党派化していて，彼らの仕事をどちらも評価する私などは少数派に追いやられてしまいそうだ．それはともかく，Popper [1963] の言葉を借りれば，知識の進歩が推測と反駁の過程を通じて推進されるという考えは，他の研究分野と同様，方法論の研究にもあてはまる．

Felsenstein [1981] の論文には，「形質の重みづけへの尤度にもとづくアプ

ローチ，および最節約法と形質整合性法との関連」というタイトルがつけられている．そこでの問題は2つの部分に分かれる．第1の「直接的重みづけ」(direct weighting) が適切に行なえるのは，データ集合のなかのどの形質がどのような変化率のもとで進化しているかが既知であるときである．一方，「間接的重みづけ」(indirect weighting) というのは，いくつかの形質が高い進化確率をもっているのにそれ以外は低い変化確率をもつとき，しかもどの形質がどちらのカテゴリーに属しているのかがわからない状況を含むときである．前者について，Felsenstein は，最節約法の十分条件を確立し，後者については，形質整合性法の尤度的な根拠を明らかにした．

そこで用いられたモデルは，Felsenstein [1979] のモデルとは異なっている．形質状態は"0"と"1"の2つしかなく，どちらの状態もそれが祖先的である確率は1/2である．全形質が等しい速度で進化するという仮定は置かないが，対称的な時計の仮定（clock assumption）が置かれている，すなわち，ある形質 i がある微小な時間 dt 内に $0 \to 1$ 変化と $1 \to 0$ 変化を起こす確率は $r_i dt$ である．これまで同様，異なる枝では，形質は互いに独立に進化するものと仮定される．

Felsenstein [1979] と同じく，この**瞬間的な**遷移確率からどのようにして**枝ごとの**遷移確率を計算するのかという疑問がすぐ出てくる．Felsenstein は，すべての $r_i t_j$ は十分に小さい値であるから，形質がある枝で複数回変化することはまずありえないと仮定した．さらに，r_i がきわめて小さいと仮定した上で，Felsenstein は，枝遷移確率が漸近的に

$$\Pr(0 \to 0 ; t_j) = \Pr(1 \to 1 ; t_j) = 1 - r_i t_j,$$
$$\Pr(0 \to 1 ; t_j) = \Pr(1 \to 0 ; t_j) = r_i t_j$$

に近づくと指摘する．

Felsenstein [1981, p.186] は，枝の持続時間はほぼ等しく，ある形質は，2つの枝で変化するよりも，1つの枝で変化する確率がより高いと仮定した：

すべての i, j, k, l に対して，$r_i t_j \gg (r_i t_k)(r_i t_l)$．

「結果的に」と Felsenstein [1981, p.187] は言う．これは「仮想的祖先の形質状態の復元が何通りもあるとき，異なる枝で形質 i が2回変化するような復元とたった1回変化するだけの復元とでは，後者の方が尤度に対する貢献度がずっと大きい」ということである．1979年の彼の論文と同様，この規約を設けることで尤度計算は簡単になった．ある樹形のもとで可能な内部形質

状態に関するすべての和をとらなくても，「尤度の大勢を決めている」変化が最小である形質復元だけを考えればよいからである．このとき，データに含まれるすべての形質に対するある系統樹の尤度は：

$$L = \prod_{i=1}^{形質} \prod_{j=1}^{枝} (r_i t_j)^{n_{ij}}$$

という単純な式で表される．ここで，n_{ij} は枝 j での形質 i を最小の変化数で説明できる変化回数である．n_{ij} それぞれは，その枝で形質変化が生じたかどうかによって，1 または 0 のいずれかの値をとる．$r_i t_j$ は小さいから $1 - r_i t_j$ はほぼ 1 であるとみなせるだろう．したがって，尤度の式は，その系統樹が要求する最低限の形質変化だけを計算すればよいのである．

次に，Felsenstein は，異なる形質に異なる重みを与える最節約法が，このモデルのもとでの単純な尤度によって解釈できることを示した．すなわち，変化する確率がきわめて小さな形質に大きな重みを与えるということである．形質 i が保守的ならば，$r_i t_j$ の値は小さくなる．したがって，そういう保守的な形質を変化させることは，もっと変わりやすい形質を変化させることよりも，尤度を大きく下げるだろう．

一方，形質の変化速度がほぼ等しく，形質 i の 1 回の変化が他の 2 形質 k と m の各 1 回ずつ合計 2 回の変化よりも高い確率をもつという条件：

$$\text{すべての } i, j, k, l, m \text{ および } n \text{ に対して，} r_i t_j \gg (r_k t_l)(r_m t_l)$$

が成立しているならば，重みを与えない最節約法の計算は正しい結果を導くだろう．この条件式は，上で挙げた条件式よりも厳しい．ここでは，異なる形質における変化確率に関する条件を設定しているからである．

Felsenstein [1981, p.190] は，次に"間接的重みづけ"に議論を進める．彼は，いくつかの形質（全体のうちの p 形質）はきわめて高い確率で変化するが，残りの形質は，上で規定したように，変化する確率が小さい（定数 r とする）と仮定した．ここでは，系統樹の尤度は，形質全体にわたって

$$p \times [r_i \text{ が大きいという条件のもとでの形質 } i \text{ のデータが得られる確率}] +$$
$$(1-p) \times [r_i = r \text{ という条件のもとでの形質 } i \text{ のデータが得られる確率}]$$

を i に関して総積をとったものである．では，r_i が高いとき，枝遷移確率はどのようにして計算されるのか．この例では，枝遷移確率 $\Pr(0 \to 1)$，$\Pr(1 \to 0)$，$\Pr(0 \to 0)$，$\Pr(1 \to 1)$ は，すべて等しく 1/2 であると Felsenstein は言う．

これらの仮定を置くことで,「ある系統樹の尤度を評価するとき,その尤度の大部分は,可能ならば1回だけ形質状態を変化させ,それが不可能ならば,高い頻度で変化させる形質とみなすような事象の復元によって決定されるだろう.後者の事象は尤度への影響が小さいので,形質状態の変化が1回以下である形質が多くなるほど全尤度は大きくなる」ことが保証される.言い換えれば,形質整合性法の尤度的な根拠が導かれたということである.

この形質整合性法の十分条件は,Felsenstein [1979] で形質整合性法が議論されたときの,体系学者による誤解のモデルを踏まえていない.ここでのモデルは,純粋に進化的であり,心理的モデルではない.そのモデルのもとで,形質整合性法は,形質変化率に関してある仮定を置いたときの最尤法である[25].

これまでの論文同様,こういうモデルの構築を行なった動機は,最節約法と形質整合性法が要求する進化上の仮定をそれらが明らかにするのではという点にあるにちがいない.Felsenstein [1981, pp 194-195] は,系統学の方法が尤度にもとづく結論と一致するための十分条件を導けたと主張する:

> ……最節約法が信頼できるのは,共通祖先からの分岐のタイムスパン全体にわたって,形質の変化率が小さいときである.形質状態の変化回数の最小化には,きわめて単純かつ明快な根拠がある:形質の変化を最小に抑えることにより,最もすなおな進化史の復元をしたいということである.さらに,最節約法は頑健な方法である.それは変化率が小さいという仮定を置いているだけで,その値の大きさは何でもよいからである.進化率を小さくしたとき,異なる形質の重みは等しくなり,極限では重みなしの最節約法に収束する.
>
> 形質整合性法が信頼できるのは,形質ごとに進化率が大きく異なるときである.それらが最も強く支持されるのは,大半の形質の進化速度が小さいのに,一部の形質だけが急速に進化する状況で,それらの形質の進化速度についての事前の情報がない場合である.

註25　5.1節で議論した例を参照されたい.図15では,枝遷移確率はすべて1/2で等しいと仮定した.その結果,$\Pr[110/(AB)C] = \Pr[110/A(BC)] = 1/8$となった.変化確率が高くなると,形質分布は情報をもたなくなるというFelsensteinの議論を直感的に表現したのがこの例である.重要な点は,0から1へのそして1から0への変化の瞬間確率が同じであるということである.この点については,次章でまた説明しよう.この対称性の仮定を置くとき,枝遷移確率が1/2になるのは,漸近的な状況を考えたならばの話である.有限の時間区間をもつ枝では,共有派生形質が無情報であるとはいえない.

彼の主張は，Felsensteinがはじめに規定したモデルに依存しているという条件のもとで基本的には正しい．しかし，十分条件を証明した上で，それが必要条件でもあると主張する論点のすり替えは，ここでも現われる：「これら3つの方法（最節約法，形質整合性法，閾値法）[26]は，どれもある大きな欠点を抱えている．それらは大半の形質の変化率がきわめて小さいという暗黙の仮定を置いているということである……．」(p.194)．ここでもまた，Felsensteinは彼の主張には玉に瑕があることを認めている：「私が調べた多くのデータ集合は，ほとんどすべての形質について複数回の余分な変化を要求した．これは，大半の形質の進化率が小さいとする上の仮定と矛盾する……．このことは，最節約法や形質整合性法を用いることに問題があることを示している．中程度の進化率が予想されるときは，進化速度の最小性を仮定する方法ではなく，中程度の進化率を前提とする復元法を選ぶべきではなかろうか」．ここでもまた，大半の形質の変化率が小さいと仮定したのはほかならないFelsenstein本人であるという点を忘れてはならない．この仮定は彼のモデルの中核と規定され，そのなかである形質だけを重みづけする論拠が考察された．しかし，それは，最節約法や形質整合性法がそのようなものを仮定しているという証明とは決していえない．

　彼の議論のすすめ方を，その後に続く一連の論文［Felsenstein 1982, 1983 a, b, 1984］で追認する必要はもうないだろう．私が検討してきたこれらの論文のなかで，彼は一貫して，最節約法は進化速度が小さいと仮定しているが，その仮定が正しいことはまずないと主張する[27]．私の主張は，この結論がまちがっているということではなく，それが正しいことをFelsensteinがいまだに証明できていないということである．与えられたデータのもとで系統仮説の尤度を計算するという技術上の問題から，Felsensteinは単純化するための仮定を置いた．系統樹内部の形質状態配置――ある樹形のもとでのデータが生じる確率を計算するのに必要――の**すべてを考えずにすませる**には，進化速度が小さいという仮定を置くことで，形質変化回数が最小となるようなただ1つの内部形質状態配置だけに着目すればよい．この仮定のもとで，その内部配置は「尤度の大部分」を決定するだろう．しかし，残念なことに，この技術上の便法のために，**最節約法が変化の回数が最小であることを要求し**

註26　この最後の閾値法はFelsensteinが考案したものだが，ここでは触れない．

註27　Felsenstein［1983 a, pp.321-322］は，進化速度が小さいという仮定を少しゆるめるには，同時間帯に属する枝の進化速度が十分近い値であると仮定すればいいだろう，と推測している．

ているのかどうかが，判定できなくなってしまった．Farris のテーゼ——最節約法は仮定を最小化しても，最小性を仮定してはいない——はいまだに反駁されてはいない．

これらのモデルから導けるもっと穏健な結論としては，進化速度が小さいという仮定それ自身だけでは最節約法は擁護できないという主張が考えられる．Felsenstein の目標は，進化速度の小ささが最節約法の**必要条件**であることを証明することだった．しかし，彼が実際に到達したのは，速度が小さいという仮定は**十分条件**でもなかったという結論だった．Felsenstein [1979, 1981] のモデルでは，進化速度が小さいという仮定を他の仮定と組み合わせたとき，**最節約法以外**の方法が正しいとされることもあった．

5.7 終わりに

統計学的一致性が推論方法のもつべき必要条件であるとしたら，Felsenstein [1978]の主張は，最節約法がどのようにしてホモプラシーが稀であることを仮定しているのかを明らかにしただろう．もっと正確に言うと，最節約法は，一致性が必要ならば，Felsenstein の 1978 年のモデルのすべての仮定が真であるとはいえないという仮定をしなければならなかっただろう．尤度的推論における攪乱変数に対処するための最良事例法が完全な尤度関数を評価する方法として合格だといえるのなら，最節約性と尤度はある便宜的方法のもとでは一致しないが（Felsenstein [1973b]），別の便宜的方法のもとでは一致する（Farris [1973]）と結論しなければならないだろう．けれども，尤度と一致性との区別を明確にしていれば，そして最良事例法が完全な尤度関数の比較をしていることにはならないという点を理解できていれば，最節約法が何を前提としているかについて実はまだ何もわかってはいないのである．

Felsenstein のその後の研究(Felsenstein [1979, 1981, 1983a, b, 1984])でも，この問題は解決されなかった．変化がきわめて生じにくいことが，最節約性と尤度が一致するための十分条件の核心であることを発見した Felsenstein は，最節約法は変化が生じにくいことを仮定していると結論した．私の反論はこの論証のすすめ方に対して向けられた．彼の結論がまちがっていると私は主張しているのではない．おそらく最節約法は，結局のところ，進化速度がきわめて遅く，ホモプラシーはまったく生じないか生じたとしても稀であるという仮定をきっと置いていると考えられる．そうだとしたら，体系学者はこの仮定が明らかに偽であるようなデータ集合を日常的に相手にしているという Felsenstein の指摘は聞き流せないだろう．Felsenstein の言葉を

借りれば，これもまたもう 1 つの「玉に瑕」なのだろう．偽であることがわかっていることをある方法が本当に**仮定**しているのならば，その方法をそしらぬ顔をして使い続けることはもはやできない．けれども，最節約法はホモプラシーが稀であることを要求していないのではという疑念が晴らされたわけではない．次章では，この問題の解決に向けてさらなる一歩を踏み出そう．

第6章 系統分岐プロセスのモデル

6.1 進化モデルへの要望

　本章の目的は，系統推定問題を解く2つの方法すなわち全体的類似度法と分岐学的最節約法の確率論的性質を調べることにある．そのためには，これまでの章の議論で到達した，モデルがなければ推論できない（no model, no inference）という重要な結論を無視するわけにはいかない．形質分布の証拠としての意味づけをめぐって対立する学説の妥当性を検討するには，たとえ暫定的にせよ，具体的な進化プロセスのモデルを仮定することが不可欠である．

　Felsensteinが繰り返し強調した二重のジレンマを避けることもできない．数学的に扱いやすいモデルは，しばしば非現実的である．一方，証拠の解釈をはっきり方向づけできる生物学的にみて現実的なモデルは，あまり提出されていない．ある分類群を研究対象とする体系学者は，どのプロセスモデルが真であるかではなく，どれが偽であるかならば確信がもてるということがよくある．

　たとえそうだったとしても，本章が目指す実現可能な目標ならば，そういう難問であっても解決できるだろう．推定法の前提についてモデルの仮定をふまえない一方的な見解はひかえる．あるモデルで得られた結果は，別のモデルにも拡張できるかもしれない．この頑健性の問題についての私の見解は，ものになりそうな見通しを述べたまでで，厳密な議論はまだ与えていない．さらに，ここで調べたモデルのもとでさえ，私は一方の系統推定法を正当化するつもりはない．私の関心はむしろこの2つの推定法の区別についてこれまでいわれてきた主張にある．それらのほかにもさまざまな主張があることはもちろんである．

　以下で注目する問題の1つは，ホモプラシーの頻度が最節約法の妥当性にどんな影響を与えるかである．ホモプラシーが頻繁に生じると分岐学的方法

の妥当性が損なわれるかどうかをみるには，ホモプラシーが稀であるという仮定を置き，そのとき最節約法が妥当な方法であることを示すというやり方ではだめである．そのやり方は，仮定の十分性と必要性とを混同しているからである．一方，ホモプラシーが頻繁に生じるというモデルを置き，どんな妥当性の基準のもとでも最節約法が失敗することを示すというやり方もよくない．ここでもっとやっかいな問題は，ホモプラシーが頻繁に生じるとか，あるいはモデルのある性質が真であると断言できるかどうかが不明なことだろう．むしろ，ホモプラシーの頻度が**調整可能な**パラメーターであるようなモデルを考えるべきだろう．その上で，ホモプラシー頻度を高くあるいは低く設定したときに，最節約法の妥当性がどのように変わるかをみればよい．

　本書で私は，尤度が証拠による支持の尺度であるという仮定を置いた．また，ベイズ主義者と尤度主義者の合意点をも受け入れた．その合意点とは，事前確率が指定されたある確率過程のモデルによって決まっているなら，仮説の全体的妥当性の尺度としては，尤度よりも事後確率の方がすぐれているという点である．本章で，私は，さまざまな系統仮説の事前確率がきちんと定義できる分岐プロセスを考える．これにより，対象となる仮説の尤度だけではなく，事後確率の議論が可能になる．しかし，このモデルの真の利点は，尤度概念がどのように系統仮説に適用されるのかが明らかになることにある．

　第3章と5章の議論を踏まえ，尤度の評価にあたって私は最良事例法は利用しないことにする．攪乱変数を処理するもう1つの方法は，3.5節で論じたように，それらの値を推定することではなく，制約することである．この考えにもとづいていくつかの仮定を導入し，対立する系統仮説の尤度の大小を示す不等式——これらは攪乱変数の真の値がなんであれ成立する——を導く．

　Felsenstein [1973 b, 1981, 1983 a, 1984] は，分岐学的最節約法が成り立つ十分条件を導いた．それは，形質変化の速度が小さく，ホモプラシーが稀にしか生じないならば，最節約法は妥当であるということだった．Felsensteinが指摘するように，現実のデータがこの十分条件を満足することはほとんどない．現実のデータ集合では，証拠として採用した形質のかなりの割合がホモプラシーによって生じたと仮定しなければならないことがしばしばある．この深刻な「玉に瑕」を回避できるような，最節約法に特有の主張が成立するための十分条件が発見できたとしたら一歩前進したことになるだろう．

　Felsenstein [1983 a] と Felsenstein and Sober [1986] において，Felsensteinは，枝の間での進化速度の均一性 (uniformity) はもう1つの十分条件だろうと示唆した (証明はしなかったが)．速度の均一性とは，ある時刻にお

いて，すべての枝での形質の進化確率が等しいという意味である．これは，進化速度が時間的に一定であることを求めてはいない．均一性とは一定性(constancy)ではない．Sneath and Sokal [1973] が，対照的に，進化速度が均一であれば表形的方法の妥当性が成立すると主張したことを思い出そう(3.1節)．私が以下で検討するモデルでは，進化速度が均一であると仮定する．このタイプのモデルは，生物学におけるこの論争に加わった参加者たちが自派の系統学的方法にとって有利であるとみなしたモデルである．したがって，このモデル設定のもとでどの系統学的方法が成功するかが関心の的になる．

系統推定の対立するアプローチは，形質の重みづけの方法がそれぞれ異なっていると考えることができる．表形的方法は，原始的類似性にも派生的類似性にも等しい重みを与える．分岐学的最節約法は，共有原始形質にはゼロの重みを与える．分岐学的最節約法では，研究者の生物学的判断にもとづいて派生的形質に対しても異なる重みをつけることがある．最節約法自身はこれらの重みをどのように割りふるかは指示しない．形質整合性法すなわち「クリーク」法では，共有原始形質にはやはりゼロの重みを与えるが，最節約法とは異なり，最小限の共有派生形質を除去すること（ゼロの重み）で完全に整合的なデータ集合をつくろうとする．仮定されたモデルのもとで，われわれが知りたいことは，これらの相異なる重みづけの方法が意味をもつための生物学的条件である．

「全体的類似度法」は形質を解釈する1つの方法だが，ここで得た結論は「距離尺度」を用いる他の方法にもあてはまるだろう．距離尺度法は，分類群の形質状態ではなく，分類群の対ごとに計算された全体的非類似度をデータとみなす．ある種の分子データはこの形式に当てはまるので，これらの方法は広く普及している．たとえば，異なる種のDNA鎖から塩基が異なるサイトの比率を求める手法が開発されている．このような方法だと，DNA鎖の個々のサイトの実際の塩基配列を知らなくても用いることができる．つまり，形質から系統を推定するのではなく，距離から系統を推定していることになる．しかし，原始的類似性と派生的類似性をどちらも証拠として採用するというもっとも重要な点で，距離尺度法と形質の表形的分析は同じ立場に立つ[1]．

以下で考えるモデルは，図2(p.34)——第1章の分岐学の用語の説明に用いた図——で示した単純なモデルである．ある祖先種（ゼロ）から分岐プロセスが始まるとする．ある時間が経過した後，ゼロから2つの子孫種が生じ，

註1　距離行列にもとづく系統推定法については，Nei [1987, pp.293 ff] を参照されたい．

さらに同じだけ時間が経過した後，それぞれの子孫種は2つの種を生むというプロセスを繰り返す．第 n 世代では，2^n 種が新種として出現することになる．ここでの系統推定問題を次のようにモデル化しよう．体系学者が，この系統樹の末端に位置する分類群から（重複なしに）3種をサンプルとしてランダムに抽出し，1つまたは複数の形質についてその形質状態を記載したとする．このとき，観察された形質状態をどのように用いれば，ある2種が第3の種を除外する単系統群であることが示せるだろうかという問題である[2]．

これらの3分類群のサンプルは，相互の類縁関係が確定している．たとえば，A と B とは「兄弟」(sibs)，B と C とは「五親等のいとこ」(fifth cousins) ということもあり得るだろう．2種間の類縁関係の程度を正確に測るには，それら2種から出発して最も近い共通祖先種までさかのぼるのに必要な世代の数を数えればよい．「兄弟」関係にある2種だったら，共通祖先（親）までの世代数は1だから，この2種は1次類縁関係 (1-related) にあると呼ぶことにする．n 世代後に最も遠縁の2種は n 次類縁関係 (n-related) にあることになる．2種 A と B の間の類縁関係は，ある整数 i ($1 \leq i \leq n$) で示される．A と B が i 次類縁関係にあることを $R_i(A, B)$ と表す．

単系統群の推定が目的の体系学者にとって，種間の類縁度はどうでもいいことである．A と B が4次類縁関係にあろうが5次類縁関係にあろうがたいした問題ではない．問題となるのは，ある2種が他の種を含まずに**互いにより近縁である**かどうかという点だけである．典型的な系統仮説は (AB)C と表現されたことを思い出してほしい．その仮説の意味は，この分岐プロセスにおいて，ある整数 i と j に対して，$R_i(A, B)$ かつ $R_j(B, C)$ かつ $i < j$ が成り立つということである．

この分岐プロセスのモデルで，単純化するための最も大きな仮定は，種がいつも2つの子孫種を必ず一定の時間間隔で種分化させるということである．任意の時間に種分化が生じ，その際に異なる確率で異なる数の子孫種が種分化すると仮定できれば現実にかなり近づけるだろう．これらの確率が時間的にも系統樹の分岐点ごとにも変化できるとしたら，さらに現実に近くなるだろう．この単純な分岐プロセスから得られた結論がどれくらい複雑な場合にまで通用するかについては，6.6節で論じよう．

註 2 Edwards and Cavalli-Sforza [1964], Cavalli-Sforza and Edwards [1967], Felsenstein [1973 a], Thompson [1975] は，ある時間間隔をおいて分岐する確率が一定である分岐プロセスを調べた．しかし，種のサンプリングはモデルに含まれていなかった．

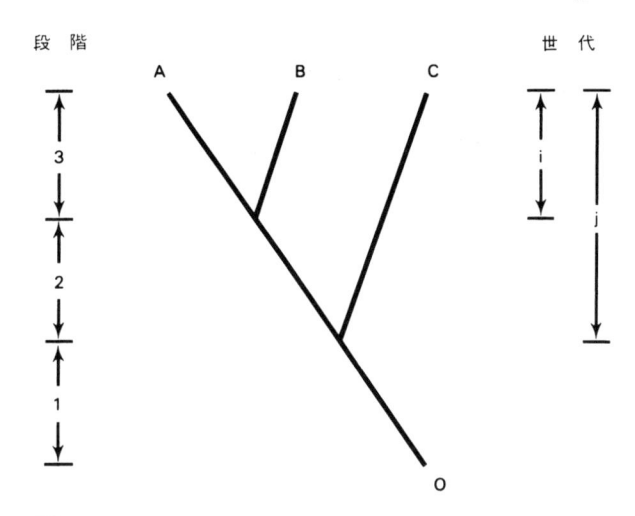

図17 A と B とは i 次類縁関係にあり,B と C とは j 次類縁関係にある ($i<j$ とする)ならば,ある形質分布が生じる確率は,根から末端までの進化経路を3つの「段階」に分割し,第 k 段階に遷移確率 e_k と r_k を与えることにより表せる.ここでは,進化速度は均一ではあると仮定するが,定数という仮定を置いてはいない.

次に,形質進化に関する仮定に議論を進める.形質が互いに独立に進化し,ある枝で生じた現象はほかの枝での現象とは独立である,と私は仮定した.さらに,指定のない限り,進化速度は一定でなくてもよいが均一でなければならないという仮定を置いた.この均一性の意味は,この分岐プロセスの各世代は特有の枝遷移確率をもっていて,すべての形質がその確率にしたがうということである.異なる世代では,速度も変化するかもしれない.しかし,時代が同じ枝は同一の枝遷移確率をもつと仮定する.

各形質は0と1の2つの形質状態をとる.これまでどおり,0は原始的状態を,1は派生的状態をそれぞれ表す.均一性の仮定は,同じ世代に属するすべての枝のあらゆる形質に対して,ある特定の枝遷移確率の対が割り当てられるという意味である.それぞれの形質に対し,世代 i の枝が状態0に始まり状態1で終る確率と,逆に状態1で始まり状態0で終る確率が存在する.これら2つの「変化」の余事象は形質の変化がまったくなかったという意味ではないことに注意しよう.状態0と1の間を偶数回いったりきたりする変化が生じれば,枝の両端は同じ状態になるからである.ある方向の変化(0から1)がその逆方向の変化(1から0)の確率と同じであるとか異なるといった仮定は置かない.

上の形質進化の仮定には不可欠なものとそうでないものとがある．6.6節では形質間の独立性の仮定を緩めることの効果について論じる．また，形質状態の数が2つよりも多いときの影響についても議論する．すべての形質が同一の組の枝遷移確率をもっているならば，結論は同じである．けれども，均一性の仮定を緩めてしまうと，一般的な結果を得るのは難しいようである．この点については後で論じる

分岐学的最節約法は，上のモデルのもとで，統計学的な一致性を満たしていることに注意しよう．抽出された3分類群 A, B, C は，ある特定の近縁度をもっている．図17に示したように，(AB)Cが真の分岐グルーピングであるとき，A と B は i 次類縁関係にあり，B と C は j 次類縁関係にあるとしよう（$i<j$ とする）．統計学的一致性を立証するには，末端で110形質が生じる確率が101形質や011形質の確率よりも大きくなければならない．均一性の仮定から，101と011形質はこの系統樹の上で同じ確率で生じることになる．

根から末端にいたるプロセスは3つの「段階」に分けられる．"e_k" を，第 k 段階が状態0で始まり状態1で終る確率とする．また "r_k" を，第 k 段階が状態1で始まり状態0で終る確率とする．これらの略号は，それぞれ「進化」(evolution) の "e" と「逆転」(reversion) の "r" を意味している．110形質と101形質が生じる確率は，それぞれ次式のようになる：

$$(110) \quad e_1[r_2(1-e_3)+(1-r_2)r_3][r_2e_3^2+(1-r_2)(1-r_3)^2]$$
$$+(1-e_1)[e_2r_3+(1-e_2)(1-e_3)][e_2(1-r_3)^2$$
$$+(1-e_2)e_3^2],$$

$$(101) \quad e_1[r_2(e_3)+(1-r_2)(1-r_3)][r_2e_3(1-e_3)+(1-r_2)r_3(1-r_3)]$$
$$+(1-e_1)[e_2(1-r_3)+(1-e_2)e_3][e_2(1-r_3)r_3$$
$$+(1-e_2)e_3(1-e_3)].$$

(110) が (101) よりも大きくなる必要十分条件は：

$$e_1r_2(1-r_2)(1-r_3-e_3)^2+(1-e_1)e_2(1-e_2)(1-r_3-e_3)^2>0$$

である．すべての遷移確率が0よりも大きくて1未満であるならば，$r_3+e_3 \neq 1$ である限り，この条件は満たされる．これはきわめて一般的な条件である．6.5節では，私が「逆行不等式」(the backward inequality) と命名する関係式について証明をするが，この不等式によれば $e_3<1-r_3$ となる．$r_3+e_3=1$ ならば，極限では110形質と101形質は同じ頻度で生じるだろう．このとき，最節約法は，どの系統仮説が正しいかを判断できないだろう．したがって，最

節約法が無限のデータのもとで偽に収束することはけっしてない．

上の論証と Felsenstein [1978] の論証との大きなちがいは，均一性の仮定にある．Felsenstein の例では，同時期の枝の間で進化速度に大きな差があると，最節約法は統計学的な一致性を満たさなかった．上のモデルでは，これが生じないと仮定している．

全体的類似度法も，このモデルのもとでは，統計学的な一致性を満たす．上の証明と同様にして，001 形質が 010 形質よりも高い確率で生じる一般的な条件が得られる[3]．つまり，極限では，110 および 001 形質の頻度の和は 101 および 010 形質の頻度の和以上であると期待できる．したがって，全体的類似度法は，無限データのもとで真に収束する[4]．

私は，5.3 節で，統計学的一致性はある推定量を正当化する**十分条件**とみなすことはできないと主張した．極限で真の値に収束する推定量はつねに複数存在するが，それらは有限データ集合での評価が異なる．いま論じている問題が適当な例である．上で提示したモデルがある特定の系統推定問題を考える上で現実的であったとしても，最節約法が一致性をもつという理由だけでそれが系統推定法として正当化されるわけではない．表形的方法も，それが統計学的な一致性を満たすからという理由で，採用することはできない．5.4 節での見解に反対の立場をとり，統計学的一致性が必要であると考える人でも，上の結果から**ある特定の方法**を選び出すことはできない．

3.1 節では，全体的類似度法を用いて系統関係を復元するための十分条件は進化速度の均一性であるという Sneath and Sokal [1973] の主張について論じた．彼らはこの結論の根拠を示さなかったが，私は統計学的一致性を踏まえた証明を与えたことになる．上の結果から，この証明は，最節約法ではなく全体的類似度法を選ぶべき方法として正当化できてはいないことがわかる．

これまでの章で，私は，ある方法が妥当であるために必要な仮定が何であるかを決定するのは，たいていの場合，きわめて難しいと述べた．十分性についても同じことがいえる．ある方法を正当化するためにはどんな仮定が十

註 3 上の証明で，e_3 を $(1-e_3)$，r_3 を $(1-r_3)$ によって置換すればよい．この置換によって，一致性の必要十分条件は変わらない．

註 4 派生的類似性ではなく原始的類似性を由来の近さの証拠として用いる第 3 の方法（一般的ではないが）もまた収束する．Forster [1986] が提唱した Reichenbach 流の第 4 の方法——正の共分散を由来の近さの尺度とする方法——もやはり収束する．

分条件となるのかは，はっきりしないことがしばしばある．これは意外である．全体的類似度が由来の近さと完全に相関しているならば，全体的類似度法は正しい方法であると**思われている**からである．しかし，この明快な結論も，いったん最適性基準を明確に議論し始めると，雲行きが怪しくなってくる．速度の均一性を仮定すると，**多くの方法は統計学的な一致性をもつ**．したがって，均一な速度を仮定したときの一致性をもって，**ある方法の使用だけを正当化する十分条件とみなすことはできない**[5]．

一致性という漸近的性質をもちだすこういう議論は，私の考えでは，的外れである．有限のデータ集合は系統関係についての情報を提供する．推定法は，どれだけ多くの情報を抽出できるか，そしてどれだけその証拠を歪めないかによって良くも悪くもなる．有限のデータ集合に含まれる大部分の情報を利用できない方法ですら，無限のデータが与えられると真に収束するかもしれない．対立する系統推定法は，無限のデータを想定したときの行動ではなく，有限な証拠をどのように意味づけしているかあるいはしていないかによって評価されるべきである．

6.2　一致は近縁の証拠

上のモデルの仮定から，ベイズの定理を用いて異なる形質分布の証拠としての意味を正確に示すことができる．どんな条件のもとで，観察された共有派生形質が最節約法の主張するような証拠としての重要性をもつのかを考えよう．この疑問に答えるには，われわれのモデルのもとで Pr[(AB)C/110] > Pr[A(BC)/110] が成立するかどうかを調べる必要がある．最節約法は，また，観察された共有原始形質は証拠としての意味がないとも主張する．これが正しいかどうかは，Pr[(AB)C/001] > Pr[A(BC)/001] が成立するかどうかを調べればわかる．

私が以下で証明する第1の結果は，**一致は近縁の証拠である**（matching confirms）という定理である——本節のタイトルでもある——．共有派生形質（派生的状態の一致であって，派生的な相同ではない）は，形質変化の確率の大小とは無関係に，証拠としての重要性をつねにもっているといわれている．しかし，共有原始形質についても，同一の結論が成り立つ．最節約法の観点からみた共有派生形質の意味はホモプラシーの頻度には依存しないが，共有

註5　5.6節で論じた Felsenstein [1979, 1981] のモデルからも同様の結果が得られた．進化速度が小さいという仮定それ自体は，Felsenstein が列挙したさまざまな系統推定法のなかで最節約法だけを正当化する十分な論拠とはならない．

派生形質をまったく考慮しないという最節約法の主張は，ここで考えているモデルのもとでは，誤りであることが示される．

けれども，この結論は，表形的方法がこのモデルによって擁護されたということではない．そのモデルにおいて共有派生形質が共有原始形質よりもはるかに証拠としての意味が大きいことが示されれば，分岐学の理論の精神は（建前としてではなく）擁護できるだろう．この主張は，共有原始形質は**完全な無情報**ではないが，**相対的にみれば無情報**であるということである．110形質がA(BC)ではなく(AB)Cを支持するならば，そして100形質がその逆を支持するならば，下の第1定理で示すように，この2つの形質を組み合わせたときの結論はどうなるのかという疑問が生じる．すなわち，われわれが示したいことは，どういうときに Pr[(AB)C/110 & 100] > Pr[A(BC)/110 & 100] が成立するのかという点である．6.3節では，この点を主として論じる．

それと関連する問題として，共有派生形質の間の矛盾が挙げられる．Pr[(AB)C/110&001] > Pr[A(BC)/110&001] はどういう条件のもとで成立するのか，そして両辺が等しくなるのはどういうときだろうか？　共有派生形質を等価に重みづけすること（「1共有派生形質，1票」）は，異なる重みをつけるのと同様に，生物学的な仮定を必要とする．ここでのモデルが記述する範囲のどんな進化プロセスが影響するのかについても調べよう．

これらの分類群の形質状態がまったく調べられていないときには，対立仮説 (AB)C, A(BC) および (AC)B の確率はすべて等しく 0.33 である．それは「どれでもいいや原理」(principle of indifference)（「ある特定の仮説を信じる理由がなければ，すべての対立仮説は同程度に確からしい」）みたいないいかげんな根拠ではなく，系統樹の末端から分類群を選ぶ抽出方法にもとづいている．このとき，系統仮説の事後確率が異なるならば，それらの尤度も異なる．けれども，尤度計算はちょっと厄介である．それぞれの系統仮説はある2分類群が互いにより近縁であると言っているだけで，分類群間の近縁性が具体的にどの程度であるのかを明示していないからである．

(AB)C仮説が真であるとしたら，110形質の生じる確率はいくらだろうか？はじめに，(AB)Cが真であるすべての可能な場合の数——$R_i(A, B)$ かつ $R_j(B, C)$ かつ $i<j$ となる i と j の組のすべて——を数え挙げる．それぞれは観察に対してある確率を与える．その尤度は，近縁度に関する平均をとることにより：

$$\Pr[110/(AB)C] = \sum_{i<j} \Pr[110/R_i(A, B) \& R_j(B, C)] \Pr[R_i(A, B) \& R_j(B, C)/(AB)C]$$

と計算される.

これまでも強調してきたが, 系統推定問題は少なくとも3分類群が含まれる場合を考えてきた. しかし, 確率論的に問題を定式化するには, まずはじめに2分類群について考えよう. ある2分類群での形質状態の一致と不一致が, 期待される近縁度とどういう関係にあるかを論じる. 2分類群についての結果を証明した後で, 3分類群の場合を論じることにしよう.

系統樹の末端から無作為にとった2分類群の間の近縁関係はいろいろだろう——それらの類縁関係は1次, 2次から始まって最も遠縁の n 次までさまざまな可能性がある. それらは互いに近縁であるよりも遠縁である確率の方が大きい. $R_i(A, B)$ の確率分布の正確な式は:

$$\Pr[R_i(A, B)] = 2^{i-1}/(2^n - 1)$$

である (Carter Denniston, 私信)[訳註1]. たとえば, $n=3$ だと, 兄弟 ($i=1$) である確率は1/7, いとこである確率 ($i=2$) は2/7, そしてもっとも遠縁である確率 ($i=3$) は4/7 である.

上の式は, 無作為に抽出された2分類群の間に存在すると考えられる近縁度の先験的確率 (*a priori* probability)——形質が何ひとつ観察されないときの確率——を決定している. 次に, 近縁度の先験的期待値が定義できる. $R_i(A, B)$ であることを $R(A, B) = i$ と表す. このとき先験的期待値は:

$$\text{Exp}[R(A, B)] = \sum_{i \leq n} i \Pr[R_i(A, B)]$$

と定義される. [訳註: "Exp" は期待値 (expectation) を表す演算子である.]

この2分類群が状態1をもつと観察されたとき, この情報は上の近縁度の

訳註1 近縁度 $R_i(A, B)$ の先験的確率分布を導出する. この分岐プロセスで n 回分岐した後の末端分類群の総数は 2^n である. このなかから異なる2分類群をとる場合の数は ${}_{2^n}C_2 = [2^{n-1}][2^n - 1]$ である. 抽出した2種が1次類縁関係にある場合の数は, 2^{n-1} 通り. それらが2次類縁関係にある場合の数は $[2^{n-2}]2^2$. 一般に, 抽出された2種が k 次類縁関係 ($1 \leq k \leq n$) にある場合の数は, $[2^{n-k}][2^{k-1}]^2$ である. 以上より, 近縁度の先験的確率分布は:

$$\Pr[R_k] = \frac{[2^{n-k}][2^{k-1}]}{[2^{n-1}][2^n - 1]} = \frac{2^{k-1}}{2^n - 1}$$

となる. ただし $1 \leq k \leq n$ である.

期待値とどのように関係するだろうか？ その情報から，この2分類群が観察する前よりも類縁が近いと期待できるのはどういう状況であるのかを調べる．すなわち，われわれが知りたいのは，$\mathrm{Exp}[R(A, B)/11] < \mathrm{Exp}[R(A, B)]$ がいつ成立するのかということである．より近縁であると期待されるならば，$R(A, B)$ の期待値はより小さくなることに注意しよう．

ヒトの系図のアナロジーとしてこの問題を考えるのがいいだろう．無作為に選んだ2人の人間は，先験的に期待される近縁度をもつ．この2人の名字がどちらも「スミス」であるというデータがあるとしたら，それはこの期待値とどのように関係するだろうか？ **一致は近縁の証拠**（matches confirm）という直観的な憶測が，ここでのモデルのもとでは正しいことを以下で示そう．

最初に証明することは，

  (1) すべての i に対して $\mathrm{Pr}[11/R_i(A, B)] > \mathrm{Pr}[11/R_{i+1}(A, B)]$

である．この命題は，派生的状態の一致という観察のもとでは，この2分類群が**兄弟**であると推定するのがもっとも確からしいと主張する．この尤度の高い推測は，上でみたように，先験的にはきわめて確率が低い．

図17では A と B とは i 次類縁関係にある．いま，$j = i+1$ としよう．これまでと同様，e_k は第 k 段階での $0 \to 1$ 変化の確率であり，r_k はその段階での $1 \to 0$ 変化の確率である．上の2つの確率は次のように表される（"R_i" は $R_i[A, B]$ の略である）：

$$\mathrm{Pr}[11/R_i] = e_1[r_2 e_3^2 - (1+r_2)(1-r_3)^2]$$
$$\qquad + (1-e_1)[e_2(1-r_3)^2 + (1-e_2)e_3^2],$$
$$\mathrm{Pr}[11/R_{i+1}] = e_1[r_2 e_3^2 - (1-r_3)]^2$$
$$\qquad + (1-e_1)[e_2(1-r_3) + (1-e_2)e_3]^2.$$

式変形を行なうと，$\mathrm{Pr}[11/R_i] \geq \mathrm{Pr}[11/R_{i+1}]$ となる必要十分条件は：

$$e_1 r_2(1-r_2)[1-r_3-e_3]^2 + (1-e_1)e_2(1-e_2)[1-r_3-e_3]^2 \geq 0$$

となる．この式は，無条件で成立する．さらに，すべての確率が0と1の間にあって，$e_3 \neq 1-r_3$ ならば，等号なしの不等号が成立する[6]．この2つの「ならば」がなり立っていると仮定する．非等号が正しいことは，6.5節で逆行不

註6 上で示した厳密な不等式は，6.1節で最節約法の一致性に対して導いた式と同じである．

等式 (backward inequality：$e_3 < 1 - r_3$) を用いて示す．

結果として命題（1）は証明できた．$a_i = \Pr(11/R_i)$ とすると，この結果は $a_1 > a_2 \cdots\cdots > a_n$ であることを意味する．

証明の次の段階は，もっとも遠縁の R_n についての考察である．私が証明したいのは：

$$(2) \quad \Pr(R_n) > \Pr(R_n/11)$$

である．ベイズの定理から，（2）が成立する必要十分条件は：

$$(2') \quad \Pr(11) > \Pr(11/R_n)$$

である．$p_i = \Pr(R_i)$ と置くと（$\sum p_i = 1$），（2'）は次式：

$$(2'') \quad \sum_i a_i p_i > a_n$$

のように同値変形できる．この式が成立することは，（1）から導かれる．この結果，（2''）が示されたので，（2）も証明されたことになる．

証明の第3段階は，最も近縁の R_1 について考察し，

$$(3) \quad \Pr(R_1) < \Pr(R_1/11)$$

を示すことである．この式が成り立つのは

$$(3') \quad \Pr(11) < \Pr(11/R_1)$$

すなわち

$$(3'') \quad \sum_i a_i p_i < a_1,$$

が成立するときに限られるが，（3''）の成立は（1）により証明されている．

証明の第4段階は，

$$(4) \quad \Pr(R_i) = \Pr(R_i/11) \text{ が成立するのはたかだかある近縁度 } i \text{ においてである}$$

ということを示す．（4）の等式は，$\Pr(11) = \Pr(11/R_i)$ であるときだけ成立することにまず注意しよう．（1）の結果は（$e_3 \neq 1 - r_3$ と仮定すると），$\Pr(11/R_i)$ が i の減少関数であることを示している．これから（4）が証明された．

上の（2），（3）および（4）の結果を合わせると，$\Pr(R_i)$ と $\Pr(R_i/11)$ の関係は図18のように図示できることがわかる．議論を単純にするため，それぞれの確率を i の連続関数として描いた．しかし，i は整数値しかとらないから，

実際にはこの関数は整数値でのみ値が定義される．この図の特筆すべき特徴は，$\Pr(R_i)$ が i の単調増加関数であること，(2)と(3)で証明した交点における条件つき確率と無条件確率との関係，そして両グラフが交わる点はただ1つしかないという事実(4)である．

以上より，11という一致を与えたときの近縁度の期待値はその先験的な期待値よりも小さい，すなわち：

(5)　　　$\text{Exp}[R(A, B)/11] < \text{Exp}[R(A, B)]$

と結論できるだろう．その根拠は，$\text{Exp}[R(A, B)/11]$ が i の小さな値に大きな重みをかけ，i が大きいときには重みを低くするのに対し，$\text{Exp}[R(A, B)]$ はちょうどその逆の重みづけをするからである．したがって，2つの分類群がどちらも1という状態をもつと観察されれば，その情報がないときに比べて，それらは互いにより近縁であるとみなされる．

上の論証は**派生的状態**の一致に焦点を当てた．しかし，**原始的状態**の一致に対してもまったく同じ結論，すなわち：

(6)　　　$\text{Exp}[R(A, B)/00] < \text{Exp}[R(A, B)]$

が導ける．これを証明するには，脚注3に示した式の代入をするだけでよい．

この2つの結果を要約すれば，派生的状態であるか原始的状態であるかを問わず，**形質状態が一致するということは近縁性の証拠である**（matches confirm）ということになる．

一方，**不一致は近縁性への反証である**（mismatches disconfirm）という定理，すなわち：

(7)　　　$\text{Exp}[R(A, B)/10] > \text{Exp}[R(A, B)]$

も得られる．その証明は以下のとおりである．$\Pr(11/R_1) > \Pr(11)$ かつ $\Pr(00/R_1) > \Pr(00)$ であることから，$\Pr(10/R_1) < \Pr(10)$ となる．したがって，$\Pr(R_1/10) < \Pr(R_1)$ となる．同様に，$\Pr(11/R_n) < \Pr(11)$ かつ $\Pr(00/R_n) < \Pr(00)$ より，$\Pr(10/R_n) > \Pr(10)$ となる．したがって，$\Pr(R_n/10) > \Pr(R_n)$ が得られる．$\Pr(R_i)$ と $\Pr(R_i/10)$ についてのこの計算結果は，図18と同じように図示できるが，i が小さいほど $\Pr(R_i/10)$ の方が $\Pr(R_i)$ よりも小さくなるが，i が大きくなるとこの大小関係が逆転するという点で図18とはちがっている．

派生的形質状態の一致と原始的形質状態の一致に対する相対的な重みづけをどうするのかを考える前に，2つの分類群についての上の結果が，3分類群

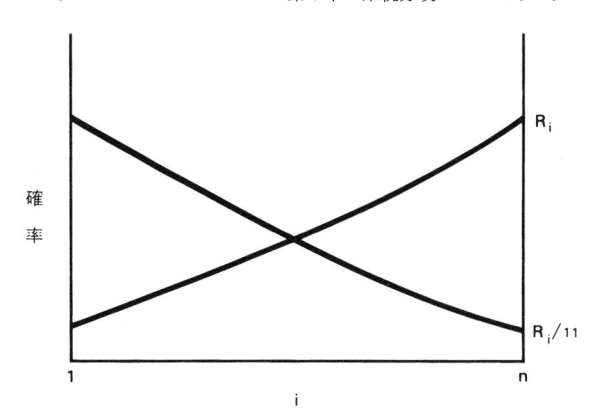

図 18 図2の系統樹の末端から無作為に抽出した2種がどちらも状態1をもっていたとする．このとき，先験的に期待されるよりもこの2種はより近縁であると期待される．

以上についての系統仮説に対してどのように拡張されるかをみておこう．分類群 A, B, C のもつ形質状態がそれぞれ $1, 1, 0$ だったとする．証明したい式は：

(8) $\quad \mathrm{Exp}\,[R(A, B)/110] < \mathrm{Exp}\,[R(B, C)/110]$

である．上式は，期待値の定義により：

$$\sum_i i \mathrm{Pr}\,[R_i(A, B)/110] < \sum_j j \mathrm{Pr}\,[R_j(B, C)/110]$$

と変形できる．ベイズの定理から，この式はさらに：

$$\sum_i i \mathrm{Pr}\,[110/R_i(A, B)]\mathrm{Pr}\,[R_i(A, B)]$$
$$< \sum_j j \mathrm{Pr}\,[110/R_j(B, C)]\mathrm{Pr}\,[R_j(B, C)]$$

となる．ここで，$R_i(A, B)$ を "R_i" と略し，$R_j(B, C)$ を "R_j" と略すと，この式は次のように展開できる：

$$\sum_{i,j} i \mathrm{Pr}\,[110/R_i \,\&\, R_j]\,\mathrm{Pr}\,[R_j/R_i]\,\mathrm{Pr}\,[R_i]$$
$$< \sum_{i,j} j \mathrm{Pr}\,[110/R_i \,\&\, R_j]\,\mathrm{Pr}\,[R_i/R_j]\,\mathrm{Pr}\,[R_j].$$

上を簡単にすると：

$$\sum_{i,j} i \mathrm{Pr}\,[110/R_i \,\&\, R_j]\,\mathrm{Pr}\,[R_i \,\&\, R_j]$$

$$< \sum_{i,j} j \Pr[110/R_i \& R_j] \Pr[R_i \& R_j]$$

となる。

この不等式の両辺は、すべての i と j の値を考えなければならないことを意味している。i と j は同じではないから（この分岐プロセスはつねに2分岐することの帰結），i, j の組の集合は2つに分割できる。第1の集合は $i<j$ なるすべての i, j の組である。第2の集合は，$i>j$ なるすべての i, j の組である。したがって，この不等式は：

$$\sum_{i<j} i \Pr[110/R_i \& R_j] \Pr[R_i \& R_j]$$
$$+ \sum_{i>j} i \Pr[110/R_i \& R_j] \Pr[R_i \& R_j]$$
$$< \sum_{i<j} j \Pr[110/R_i \& R_j] \Pr[R_i \& R_j]$$
$$+ \sum_{i>j} j \Pr[110/R_i \& R_j] \Pr[R_i \& R_j]$$

と書き換えられる。移項すると：

$$\sum_{i>j} (i-j) \Pr[110/R_i \& R_j] \Pr[R_i \& R_j]$$
$$< \sum_{i<j} (i-j) \Pr[110/R_i \& R_j] \Pr[R_i \& R_j]$$

となる。

総和に関する上の不等式が成立することを，項どうしの大小関係を比較することで示そう。たとえば，$i=1$ かつ $j=2$ のときに110形質が生じる確率を $i=2$ かつ $j=1$ のときに生じる確率と比較するわけである。私が証明しようとしているのは：

$$\Pr[110/R_x(A, B) \& R_y(B, C)]\Pr[R_x(A, B) \& R_y(B, C)]$$
$$> \Pr[110/R_y(A, B) \& R_x(B, C)]\Pr[R_y(A, B) \& R_x(B, C)]$$

が成立する必要十分条件は，$x<y$ である

という一般的な命題である。ここで $\Pr[R_x(A, B) \& R_y(B, C)] = \Pr[R_y(A, B) \& R_x(B, C)]$ である。また，6.1節の一致性の証明から次の結果がえられる：

$$\Pr[110/R_x(A, B) \& R_y(B, C)]$$
$$> \Pr[110/R_y(A, B) \& R_x(B, C)]$$

が $x<y$ なる x と y に対して成立する。

したがって，期待値に関する上の不等式は成立する．

まったく同様に，共有原始形質が系統関係の証拠であるということも証明できる：

(9)　　$\mathrm{Exp}[R(A, B)/001] < \mathrm{Exp}[R(B, C)/001]$．

これらの結果は，ホモプラシーに関していっさいの仮定を置いていないことを強調しておきたい．図2の分岐プロセスは，形質の正逆方向の進化が飽和しているかもしれない．あるいは，形質変化が極端に少ないかもしれない．(5)，(6)，(8)および(9)の等号を含まない不等式は $e_3 \neq 1 - r_3$ という仮定だけに依存している．等号も許すのであれば，この仮定すら必要ではない．

「共有派生形質」(synapomorphy)という用語の意味は，派生的形質状態の**一致** (matching)であって，**相同** (homology)ではない，と私が主張した理由を読者はもうわかってくれただろう．形質状態が**一致**することは，たとえその一致が**相同**であるかどうかがまったくわからないときでも，類縁関係の証拠となる．4.6節で，私は，系統関係を推定する前に相同を観察することはできないと述べた．相同と推定された形質だけが証拠とみなされるとしたら，系統推定は**論理循環**の危機にさらされるだろう．ここで私が言いたいのは，推定相同のみを証拠とみなすという考えは**誤り**であるということである．系統関係の推定以前にわかっている情報——相同ではなく一致——こそ，ここでの推論問題に寄与できる証拠なのである．

6.3 スミス／コックドゥードル問題

前節では，派生的であるか原始的であるかに関係なく，形質状態が一致すれば近縁性の証拠になることを議論した．では，どちらの一致が**より強い**証拠となるのだろうか．いま，3分類群について2形質を調べたとする．第1形質は110分布を，第2形質は100分布をしていたとする．命題(8)によれば，第1形質それ自身はA(BC)ではなく(AB)Cを支持する．一方，命題(9)は，(8)とは逆の結論を導く．では，この2つの形質を同時に与えたとき，(AB)C仮説の方がA(BC)仮説よりも強く支持されると一般的にいえるのだろうか．

これまでと同じく，2分類群についての単純な分析から出発する．どういう場合に2分類群での派生的状態の一致が，原始的状態の一致と比べて，近縁性を支持するのだろうか．すなわち，$\mathrm{Exp}[R(A, B)/11] < \mathrm{Exp}[R(C, D)/00]$ は，いつ成り立つのだろうか？　この不等式が成立する条件は，以下で示

すように，$\mathrm{Exp}\,[R(A, B)/110\&100] < \mathrm{Exp}\,[R(B, C)/110\&100]$ が成立する条件を，完全ではないがよく示している．

名字のアナロジーが直観的にわかりやすい．無作為に選んだ2人のアメリカ人がスミス(Smith)というありふれた名字だったとする．前節の主要な結論から，ここで仮定したモデルのもとでは，スミスという名字の共有は，両人が先験的に期待されるよりも互いに近縁であるという仮説を支持する．一方，別の2人を抽出したとき，彼らがコックドゥードル(Quackdoodle)というめずらしい名字だったとする．これもまた近縁性の証拠である．さて，両スミス氏と両コックドゥードル氏ではどちらが互いにより近縁であると期待されるだろうか．直観的には，両コックドゥードル氏の方がおそらくより近縁だろう．**ありふれた形質よりも稀な形質の方がよりよい近縁性の証拠である**と考えられるからである．

名字のアナロジーは論証ではなく，憶測の拠りどころを示しただけである．名前が伝えるある特徴は名字の証拠としての意味づけを左右するかもしれないし，また名字から分類形質への外挿はできないかもしれない．けれども，この節では，上で論じた直観が系統推定問題の指針としてかなり正確であることを示したい．以下では，第2の大きな定理を証明しよう．それは，派生的状態の共有が原始的状態の共有よりも近縁性の証拠としてすぐれているといえるのは，派生的状態の期待頻度が原始的状態の期待頻度よりも低いときである，という定理である．

図2の系統樹の末端から無作為に選んだ2個体 (A と B) がどちらも状態1をもち，やはり無作為に選んだ別の2個体 (C と D) が状態0を共有していたとする．この2つの形質状態0と1は，ある単一形質の形質状態である．派生的状態の系統樹末端での期待頻度を p とし($\Pr[1] = p$)，原始的状態の期待頻度を q とする($\Pr[0] = q$)と，$p + q = 1$ である．スミス／コックドゥードル予想は，次のように表される：

(SQ−1) $\mathrm{Exp}\,[R(A, B)/11] < \mathrm{Exp}\,[R(C, D)/00]$
が成立する必要十分条件は，$p < q$ である．

この証明の第1段階は，任意の近縁度の確率に関する一般化：

(10) 任意の i に対して，$\Pr(R_i/11) > \Pr(R_i/00)$ が成立する必要十分条件は $(q-p)[\Pr(10/R_i) - \Pr(10)] < 0$ が成立することである

を証明することである．

ベイズの定理により，次が成り立つ．

(11) $\Pr(R_i/11) > \Pr(R_i/00)$ が成立する必要十分条件は
$\Pr(11/R_i)/\Pr(00/R_i) > \Pr(11)/\Pr(00)$ が成立することである．

(11)式の尤度項 $\Pr(11/R_i)$ と $\Pr(00/R_i)$ にまず着目しよう．系統樹末端での状態1の期待頻度 p は，根から末端にいたる枝が状態1で終る確率でもある．したがって，

$p = \Pr(11/R_i) + \Pr(10/R_i)$,
$q = \Pr(00/R_i) + \Pr(10/R_i)$.

この式から，2つの尤度項が：

(12) $\Pr(11/R_i) = p - \Pr(10/R_i)$, $\Pr(00/R_i) = q - \Pr(10/R_i)$

と表現できることがわかる．

次に，命題(11)における形質分布の条件なしの確率を求めよう．命題(1)から，$\Pr(11/R_i)$ は i の減少関数であることがわかる．その下限は，$i=n$ で得られ，その値は p^2 である．$\Pr(11) = \Sigma \Pr(11/R_i) \Pr(R_i)$ だから，$\Pr(11) > p^2$ が示される．同様にして，$\Pr(00) > q^2$ が得られる．したがって，$\Pr(10) = \Pr(01) < pq$ となる．これは少しばかり意外な結果である．重複を許さないサンプル抽出を考えると，ちょうどその反対になるような気がするからである．しかし，その理由は，$\Pr(11)$ がある実現された分岐プロセスから2回抽出されているからである．実現された分岐プロセスでは，末端の状態の間に相関が生じる[7]．

成立するのは，$\Pr(11) > p^2$ と $\Pr(00) > q^2$ だけではない．実際には，それぞれの値は，単一形質の確率の平方よりも同じ量だけ大きくなる：

(13) $\Pr(11) = p^2 + X$,
$\Pr(00) = q^2 + X$,
$\Pr(10) = pq - X$,
$\Pr(01) = pq - X$.

命題(12)と(13)を用いて，(12)式を書き換えると：

(14) $\Pr(R_i/11) > \Pr(R_i/00)$ が成立する必要十分条件は，

註7 集団遺伝学者ならば，以下の説明でWahlundの原理との類似に気づくだろう．[訳註：Wahlundの原理とは，隔離された複数の分集団を単一の任意交配集団とみなしたときのホモ接合体頻度の減少をいう．]

$[p-\Pr(10/R_i)]/[q-\Pr(10/R_i)] > (p^2+X)/(q^2+X)$ が成立することである．

この二重条件つき確率式の右辺を簡単にすると：

$(q-p)[\Pr(10/R_i)-(pq-X)]<0$

となる．これより，命題(10)が証明された．

ここで，命題 (10) の右辺をみよう．命題 (7) について前節で議論したとき，$\Pr(R_i/10)-\Pr(R_i)$ は i が小さければ負だが，i が大きくなると正になると結論した．ベイズの定理から，同じことが $\Pr(10/R_i)-\Pr(10)$ についても成り立つ．命題(10)から，$q>p$ ならば，i が小さいときには $\Pr(R_i/11) > \Pr(R_i/00)$ が成立する．したがって，$q>p$ ならば $\text{Exp}(R(A,B)/11) < \text{Exp}(R(C,D)/00)$ が成り立つ．一方，$q<p$ ならば，i が小さいときには $\Pr(R_i/11) < \Pr(R_i/00)$ である．しかし i が大きなときには，不等号が逆転する．したがって，$q<p$ ならば，$\text{Exp}(R(A,B)/11) > \text{Exp}(R(C,D)/00)$ となる．これにより，スミス／コックドゥードル予想 (SQ-1) が証明された．

次に，3分類群についてのスミス／コックドゥードル予想の証明に進もう．上で到達した2分類群の場合の結果を自然な拡張として3分類群の場合の予想をすると，次のように表現できる：

(SQ-2)　$\text{Exp}[R(A,B)/110\&100] < \text{Exp}[R(B,C)/110\&100]$
が成立する必要十分条件は，$p<q$ である．

本章の付録では (6.8節)，この予想はいい線までいっているけれども，完全に正しいわけではないことを示す．私が証明することは，共有派生形質が共有原始形質よりも重要であるとみなされるのは $p \leq q$ のときであること，しかし共有派生形質の方が共有原始形質よりも重要ではないとみなされる状況もあることである．これが正しいのは $p>q$ の場合である．本章の以下の議論では，これらの証明から得られた次の結論を「スミス／コックドゥードル帰結」と呼ぶことにする：共有派生形質 (110) が共有原始形質 (100) よりも重要であるための必要十分条件は，派生形質の期待確率が原始形質のそれよりも小さくなることである．もっと細かい技術上の設定についての説明は，付録にゆずる．

前節では，共有派生形質と共有原始形質はどちらも類縁関係の仮説の証拠となるという対称性があることが証明された．つまり，共有派生形質が共有原始形質よりも重要である条件および共有原始形質が共有派生形質よりも重

要である対称的な条件があることがわかった．6.2節の一致定理は，原始的形質状態と派生的形質状態の区別についてまったく考えていない．スミス／コックドゥードル定理でさえ，形質の方向性が状態一致の証拠としての意味づけを直接的にどのように変えるのかを明らかにしてはいない．スミス／コックドゥードル帰結は，系統樹の末端での形質状態の期待頻度にもとづく基準を述べてはいるが，その系統樹の根での形質状態については明言しない．それゆえ，この2つの定理は「非歴史的」と呼べるだろう．

これは，形質の方向性がどうでもよいということではなく，その意味づけをまだしていないということである．次に，スミス／コックドゥードル定理によって証明された非歴史的基準が満たされているとき，形質の方向性がどのような影響を与えるのかを調べる必要がある．

6.4 歴史への回帰

ここで論じているモデルでは，すべての形質が同一の枝遷移確率の組を共有しているので，共有派生形質が共有原始形質よりも系統関係に関する情報をもつための基準は，派生的状態の期待確率（p）が原始的状態の期待確率（q）よりも小さいかどうかである．では，どうすればこの基準が満たされていることがわかるのだろうか？　全般的な方針としては，**観察**と**理論**の2つが考えられる．

系統樹の末端から種を抽出してみれば，ある形質では状態1と0のどちらがより多くみられるかについての証拠が得られるだろう．抽出された分類群から，末端のすべての分類群の間での実際の頻度に関する推定ができる．尤度的推論をしてみれば，抽出された分類群のなかで状態1が少数派ならば，その状態1が系統樹全体にわたっても少数派であるという推測が最良であることがわかるだろう．

しかし，これでは$p<q$かどうかはわからない．pとqは**現実**の頻度ではなく，頻度の**期待値**だからである．ある枝遷移確率の組を与えた系統樹が，その末端で1と0の異なる実現頻度をうむことがあり得る．系統樹の末端でのある形質の分布を調べる体系学者は，この分岐プロセスでのある実現結果を調べているに過ぎない．しかし抽出した種の多くで0がみられたならば，それが$p<q$の証拠であることは明らかだろう（まだ証明はしていないが）．

この尤度的推論は，5.4節で論じたコイン投げの例とまったく同じ理由で，統計学的には一致性をもたないことに注意したい．現実の世界に囚われている体系学者は，分岐プロセスのある実現結果をみているだけである．この単

一の実現系統樹の末端から重複を許してサンプル抽出を反復しても，状態1と0のどちらの期待頻度がより大きいかについての誤った推定値に収束することがあり得るだろう。これらの期待頻度は，現実の実現系統樹だけではなく，あらゆる可能な実現結果にわたる総和から計算されるからである。けれども，このことが，ある形質の1と0の観察頻度が証拠として無意味であると，私は考えない。これは，尤度が一致性をもたない生物学での1例である。

もっと「理論的」なアプローチでこの $p<q$ 推論問題に取り組むには，末端での1の期待頻度は根から末端にいたる枝が状態1で終る確率でもあるという事実に目を向けるのがいいだろう。$p<q$ という条件は，それらの枝は状態1で終るよりも0で終る確率の方がより大きいということである。

この分岐プロセスが状態0で開始したからというだけの理由で，末端が0となるのが多数派であるという期待が無条件で保証されるわけではない。そういう保証がもしもあったとしたら，スミス／コックドゥードル定理と合わせれば，共有派生形質は共有原始形質に比べて**つね**により良い証拠を与えると結論できるだろう。したがって，分岐学の方法論が仮定する根本的な非対称性は決定的証明を得るだろう。しかし，実際にはそういう保証はまったく得られない。以下では，状態0で開始した系統樹の末端の過半数が0で終ると期待できるパラメーターの範囲を調べよう。

末端での状態1の期待頻度は，枝の始点が状態0のとき，n 世代後の終点が状態1となる確率である。図17およびその説明で用いた表記法にしたがうと，この確率は e_k および r_k ($k=1, 2, 3$) のある関数として定義できる。けれども，ここではまったく別のやり方でこの確率を記述してみよう。それは，枝（あるいは「段階」）ごとの遷移確率ではなく，**瞬間的**な遷移確率で記述するというやり方である。

この n 世代分岐プロセスを非常に多くの微小な時間区間に分割しよう。全体を N 個の区間に分割したとする。ある区間での0から1へ変化する確率を u，1から0へ変化する確率を v とする。これらの確率が枝ごとの遷移確率（図2のように）または段階ごとの遷移確率（図17のように）ではないことを強調するために，それらの確率を私は「瞬間的」(instantaneous) な確率と呼ぶ[8]。区間は短いから，u と v はそれぞれ0.5よりも小さいと仮定できる（実際には，それらは**きわめて小さい値**であると仮定してもよいのだが，そうす

註8 「瞬間的」(instantaneous) という言葉は厳密な用語ではない。たとえ微小な時間区間であってもやはり有限の時間の長さをもつのだから。「一時的な」(momentary) という言葉の方が正確だが，いまひとつぴんとこない。

る必要はない).けれども, u と v が等しい値であるという仮定は置かない.この定式化では,遷移確率が**均一**であるというだけではなく,すでに論じたように,それらが**一定**であるという仮定を置いている.

ある枝で奇数回の変化が生じれば,その終点の状態が始点の状態と異なる状態をもつだろう.同様に,終点と始点の状態が一致するためには,変化がまったく生じないかまたは偶数回の変化がその枝で起こればよい.この枝での事象が生じる確率を計算するには,すべての可能性を考慮しなければならない.それらは, u と v と N の関数として:

$$
\begin{aligned}
(16) \quad & \Pr_N[0 \to 0] = v/(u+v) + (1-u-v)^N [(u/(u+v))] = q, \\
& \Pr_N[0 \to 1] = u/(u+v) - (1-u-v)^N [(u/(u+v))] = p, \\
& \Pr_N[1 \to 0] = v/(u+v) - (1-u-v)^N [(v/(u+v))], \\
& \Pr_N[1 \to 1] = u/(u+v) + (1-u-v)^N [(v/(u+v))]
\end{aligned}
$$

のように表現できる.上式で,"$\Pr_N[x \to y]$"という表記は, N 単位の時間をもつ枝が状態 x で開始し,状態 y で終了する確率を意味する ($x, y = 0, 1$).瞬間的変化確率 (u, v) はきわめて小さいが,ある枝の始点の状態と終点の状態の異なる確率がどうなるかは別の問題である. $u, v < 0.5$ と規定した結果, N の増加とともに, $\Pr_N[0 \to 0]$ と $\Pr_N[1 \to 1]$ は単調減少するが, $\Pr_N[0 \to 1]$ と $\Pr_N[1 \to 0]$ は単調増加する[9].

N 単位時間の経過後に系統樹の末端で状態1が0よりも低頻度であると期待される条件は, $\Pr_N[0 \to 1]$ と $\Pr_N[0 \to 0]$ とを比較すればわかる.この2つの量の関係を図19に示した.図示した3つのグラフは,始点の状態が0であるときに,終点が0となる確率と1となる確率が, u, v, N によってどのように変化するのかを示している.

この3つのケースのどれをみても,分岐プロセスの初期では, u と v の大小関係に関係なく,祖先的状態をもつ分類群が過半数を占める.けれども,この過程が進行するとともに, u と v の大小関係によって大きなちがいが生じる. $u < v$ ならば,状態0は状態1よりも確率が大きいから,そういう分岐プロセスでは0が多数派状態にある ($p < q$) と期待できるだろう. $u = v$ ならば,2つの期待頻度は漸近的に接近するだろう.最後に, $u > v$ の場合,分岐プロセスが長期にわたって続くならば,0が少数派状態となることが期待されるだ

註9 このモデルは,形質進化を2状態のマルコフ連鎖 (Feller [1966] vol.1, p.432) として記述している.これは,集団遺伝学では以前から用いられている突然変異プロセスの標準的なモデルと同じである.

ろう．どの場合も，状態 1 の期待頻度は漸近的に $u/(u+v)$ に，状態 0 のそれは $v/(u+v)$ にそれぞれ接近していく．これらの極限値は，始点での状態が 0 かそれとも 1 かにはまったく関係がないことに注意しよう．

これらの結論を表の形でまとめると，次のようになる：

	初期	後期
$u<v$	$p<q$	$p<q$
$u=v$	$p<q$	$p<q$
$u>v$	$p<q$	$p>q$

$u=v$ でかつ時間が長いときは，$p<q$ となる．その理由は，経過時間は有限であると私が仮定しているからである．無限の時間を想定したときにはじめて $u=v$ ならば $p=q$ という結果が得られる．また，$u>v$ ならば，「初期」と「後期」での結果が u と v の値によって異なることがわかる．このとき，この進化系が $p=q$ となる交点に到達するまでにかかる時間は，u と v の値が小さいときの方が大きいときよりも長いだろうと予想される．

スミス／コックドゥードル定理と組み合わせると，これらの結果のうち，5 つの状況では共有派生形質の方が共有原始形質よりもよい証拠を与える（$p<q$ だから）が，残りの 1 つの状況に限っては，共有原始形質の方が共有派生形質よりも重要である（$p>q$ だから）という結論が得られた．

この結果は，最節約法はホモプラシーが稀であると仮定しているという説に光をあてる．共有原始形質よりも共有派生形質の方が重要であるという最節約法の理念上の核心は，$p<q$ であるかどうかにかかっている．ホモプラシーの頻度は，体系学者がサンプリングした分岐構造全体にわたって，ある特性が経験する期待変化数を数えれば測定できるだろう．おおざっぱに言えば，この数値は N, u, v の増加関数である．不等式 $p<q$ は，N, u, v の大小とどんな関係にあるのだろうか？

図 19 から次の結論が出てくる：$u \leqq v$ ならば，N, u, v の大小とは関係なく $p<q$ である．しかし，$u>v$ ならば，$p<q$ の成立は N, u, v が小さいことに確かに依存している．

この結論は，不等号の向きに関することであり，大小差については何もいっていない．スミス／コックドゥードル定理は，共有派生形質が共有原始形質よりも重要な証拠を与えるのはいつなのかという問いに答えた．しかし，証拠としての価値がどれだけ異なるのかを測定しているわけではない．しかし，

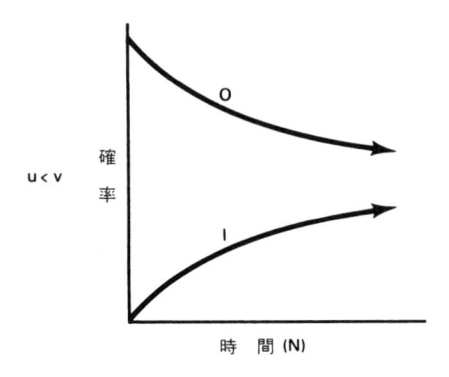

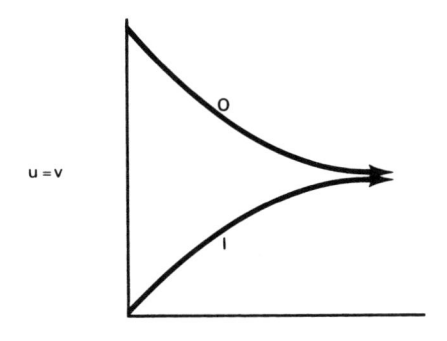

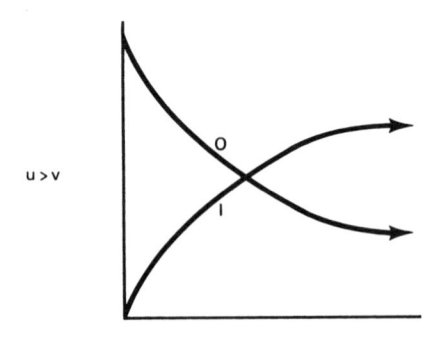

図 19 図2の分岐プロセスが状態0から始まるならば，状態0は多数派形質状態であり続けるだろうか？ その答えは，uとvとの関係およびこの分岐プロセスが進行する時間長(N)に依存する．

p が q よりも小さければ小さいほど，共有派生形質は共有原始形質よりもさらに重要になると考えてさしつかえないだろう．

これが正しいとすると，N, u, v をどれほど小さくできるかによって，共有派生形質を共有原始形質に比べて**どの程度**重要視すべきかが決まってくるだろう．図19のいずれの場合も，N が小さいときには，$\Pr(0)$ が $\Pr(1)$ よりも大きいことがわかる．しかし，与えられた u と v に対し N を小さくすることが p と q におよぼす効果は，N を固定しておいて u と v を小さくしたときの効果と同じである．ホモプラシーの頻度が高まると，共有原始形質に対する共有派生形質の優位性は低下していく．

最節約法が最初から共有原始形質を証拠として無意味であるとして棄却するのは，ここで調べたモデルのもとでは支持できない．しかし，共有派生形質が共有原始形質よりも証拠として重要であるという考えは，広いパラメーター領域で正しいことが示された．さらに，共有派生形質が共有原始形質よりも証拠として重視されるためには，ホモプラシーが稀であるかどうかは本質的な問題ではないこともわかった．

6.5 形質進化の方向性

分岐学的最節約法を用いて系統関係を推定するためには，観察された共有状態が原始的なのかそれとも派生的なのかを知る必要がある．この方法が類縁関係の証拠として利用するのは派生的状態の一致であり，原始的状態の一致ではない．本節では，分岐学の理論が形質状態の原始性と派生性を決定するために用いているいくつかの手法の1つ（これしかないという人もいるが）を検討しよう．形質を方向づけるこの手法は，外群比較法（outgroup comparison）である．本節の終わりに，形質を方向づけるほかの手法についても簡単に触れよう．

図20に，外群比較法の主な特徴を示した．系統関係を復元しようとする分類群は内群（ingroup）に属するという．この内群を調べ，2つの形質状態のどちらが観察されるかを記載する．記録された形質状態を1および0と呼ぶが，1を派生的，0を原始的という仮定はまだ置かない．

どちらの形質状態が原始的であるかを推定したい生物学者は，内群には属していないがそれと近縁な外群の形質状態を調べる．その外群が状態0ならば，図20の系統樹の根に位置する種の形質状態もまた0であると推定する．外群が複数あってそれらの形質状態が異なるときには，推定の手順はもっと複雑である．しかし，外群比較のもっとも単純でしかも核心となる部分——

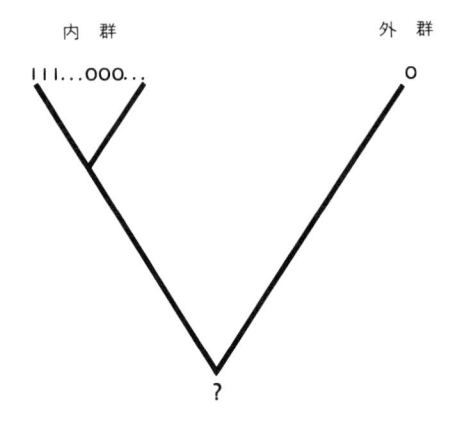

図20 外群がただ1つであるならば，形質の方向づけを行なう外群比較法は，外群の状態が原始的状態の最良の推定値であると主張する．

外群の状態が祖先状態の最良の推定値である――は，外群がただ1つである場合（あるいは，すべての外群が同じ形質状態をもつ場合）を用いて説明できる．

外群比較法は論理循環であると批判されることがある(Bock[1981], Cartmill [1981], Patterson [1982], Sneath [1982])．外群比較法をふまえた最節約法を用いて系統推定しようとする体系学者は，系統に関して事前に情報を得ていなければならないのだから，結局，内群 $I_1, I_2, \cdots\cdots, I_n$ に対して O が外群であるという仮定は，O に対して内群分類群が互いにより近縁であるという仮定にほかならない．だから，系統を推定するためには，事前にそれらを知っていなければならないという批判である．

この批判に対しては，外群比較法はたしかに系統上の仮定を置いてはいるが，結果として論理循環になるという主張はまちがいであると答えればよい．推定したいことは，内群の分類群の**なかでの**系統関係である．そのために，内群分類群が外群に対してある単系統群を作っていると仮定している．これは，推定しようとしている当の命題を仮定していることにはならない[10]．

議論を単一の形質に限定するならば，この外群比較法は，系統推定法とし

註10　4.6節では，観察と仮説の区別に関連して同様の議論をした．観察言明が**絶対的**に理論中立であるかどうかは本質的ではない．しかし，観察言明がある仮説を支持または反対する証拠を与えるためには，検証しようとしている仮説が真であることを仮定することなく，その観察言明の真偽の判定ができなければならない．

ての最節約法の精神をそのまま受け継いでいる．形質の方向性がすでにわかっているとき，最節約法は形質状態の変化が最小ですむ系統仮説を選択する．形質変化を最小化するというこの選択基準を，形質の方向づけに適用したものが外群比較法である．図20での原始的状態が0と1のいずれであっても，最低1回は変化させなければ，内群でみられる形質状態を説明できない．したがって，方向性の仮説によって，必要な状態変化の数に差が生じるのは，根から外群にいたる枝においてである．外群比較法にしたがえば，その枝の上で形質が進化するという事象を想定する必要はないということになる．

上の段落で，外群比較法は分岐学的最節約法の「精神を受け継いで」いると言った．その理由は，両者の前提が異なるかどうかという問題を不問に付したくないからである．分岐学的最節約法は，形質の方向性を与えたときに，系統関係を推定する方法である．外群比較法は，外群の設定に関わる系統の仮定（図20）を与えたときに，形質の方向性を推定する方法である．両者は**みかけは**まったく異なる推論問題のようにみえる[11]．この2つの方法は前提がまったく同じようにも考えられる．しかし，それは最初から仮定することではなく，論証によって示すべきことである[12]．

前節では，確率の不等式 $\Pr_N(0 \to 0) > \Pr_N(0 \to 1)$ が成立する条件について調べた．この不等式を**順行不等式**（forward inequality）と呼ぶことにする．この不等式は，始点の状態が0である枝に対して，その終点の状態が0かそれとも1かを問題としている．一方，外群比較法では，まったく別の関係を考えなければならない．それを**逆行不等式**（backward inequality）と呼ぼう．ここで調べなければならないことは，$\Pr_N(0 \to 0) > \Pr_N(1 \to 0)$ がいつ成立するのかである．この関係は，上の順行不等式とは論理的に独立である．長さ N の枝の終点が状態0だったとすると，この結果の生じる確率がより高くなるのは，その枝の始点の状態が0であるという仮説と1であるという仮説のいずれだろうか？　逆行不等式は，枝の終点の状態が観察されたとき，その始点の状態に関する対立仮説の**尤度**を比較する．これが外群の形質状態の観察を踏まえた形質方向性の推論問題に関係することは明白である．

前節で与えた瞬間的確率にもとづく形質進化モデルは逆行不等式を導く．

註 11　ある共通原因の存在を推定することと，共通原因が存在するという仮定のもとで，その共通原因の状態を推定することのちがいについては，Sober [1989] を参照されたい．

註 12　最節約法と外群比較法に関する議論については，Watrous and Wheeler [1981], Farris [1983], Maddison, Donoghue, and Maddison [1984] を参照されたい．

(16) 式から，$\Pr_N[0\to 0]>\Pr_N[1\to 0]$ が成立する必要十分条件は：

$$v/(u+v)+(1-u-v)^N[u/(u+v)]$$
$$>v/(u+v)-(1-u-v)^N[v/(u+v)]$$

である．この不等式は，u, v が0.5よりも小さければ，N の任意の値に対して成立する．u と v に関するこの仮定には何も問題はない．微小時間区間での変化確率は0.5よりも小さくなければならない．上の不等式の両辺は N が無限大に発散すると同一の有限確定値に収束していく．しかし，N が有限のときは厳密な不等号が成り立つ．もちろん，同じことが $\Pr_N[1\to 1]>\Pr_N[0\to 1]$ に対しても成り立つ．この逆行不等式が $e_3\neq 1-r_3$ という関係式を導くことに注意しよう．この式は，6.1節での統計学的一致性の証明と6.2節での一致定理で仮定としても用いられたものである[13]．

きわめて蓋然性の高い順行不等式と極端に頑健な逆行不等式とのちがいは，次のように書けるだろう．根の形質状態が 0 であるとき，末端の過半数が状態 0 である確率が高いかどうか．それは，u と v および経過時間の間の関係に依存している (図19)．けれども，末端の過半数の状態が 0 であるとき，尤度的に考えれば根の状態は 0 だっただろう．尤度に関するこの事実は，u, v, N の値とは無関係である．

したがって，形質の方向づけが単一外群の形質状態をみるだけですむというのであれば，一般論としての尤度原理を外群比較法にそのまま適用することが可能だろう．この原理は，スミス／コックドゥードル定理のそれよりもさらに一般的に，共有派生形質が共有原始形質よりも証拠としてすぐれているという主張を支持する．ここで調べているモデルのもとでは，$p<q$ ならば，共有派生形質は共有原始形質よりも価値があることが示された．しかし，逆行不等式の正しさを示すためには，そういう仮定はまったく不要である．

上のモデルは，方向性に関する対立仮説に対して事前確率を与えない．そのため，方向性の仮説の確率ではなく，その尤度について考えた．もし事前確率を方向性仮説に与えることができれば，当然，逆行不等式と組み合わせることにより事後確率に関する結論に到達できる．

枝の初期状態をその終点の状態から復元することは，その枝の途中で生じる変化数の期待値とはまったく無関係であることを私は強調した．始点状態が 0 である枝の終点が状態 0 であるならば，状態変化をその間に仮定する必

註 13　逆行不等式は，u と v の値が枝の始めと後で別の値の組にそろって変化するときにも成立する．速度の一定性の仮定はここでは必要ない．

要はない．もし変化の確率が極端に小さければ，ある枝の終点が 0 であるという観察のもとで，その始点が 0 であるという仮説は立証されるだろう．しかし，十分性は必要性ではない．パラメーター u, v, N を適当な大きさに設定して（$u, v < 0.5$ の範囲で），ある枝での期待変化数[14] を適当に大きくする．それでも，逆行不等式は成立している．これは，仮定の最小化が最小性を仮定することと同じではないという明らかな事例である（4.4節）．

外群比較法のもう 1 つの特徴もまた逆行不等式によって説明できる．外群がただ 1 つだけならば，内群に最も近縁な分類群を外群として選ぶのが最良である．この選択は外群と内群を結ぶ枝の時間区間を最小にする．このとき，$\Pr_N(0 \to 0)/\Pr_N(1 \to 0)$ という比は最大値をとる．N を小さくすれば，外群の状態が原始的であるという仮説を指示する証拠の重みは増す．一方，N を大きくすると，尤度比は漸近的に 1 に近づく．

ここで考察している，外群がただ 1 つしかない単純な問題でさえ，逆行不等式に関するこれらの性質が外群比較法を全面的に擁護していると解釈するのはまちがいである．根に配置する形質状態に対する尤度は，外群の形質状態だけでなく，**内群**にみられる形質状態をも考慮しながら，計算しなければならない．図20で説明すると，状態 0 と 1 のどちらを根に配置するかは，外群が状態 0 をもつ確率に与える影響を調べただけでは十分ではなく，系統樹の末端で観察されている 1 と 0 の形質状態が混在する確率に，その配置がどんな影響を与えるかを調べなければならない．

考察範囲を大きくすると状況が変わることをみるため，$u \ll v$ と仮定する．このとき，長さ i の枝では，必ず $\Pr_i(0 \to 1)$ はそれ自身が小さい値をとるだけでなく，$\Pr_i(1 \to 0)$ よりも小さくなる．さらに，外群枝での u と v の値がそのまま内群の枝にもあてはまると仮定する．この設定のもとでは，たとえ外群が状態 0 だったとしても，根が状態 1 をもつ尤度は 0 をもつ尤度よりも大きくなる．そのわけは，根が状態 1 ならば，きわめて生じにくい $0 \to 1$ 変化はまったく想定する必要がないが，根が状態 0 ならば，少なくとも 1 回はごく稀な $0 \to 1$ 変化が起こったと考えなければならないからである．

このことから，外群比較法が，明白な逆行不等式のほかに何か仮定を置いているのではないかと考えられる．内群枝での $0 \to 1$ 変化と $1 \to 0$ 変化がどちらも等しく起こり得るとみなすことは，この方法が u と v の値がほぼ等しいという仮定を置いていることを意味する．スミス／コックドゥードル定理

註 14 変化の期待回数の式は，$2Nuv/(u+v) + [1-(1-u-v)^N](u^2 - uv)/(u+v)^2$ である．$u = v$ ならば，期待変化回数は Nu となる．この式の導出は Carter Denniston（私信）による．

によれば，共有派生形質が共有原始形質よりも重要であるとみなされるためには，この仮定は不要であることに注意しよう．つまり，外群比較法と最節約法にもとづく系統仮説の復元では前提が異なっているのである．

前節では，共有派生形質が共有原始形質よりも重要であるという最節約法の主張が誤りである1つの事例を指摘した．状態0から始まる系統樹がひじょうに多くの世代にわたる分岐プロセスを経て，$u>v$ならば末端では$p>q$となったとする．このとき，110形質は100形質よりも重要ではない．したがって，形質の方向性が既知であるとき，最節約性にしたがって行動するならば，共有派生形質が共有原始形質よりも重要であるという判定はまちがいとなるだろう．

一方，方向性に関して前もって知見がなく，外群比較法によってそれを推定しなければならないとしよう．$p>q$だから，外群が状態0ではなく，たまたま状態1をもつ可能性がある．確率が高いこの事象が起こっていたとしたら，外群比較法は根の形質状態は1であると推定するだろう．したがって，最節約法は110が共有原始形質であり，100が共有派生形質であるという（誤った）結論を出すだろう．この2つの誤りは，結局100形質の方が重要である——$p>q$だからこれは正しい——という結論を導く．

共有派生形質の方が共有原始形質よりも重要であるための条件は，$p<q$である．ここで考察している分岐プロセスのモデルでは，この不等式は内群への枝だけではなく外群への枝にも適用される．したがって，外群が無作為に抽出されたとすると，それはおそらく多数派の形質状態をもっているだろう．つまり，外群比較法では，原始的であると仮定される形質状態が，系統樹の末端では多数派の形質状態である確率が高いとみなされているということである．

多数派の形質状態が原始的である保証はどこにもない．しかし，そのモデルのもとで，最節約法を使うのであれば，多数派の形質状態が原始的であると仮定すべきである（実際にそうであるかどうかとは関係なく）．スミス／コックドゥードル定理によれば，本質的なことは$p<q$であって，原始的／派生的という区別ではないからである．

このことから，分岐学の方法論はその構成要素を足し合わせた以上のものだろうと思われる．あるパラメーター値のもとでは，外群比較法は形質方向性を復元する尤度的な論拠を提供する．別のパラメーター値のもとでは，最節約法は共有派生形質が共有原始形質よりも重要であるという正しい判断をする．しかし，分岐学の方法論を構成するこの2つの要素は，別々にではな

く，いっしょに用いる方がよい．このモデルでは，**分岐学の原理が派生的で
あると判定した形質状態の一致は，それが原始的と判定した形質状態の一致
よりも証拠として重要である．**皮肉なことに，形質方向性に関する判定が正
しかろうが誤りだろうが，このことはいつでも真実である．この結果は，$p<q$ であるかどうかとは無関係である点に注意されたい．

本節の冒頭で，私は，形質を方向づける基準としては外群比較以外にも方
法があるといった．主な手法としては，**個体発生基準**(ontogenetic criterion)，
古生物学基準(paleontological criterion) そして，適用範囲は狭いが**機能基
準**（functional criterion）がある[15]．

個体発生基準は，von Baer の第1法則という明らかなプロセス仮定を置く．
これは，「大きな動物群の一般的な特徴は，個別的な特徴に比べて，胚発生の
初期に出現する」(Gould [1977, p.56]) という法則である．したがって，こ
の法則によれば，たとえば，霊長類の発生では，初期胚にはすべての動物に
共通する特性がみられるが，その後，霊長類のみに共通する特性が現われる
(Ridley [1986, pp.66-68])．これらの発生段階を $a \to a' \to a''$ と表す．その法
則を分岐学的に解釈すると，形質の方向づけを行なえる基準が導かれる．そ
れは，より一般的な形質は原始的であり，より個別的な形質は派生的である
という基準である．

von Baer の法則は，個体発生パターンが**末端付加**(terminal addition) に
したがって進化するという仮定を置く．つまり，新たな形質は，個体発生プ
ロセスの途中で生じる挿入・欠失・再編成ではなく，そのプロセスの最後に
付加されるという仮定である (Gould [1977])．

たとえば，この法則によれば，マス，クマ，チンパンジーの個体発生には，
次のような形質があるとされる：

マス	$a \to a$
クマ	$a \to a'$
チンパンジー	$a \to a'$

個体発生基準にしたがって形質を方向づけ，その結果に最節約法を適用する
と，クマとチンパンジーはマスを含まないある単系統群を作るという結論が
得られる．胚で普遍的にみられる状態は a であって a' ではないので，成体段

註 15　これらの方法については Crisci and Stuessy [1980] と Stevens [1980] の総説が役立つ．

階での a' は派生的状態であるが，a は原始的状態と判定される．

末端付加に反する例としては**幼形成熟**（neoteny）が挙げられる．これは，個体発生の経路が変化し，新たな個体の成体段階が祖先生物の幼生形態を保持するという現象である．たとえば，原始的な個体発生パターンが $a \to a'$ であり，派生的な個体発生パターンが $a \to a$ であるというような場合である．このとき，個体発生基準は誤った形質方向性の結論を導く[16]．

von Baer の法則が成り立たない事例には事欠かないが[17]，その法則が形質方向性に関しては信頼できるという点で生物学者は合意している（Gould [1977], Fink [1982], Kluge [1985], Ridley [1986]）．これは，この結論の立証には理論と体系的観察の両方が必要であるということに異を唱えるものではない．発生の一般理論がもしあったとしたら，von Baer の法則がどれくらいの割合でどういうときに成立するのかが説明できるだろう．また，綿密な比較研究があれば，個体発生基準への反例がどれくらい実際にたくさんあるのかについてもっと詳しい知見が得られるだろう．

次に，形質を方向づけるもう1つの方法に進もう．それは古生物学的基準であり，明らかなプロセス仮定を置く方法である．ある形質の原始的状態が派生的状態よりも前に発見されるかどうかは，定義の問題である．古生物学的基準にしたがえば，化石の年代は進化順序に対応する．すなわち，状態1をもつ最古の化石が状態0をもつ最古の化石よりも新しいならば，1は派生的状態，0は原始的状態と判定される．もし化石記録が完全だとしたら，古生物学的基準には何も問題はないだろう．また，たとえ化石が不完全だったとしても，化石化が無作為に生じたのであれば，基準として使ってもよいかもしれない．もし化石として痕跡を残す確率がその生物の形質状態およびそれが生息していた時代と独立だったとしたら，化石はそれが属していた生物群の代表サンプルといえるだろう．けれども，この2つのもしは，そのまま鵜呑みにはできないと多くの生物学者は考えている(Schaeffer, Hecht, and Eldredge [1972], Patterson [1981], Janvier [1984])．彼らは，古生物学的基準は，まったく役に立たないわけではないが，その論拠が脆弱すぎると結論する．その一方で，古生物学的基準は信頼でき，それを切り捨てるのは有用なデータを捨てることになると主張する生物学者もいる(Paul [1982], Ridley [1986])．

註 16　この点についての考え方をはっきりさせてくれた Ted Garland（私信）に感謝する．

註 17　このような反証例の分類については，Gould [1977] と Kluge and Strauss [1985] を参照のこと．

形質を方向づける**機能基準**についてはこれまで賛否両論があった．自然選択が対象生物群の形質進化経路を支配した主たる推進力であり，$0 \to 1$ 変化は $1 \to 0$ 変化よりもずっと確率が高いと仮定する自然選択のモデルを考えよう．たとえば，Ridley [1986, pp.131-137] は，痕跡器官はこの基準のもとで派生的であると判定されると述べた．痕跡的な眼が機能をもつ眼に進化することは非常に困難であるが，視力のある眼がその機能を失うのはもっと容易な変化だろうと彼は言う．一方，Cracraft [1981] は，この種の適応シナリオに頼ることは砂上に楼閣を造るようなものだと主張した．彼は，そういう仮説の拠りどころとなる自然選択の学説はしっかりと確証されていないから，導かれた形質方向性に関する結論も信頼できないという．

機能基準が，本節の最初で私が議論した推移確率の非対称性に関わることに読者は気づかれただろう．u と v の値が極端に非対称的だと，外群比較法の結論は信頼できなくなると私は指摘した．たとえ外群の状態が 0 であったとしても，$0 \to 1$ 変化がその逆方向の変化よりもずっと生じにくいならば，尤度は根の状態が 1 であるという仮説を選ぶかもしれない．私の得た結論は，外群比較法の前提は u と v の値がほぼ等しいということだった．

機能基準は，$0 \to 1$ 変化の確率が逆方向の変化確率と大きく異なっていることを支持する生物学的な証拠を踏まえている．外群比較法は，この非対称性とその生物学的仮定を否定する．しかし，これは外群比較法が何も仮定を置かないという意味ではない．u と v が大体同じ値であるという仮定は，u と v の値が大きく異なるという仮定と同じく，仮定であることに変わりはない[18]．形質を方向づけるすべての方法は生物学的な仮定を置いている．

2 つの方法で形質を方向づけた結果が矛盾するのはどういう場合か，そしてそのとき，どちらを使うべきだろうか？ すべてにあてはまる決定的な答えをあえて出すつもりはない．これらの手法の相対的価値についての結論を**一般論**として出せないのはほんとうかもしれない．それぞれの手法は状況が異なればその重要性も変わるからである．さらに，背後の進化プロセスの理論が発展すれば，これらの結論の証拠としての価値も変わるだろう．以前は信頼できなかった証拠であっても，その後しっかりと裏づけられたプロセス理論に援護されて，信用を高めるかもしれない．

註18 確率論では，「無差別原理」(the principle of indifference) はおかしいと一般に考えられている．2つの事象に異なる確率を与える理由がないからというだけの理由で，それらに等しい確率を与えることはできない．この原理のどこが誤りなのかを調べることは，体系学にとって有用だろう．

しかし，何にもまして，異なる形質方向づけの方法の比較には，理論的な問題がある．**ある１つの方法**が適用例ごとにあるいは時代とともにその価値をどのように増減するかは調べるのは容易である．けれども，**異なる方法**が矛盾する結論を導いたとき，それらの長短をどのように比較すればいいのだろうか？　**ある方法**は誤る可能性があると指摘しただけではこの問題は解決しない．実際には，**どの方法**も誤りを犯す危険性を抱えているからである．

本書では，最節約法と全体的類似度法を比較するのが目的だから，この問題については，これ以上詳しく論じない．この２つの方法を比較することだって単純な問題とは言いがたいが，それらの相対的な長所が進化プロセスについての同じ事実を前提としていることがわかっているだけまだましである．これは，それらの妥当性が同じとか異なるということではなく，ある方法の妥当性を左右する進化モデルは，おそらく別の手法の妥当性をも左右するだろうということである．しかし，外群比較法，古生物学的基準，個体発生基準のいずれが妥当であるかという議論は，それぞれが**別々**の進化学的問題と絡んでいるように思われる．いわば比較できないものを比較しなければならない状況に追い込まれている．

この問題は解決不能ではないかもしれない．これら３つの基準の妥当性を同時に満足するような進化的変数がおそらくあるだろう．そして，それぞれの基準に関係するプロセスを記述する個別的な詳細な理論があれば，この比較の問題は解決されるだろう．しかし，周知のように生物学の現状は，形質の方向づけの方法を比較するための理論的基礎については驚くほど何もわかっていない．

これはすべての比較が根拠がないという意味ではない．個々の分類群の個々の形質に限っていえば，説得力のある生物学的議論がなされているのかもしれない．しかし，これらの方法の相対的な長所と短所を**総論的**に評価するという目標の達成からはまだほど遠い段階にある．

6.6　頑健性

本章で得た結果は，分岐学にもとづく系統推定法を無制約に正当化しない．実際，ここで想定したモデルのもとでさえその方法の完全な立証がされたわけではない．むしろ，私が示したことは，分岐学の方法論の核心となる主張には，本書で考えた分岐モデルのなかで，きわめて一般的な確率論の根拠を与えることができるということである．

4.4節で，私は，最節約法はホモプラシーが稀であるという仮定を置いては

いないことを示そうとした Farris [1983] の試みについて検討した．Farris は11形質から成るデータ集合を考えた．このデータ集合の最初の10形質は110分布をするが，11番目の形質は011分布をする（"0"は原始的状態，"1"は派生的状態である）．Farrisは，このデータ集合は，ホモプラシーが稀であるかどうかとは無関係に，A (BC) ではなく (AB) C 仮説を支持すると言った．私は，Farris がこの結論を導いた論証を批判したが，われわれは上のプロセスモデルの枠内で彼と同じ結論に到達していることがわかった．

共有派生形質 (110) は，系統樹上で生じる変化の期待数とは無関係に，系統関係の証拠となる．これは，6.2節の一致定理である．さらに，このモデルは形質が独立に進化すること，そして同一の遷移確率をもつことを仮定するから，共有派生形質に等しい重みをつけるという原理は妥当である．これは，Farrisの11形質からなるデータ集合がまさに彼が主張するとおりの重要性をもっていること，そしてこの重要性はホモプラシーが稀かどうかという問題とは無関係であることを意味する．

Farris は，また，ホモプラシーの回数が増加すると，仮説への支持の強さは影響を受けるが，どの仮説が支持されるかは変わらないと主張した．上の11形質のデータ集合のもとで，ホモプラシーが稀ならば，(AB)C は A(BC) よりもずっと強く支持される．ホモプラシーが増えるにつれて，両仮説への支持の強さは差が小さくなる．しかし，A(BC) が (AB)C よりも強く支持されることには決してならない，と彼は言う．上で調べたモデルのもとでは，この結論もまた立証された．一致定理が成立するための十分条件である逆行不等式 ($e<1-r$) は，変化が稀であることを要求しない．けれども，この不等式の両辺の差は，変化の期待値が小さいほど大きくなるだろう．

詳細は省略するが，Farris と私の立論のちがいはプロセスモデルの果たす役割にある．Farris の議論はモデルについてほとんど触れていない．一方，私の場合は，考察対象である確率を得るためにはモデルが頼りである．私が利用したのはきわめて理想的なモデルであることは覚えておいてほしい．分岐は2分岐的でかつ規則的であり，形質は互いに独立に均一な速度で進化すると仮定しているからである．

このことから，**最節約法**が進化プロセスにおけるこれらの制約を仮定をしていると結論づけることはできない．それらは**私**が設定した仮定であり，それらの仮定が結論に到達するために不可欠であることの証明をしたわけでは

註19　5.6節では，ある論証のなかで**調査者**が仮定をすることと，**推定方法**がある仮定を置くことの立証とのちがいについて論じた．

決してない[19]．けれども，頑健性（robustness）は大きな問題である．その11形質は，ほかのモデルのもとでも，A(BC) ではなく (AB)C を支持すると言えるだろうか？

　形質が独立であるという仮定および同じ遷移確率をもつという仮定は，「1共有派生形質，1票」という規則を証明する上で決定的な役割を果たすことを強調しておきたい．形質1-10がそろって進化するような制約を受けていたならば，それらを10個の別々の形質として数え，独立な証拠とみなすことはできないだろう．極端な場合，それら10形質は単一の形質を10回別々に観察したのと同じとみなされる．そうならば，11番目の形質は最初の10形質のそれぞれに与えられた重みの10倍の価値があるだろう．このとき，(AB) C と A(BC) とは同程度に支持されるだろう．

　同様に，この11形質は独立に進化するが，遷移確率にちがいがあると仮定できるならば，11番目の形質は最初の10形質全体よりも大きな重みをつけた方がよいこともあるだろう．6.3節のスミス／コックドゥードル定理から，ある状態一致が別の一致よりも重要であると考えられるのは，前者の一致が後者の一致よりも稀であると期待されるときに限られることが証明された．これは，ここでの第11形質にとってどんな意味をもつのだろうか？

　スミス／コックドゥードル定理の主旨は，この問題に適用できるのではないかと私は推測している．最初の10形質で派生的状態が生じる頻度を p_1 とするとき，ある分類群の最初の10形質のそれぞれがすべて状態1である確率は，$(p_1)^{10}$ となる．2分類群の**両方**が最初の10形質についてすべて状態1をとるなら，これはきわめて**稀な**一致が生じたということになる．第11形質で派生的状態が生じる期待頻度を p_2 と表す．私の予想では，最初の10形質が第11形質よりも重要であるのは $(p_1)^{10} < p_2$ という条件式が満たされるときである．

　生物学者は，ずっと以前から，変化しやすい形質に比べて，保守的な形質の方が系統関係の指標としてよりすぐれていると主張してきた．生物に変化を引き起こしたきわめて強力な要因が自然選択であると信じている進化学者は，適応的形質は非適応的形質に比べて系統を探る手がかりとしては信用できないとしばしば結論している．適応的な類似性は自然選択による収斂かもしれないが，非適応的な類似性ならば収斂という理由づけですませることは難しいからである[20]．

註20　適応的形質に付随する多面発現的（pleiotropic）な相関形質は適応形質と同じ変化傾向をもつ．したがって，形質の対比は，適応形質と非適応形質の間ではなく，適応形質およびその多面発現的相関形質と独立な中立的形質の間で行なうべきである．

上で調べたモデルを用いると，これらの直観のうちどれが正しくどれがまちがいであるかを示すことができる．スミス／コックドゥードル帰結によれば，類似性が系統関係をどの程度反映するかを決定するのは，u と v の大きさではない．むしろ，対象となる形質の期待頻度が基準となる．これらの問題は相互に関連してはいるが，同じ問題ではない．

　たとえば，u と v が同じ値であると仮定しよう．時間が十分にあれば，派生形質と原始形質の期待頻度は，u と v がともに大きいか小さいかとは無関係に，ほぼ同じ値になる．極限では，その期待頻度は 0.5 に近づく．一方，ある固定された時間 (N) に対し，$p \ll q$ を得るためには，u と v をともに小さくすればよい．このとき，非常に保守的な形質が派生的状態となることは稀であると期待される．

　もう1つの例として，ある2つの形質を考えよう．第1の形質は，u と v の値が大きく，N は小さい．第2の形質は，u と v 小さいが，N は大きい．第1の形質は変化しやすい．けれども，この2つの形質の系統樹末端での期待頻度はまったく等しいかもしれない．このとき，スミス／コックドゥードル定理より，これらは証拠としてまったく同じ重要性をもつ．また，同じ世代数を進化する2つの形質も考察する価値がある．第1の形質は u が小さく v は大きいが，第2の形質は u と v がともに小さい値である．前者の形質はおそらく変化しやすいだろう．しかし，その派生的状態は，第2の形質の派生的状態に比べて稀であると考えられる．

　第3の例として，長期間にわたって進化が進んだ結果，形質が期待される平衡頻度に近づいていると思われる系統樹を考えよう．その意味は，$u = 0.001$ かつ $v = 0.009$ の形質が，$u = 0.0001$ かつ $v = 0.0009$ の形質[21]と実際には状態1と0の期待頻度が同一になるということである．前者の形質は相対的に保守的とはいえないが，この系が十分長期にわたって進化するならばそのちがいは問題ではない．

　独立に進化すると仮定し，等しい重みを与えた共有派生形質が互いに矛盾するようなデータ集合（Farris の例のように）に対して，ここで考察したモデルは，最節約法が最良の系統仮説を正しく選択できるとする分岐学の主張にとってきわめてつごうがよい．けれども，等しい重みを与えるということは，異なる重みを与えることと同じく生物学的な仮定を含んでいるという点をここで言っておきたい．「1共有派生形質，1票」という主張は，前提ゼロ

註21　派生的形質状態の平衡点での期待頻度は，$u/(u+v)$ である．

を意味しない．論点は，対立する共有派生形質を評価するためにそれを使うには，ホモプラシーが稀であるという前提は必要ないということである．

分岐学の理論のもう1つの核心部分，すなわち共有原始形質は証拠として意味がないという主張に目を向けると，話は次第にややこしくなってくる．字面だけを言えば，ここで考えたモデルのもとでは，その主張は明らかに誤りである．6.2節の一致定理は，派生的一致にも原始的一致にもあてはまるからである．共有原始形質はまったく無情報ではないが，共有派生形質と比べて情報が少ないならば，分岐学の実践は意味をもつと反論されるかもしれない．この問題を検討するために，6.3節でスミス／コックドゥードル問題を論じたのである．

パラメーター値の広い範囲(全範囲ではないにせよ)にわたって，110共有派生形質は，100共有原始形質よりも証拠として重要である．この非対称性は，$u>v$ であって時間経過が長期であるときにのみ逆転する．形質方向性が外群比較（外群はただ1つとする）によって決定されているならば，共有派生形質であると判定された一致には，共有原始形質と判定された一致よりも大きな重みを与えるべきだという論拠はさらに強力になる．6.5節では，$u, v<0.5$ というきわめてゆるい条件が満たされるならば，これは真となるだろうと述べた．

しかし，この結果でさえ，すべての共有原始形質にゼロの重みを与える根拠にはとうていならない．とりわけ，スミス／コックドゥードル定理は，1つの共有派生形質（110）と1つの共有原始形質（100）とを比較しているだけである．評価すべきデータ集合に含まれているのが，1つの共有派生形質(110)と同一の分布をする2つの共有原始形質(100&100)であるとしたら，われわれはどんな結果を期待できるだろうか？

ある分類群がある形質の原始的状態をとる確率が q であるならば，同じ遷移確率をもつ2つの独立な形質が原始的状態をとる確率は q^2 である．110と100の証言を比較するとき，前者に決定的役割を与える基準は $p<q$ である．110と2つの100形質を比較するときは，A(BC)ではなく(AB)Cを選択する基準はもっと厳しくなる．私の予想では，その基準は少なくとも近似的には $p<q^2$ と表されるのではないだろうか．共有派生形質（110）が一群の共有原始形質（いずれも100）と対立するとき，A(BC)ではなく(AB)Cを選択する基準は，共有原始形質の数が増えるとともに，より厳しい条件式を求めるだろう．この点は擁護できるだろう．原始的状態がたくさん観察されるということは，派生的状態の期待頻度がきわめて低いという証拠だろうからで

ある．しかし，最節約法が共有原始形質に与える重みゼロは，ここで調べたモデルが何らかの手がかりを与えるとしたら，生物学的プロセスに対して自明ではない制約を課していることになる．

　全体的類似度法は，共有派生形質にも共有原始形質にも等しい重みを与える．一方，最節約法は原始的類似性にゼロの重みを与えるため両者の重みは異なる．等価な重みをつけるということは，ここで仮定したモデルの結果では決してなく，最節約法が非等価な重みづけを推奨しているわけでもない．共有派生形質を**より重く**重みづけするというのは問題ないだろうが，全体的類似度法と最節約法が正しい結論に近づくかどうかは判断がもっと難しいだろう．しかし，この疑問をデータによって解決するというのは不可能ではないだろう．観察してみれば，pとqとが近い値かそれとも大きな差があるかがはっきりするだろう．このモデルのもとでは，$p \ll q$ならば最節約法は支持され，近似的に等しい値だったとしたら，全体的類似度法が選ばれるだろう．

　6.1節では，系統樹の末端から無作為に3種を選び，調べる形質の数をどんどん多くしていくとき，最節約法と全体的類似度法はいずれもこのモデルのもとで統計学的な一致性を満たすことを指摘した．つまり，極限では，最節約法と全体的類似度法の結論は一致するだろう．したがって，スミス／コックドゥードル問題がこのモデルで生じたのは十分な数の形質を調べなかったからにすぎないといえる．有限なデータ集合のもとでの全体的類似度法と最節約法による評価が対立するとしたら，それはサンプルの抽出誤差が原因だろう．さもなければ，前提であるモデルが現実にそぐわなかったということだろう．

　スミス／コックドゥードル問題が，このモデルのもとでデータ集合が十分に大きければ消えてしまうというのであれば，それについて論議する意味がどこにあるのかと疑う向きもあろう．その理由は，どんな状況で共有派生形質が共有原始形質よりも重要であるのかという問題は，理論的におもしろいからである．できることなら，この単純なモデルのもとで得られた結果が，別のモデルでの問題解決に結びついてほしいものである．

　私が仮定したモデルの枠内で到達した結論は，次のように要約できる：共有派生形質は，ホモプラシーの頻度とは関係なく系統関係の証拠となる．同じことは共有原始形質についてもあてはまる．形質の方向性が外群比較法によって決定されるならば，共有派生的と判定された状態の一致は共有原始的と判定された一致よりも重要とみなされるべきである．ここでもまた，ホモプラシーの頻度に関する仮定は必要でない．一方，形質をどのように方向づ

けたかが事前にわかっていれば,共有派生形質は共有原始形質よりも重要である.これはパラメーター値の範囲の広い領域(全領域ではないが)で成立する結論である.さらに,上が成立するパラメーター領域に対応するプロセスでは,ホモプラシーが稀である必要はない.

上の結論から,ホモプラシーが稀であることを分岐学的最節約法が仮定しているという主張は疑わしいと考えていいだろう.最節約法は,ホモプラシーの仮定を最少化する系統仮説を選ぶが,それはホモプラシーが最少であるという仮定と同じではない.

一方,最節約法がこのモデルのもとで「正当化」されたかどうかは,また別のもっと不透明な疑問である.私は正当化されたと言ってはいない.私が行なったことは,この分岐プロセスのモデルのもとで最節約法がもつ固有の特徴についての解析である.それらの特徴が最節約法の理論のすべてであるとは思わない.最節約法に属するこれらの要素が正当化されたとしても,それは一部分を見ているだけであって,それが最節約法のすべてであると誤解してはいけない.

本節の以下の部分では,モデルの仮定を緩めると結果にどのような影響があるかについて考えよう.

モデルは同じだが,形質状態が3つ以上あったらどうなるだろうか? 形質状態の数が増えると,原始的な状態はそれ以外の状態よりも頻度が高くなりやすいような気がする.その結果,共有派生形質が共有原始形質よりも重要であるとみなされるパラメーター範囲が拡大するだろう.これは最節約法にとって好都合である.

体系学者が系統樹の末端だけではなくその内部からもサンプリングしたとしても,結論は変わらないだろうと予想している.共有派生形質を重視するスミス/コックドゥードル基準がこの新しいサンプリング方法のもとでも通用するなら,派生的状態が原始的状態よりも期待頻度が小さくなるパラメーター領域はもっと広がるだろう.そのわけは,たとえ $u>v$ だったとしても,分岐プロセスの初期の世代において原始的状態がまだ多数派状態であると期待されるからである.系統樹の内部からのサンプリングをすると,1と0の期待頻度を調べる調査集団のなかにこれらの世代が拾い上げられることになる.もしそうならば,状態1が多数派の形質状態となるにはもっと長い時間がかかるだろう.

分岐プロセスが一定の時間ごとに2分岐するという仮定についてはどうだろうか? ある確率論的規則にしたがって,分岐点が絶滅,存続,2分岐,3

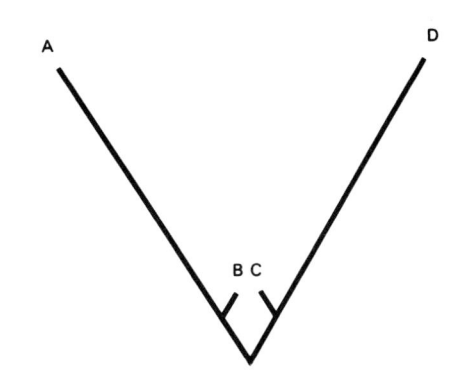

図 21　枝の長さは 0 → 1 変化の確率に比例している．1 → 0 変化が不可能であると仮定し，根の状態は 0 であると仮定する．このとき，共有派生形質と共有原始形質はどちらも系統関係の仮説の反証となる．

分岐などを行なうという別の考え方もできるだろう．あるいは，分岐点ごとに別々の確率でこれらの現象が生じるという仮定もあり得るだろう．これらの変更は，分岐点の分岐や絶滅などの確率がその形質状態と独立であるかぎり，結論にはまったく影響しないだろうと予想される．

　独立でなかったとしたら，分岐プロセスと形質進化規則はどちらも末端の形質状態——この新しい分岐プロセスでもやはり決定的な手がかりとなるだろう——の期待頻度に影響をおよぼすだろう．たとえば，分岐が，状態 0 の分岐点は状態 1 の分岐点よりも多くの子孫種を残す傾向があるというあるタイプの**種選択**（sepcies selection）にしたがうとしよう[22]．この分岐規則は，系統樹の末端での状態 0 の頻度を増加させるだろう．u と v の大小関係にしたがって，形質進化の規則は正方向または逆方向の進化を推し進めるだろう．

　本書の解析でのもう 1 つの単純化は，私が 3 つの分類群の間の系統関係を推定するという問題だけを論じたという点である．この意味について私はあえて検討しなかった．3 分類群の系統仮説は，複数の分類群を含む分岐構造の最小の構成単位であるとたいていみなされている（Gaffney [1979]，Eldredge and Cracraft [1980]）．けれども，3 分類群の推定問題のもつ性質がもっと多くの分類群に対する問題にどの程度当てはまるかは未解決の問題である．

　最後に，進化速度の均一性の概念に話を進めよう．速度が均一であるという主張は，2 つの部分に分けられる．第 1 に，すべての形質が同一の確率論的

註 22　種選択の概念については，Sober [1984 c, section 9.4] の議論を参照されたい．

進化規則にしたがうという主張である．第2に，系統樹のある部分での形質進化を支配する規則が，ほかの部分にも当てはまるという仮定である．第1の仮定を緩和してもたいした影響はない．私が先に指摘した，保守的な形質と変化しやすい形質の性質がこれに相当する．2つの形質の u と v の値が異なっていたために，系統樹末端での状態頻度に差が生じたと想定することは実に単純なことである．スミス／コックドゥードル帰結がここでも判断基準を与えるとしたら，定性的には同じ結果が得られるだろう．

一方，速度均一性の仮定の第2の部分は，なかなか捨てられない．枝ごとに遷移確率が異なるならば，最節約法と全体的類似度法はどんな性質をもつだろうか？　一致が**近縁性への反証を与える**事例を作ってみよう．110と011形質がどちらも（AB）CではなくA（BC）仮説を選択するというような例である．たとえば，図21に示した，2世代にわたる2分岐系統樹を考えよう．それぞれの枝の長さは0→1変化の確率を表すものとする．逆方向の進化は不可能であると仮定する．0は原始的状態を表す[23]．いま，系統樹末端から3分類群をサンプリングしたとする．状態1が2つと状態0が1つのとき，2つの状態1は A と D に，状態0は B または C に由来するだろう．一方，状態0が2つと状態1が1つのとき，状態0は B と C に，状態1は A または D に由来するだろう．これは最節約法にとっても全体的類似度法にとっても認識論的悪夢である．それとは別に，ある状態の一致は証拠としての重要性を逆転させるが，別の一致はそれを逆転させないといった例を作ることも可能ではないだろうか．

けれども，進むべき道は，不自然な実例をただ蓄積することではなく，モデルの文脈のなかでそれらを秩序づけることである．必要なのは，遷移確率の系統樹における分布を記述するモデルである．段階が同じ枝はすべて同一の遷移確率をもつ単純な例についてはすでに調べた．無作為モデルのもとでも，上で得た定性的結論は変わらないのではないだろうか．各枝がある無作為プロセスにしたがってある遷移確率が与えられるならば，すべての遷移確率がある同一の確率分布から抽出されたと仮定して，上で導いた結果はそのまま通用するだろう．

無作為的ではないモデル，すなわちある生物学的に妥当な理由により枝ごとに異なる推移確率が与えられるようなモデルこそ構築すべきだろう．一般

註23　この例は，Felsenstein [1978] が最節約法の統計学的不一致性を示すのに用いた例にヒントを得たものである．しかし，ここでは一致性が問題ではなく，データに照らしたとき，どの系統仮説の確率が最大になるかという推論が問題である．

的なパターンはそういうモデルから明らかにされると期待できるだろう．そして，最節約法と全体的類似度法の頑健性が比較できるだろう．

第3章と5章では，攪乱変数問題を2つの観点から対比した．最良事例法を批判した上で，全尤度関数が評価できるように攪乱変数に制約を設ける方法を擁護した．本章で用いたのは，後者のやり方である．u, v, N の値あるいは i, j の値をデータから推定してはいない．むしろ，モデルからこれらのパラメーターの間の関係を導き，尤度に関するある不等式を得ることができた．検証しようとしている仮説の尤度を計算するこのやり方は最良事例法よりもすぐれている．しかし，本章のモデルでは，関連する情報がどこから得られるのかについてまったく考えてはいない．たとえば，ある一群の形質がすべて110パターンを示すならば，A と B につながる枝での進化速度は C に到達する枝のそれよりも大きいのではないかと考えられる．しかし，本章のモデルでは，3分類群について観察された形質状態にまったく着目せずに，これら3分類群にいたる枝での進化速度がすべて均一であると仮定する．この情報を利用でき，同時に最良事例法でみられた過度の単純化を避けるモデルについて調べれば役に立つだろう．

6.7 モデルと現実

科学の世界で，現場の研究者の直観と理論家の形式主義とがいつでも一致するとは限らないが，それは今に始まったことではない．両者の対立の一例として，1930年代から50年代にかけての群選択 (group selection) をめぐる生態学者と集団遺伝学者との論争が挙げられる．生態学者の大多数は，個体には有害だが集団にとっては有利な形質が集団中に観察されるという見解だったが，集団遺伝学者の大勢はそのような利他的な形質の存在に懐疑的だった．しかし，彼らの疑念は理論に由来しており，観察にもとづくものではなかった．彼らが想定したモデルでは，利他的形質が進化したり保存されたりするのは，ごく限られた状況だけだった[24]．ナチュラリストと理論家との対立は，科学が誤った道を進んでいる兆候ではなく，科学の知的労働分業が必然的にもたらした潜在的には実り豊かな結果である．

理論家はどうしても単純なモデルで研究を進めがちである．自然現象はふつうは多くの要因が生んだ結果である．しかし，扱いやすいモデルであるためには，ごく少数を除くすべての原因を無視する必要がつねにある．単純な

註 24　利他行動をめぐる論争史の概略と理論の変遷については，Sober [1984 c] を参照されたい．

モデルの結果がもっと複雑な場合にも自然に外挿できればいいのだが，実際には必ずしもそうではなく，そのこと自体が理論的な研究の対象となる．単純なモデルから得られた理論的結果が現場の研究者の直観と対立するとき，その原因としては次の2つが考えられる．第1に，単純なモデルから得られた理論的結果がもっと現実的な場合にも実際にあてはまっていて，現場の研究者の直観の方を鍛えなおす必要があるときである．もう1つの可能性は，単純なモデルの結果が単純化によって生じた虚構にすぎず，一般の場合に外挿できないときである．このとき，現場の研究者の直観の方を重視すべきだろう．不完全きわまりないモデルに比べれば，彼らの現象に対する直観の方がすぐれているからである．

いまの体系学者は，私が直観に頼ることをどうして頭から否定しないのかと奇異に感じるかもしれない．現代の分類学が経験してきた2つの革命は，どちらも「直観」は厳密な議論の代わりに権威主義を温存させる言い訳にすぎないという主張から始まった．表形主義 (pheneticism) は分類という行為に関してこれを主張し，分岐主義 (cladism) は系統復元の領域でそれを主張した．両者とも，方法の形式化をあまりにも強引に進めたので，データに適用した結果は，まったく明々白々たるものであった．

方法について明確に述べるという点では，たしかに大きな成功だった．しかし，その方法を正当化するという問題は後回しになった．個々の系統推定の方法の適用範囲と限界については，いまもって見通しがようやくつき始めたという段階である．ある系統推定法を弁護しようとして過去に出された論証にはしばしば欠陥があった．ある推定法を批判する論証もまた決定打を欠いていた．どちらの論証も，ある方法の証明や否定に成功してはいないのである．

最節約法は，ホモプラシーが稀であるという仮定を置くとの批判を受けてきた．この反論はまずまちがいなく誤りだろう．全体的類似度法は，原始的類似性を証拠として扱ったという批判をうけてきた．けれども，共有原始形質が証拠として無意味であるかどうかは決して明白ではない．また，これらの批判に反論できたからといって，批判された方法の正しさを立証したことにはならない．

哲学——とくに経験主義的哲学——は，科学の方法とその内容との関係に関してこれまで誤った構図に惑わされてきた．科学の方法の妥当性がその結果に依存しているとしたら，科学はどのようにしてその第一歩を踏み出せるのだろうかとこれまで考えられてきた．科学的方法から弁護できる理論が生

み出されるのであれば，理論の前に方法がなければならない．

　哲学では，認識論者がこの主張に則って帰納原理とか共通原因の原理という法則化を行なった．経験的な背景理論を介入させずにデータと仮説とを結びつける方法論的原理が明文化された．体系学では，方法が理論よりも前になければならないという主張に鼓舞された科学者が，系統推定の方法は進化に関する仮定をまったく置かずに——観察された多様性は変化を伴う由来の結果であるという仮定だけはおそらく置くのだろうが——正当化されなければならないと考えるようになった．

　本書の最も重要な論点は，経験的な前提なしにはどんな推定法もデータと仮説とを結びつけられないということである．方法論の研究者はこれを聞いて落胆するかもしれないが，その必要はない．たしかに，詳細な進化プロセスと関係なく正しい系統推定法を確立できる見込みはまったくなくなった．しかし，裏を返せば，方法が理論的前提をもつのであれば，理論の改良とともに方法も改良できるということである．

　「科学的方法」は前提不要という考えでは，方法は進歩せず自然界に関して得た知見を方法に反映させることができなくなる．しかし，理論と方法とが緊密に相互依存しているならば，理論の進歩は研究方法の改善につながると期待できるだろう．

　理論と方法は，理論モデルの構築と検討によって，目にみえる形で関連づけられるだろう．実践的な体系学者は，ある推定法は実用に耐えるが，別の方法は机上の空論にすぎないことをからだで感じとっている．自信のない研究者は，異なる方法にはそれぞれ長短があるのだからと妥協して，「折衷主義」(eclecticism)に退却してしまうことがよくある．けれども，それぞれの方法の適用範囲と限界を見極められるだけの十分な議論を尽くさないうちは，それらよりも折衷的方法の方がより安全であるとは決していえない．

　ある系統推定法をどのようにして実践するかをめぐる信念の強さに比べて，系統推定の理論的基盤はどうしてこれほど脆弱なのだろうか．その点に関する研究がなかったからということではもちろんない．そしてまた，本書がこれらの理論的諸問題について満足できる論拠にもとづいて議論できたとも思わない．私が到達できた帰結は，完全というにはほど遠く，探究の端緒にすぎない．けれども，現場の研究者の直観と理論研究者の形式論理が交わるところに大きな成果が生まれると期待するのは決して不可能ではないだろう．理論と方法が手を携えて成長すれば，系統発生プロセスとそのパターンの推定に適した方法についてのわれわれの理解もまた深まるからである．

6.8 付録：3分類群に対するスミス／コックドゥードル定理

A, B および C という3分類群を図2(p.34)の系統樹の末端から無作為に抽出し，2つの形質についてその状態を調べる．この2形質は枝遷移確率が等しいと仮定する．したがって，系統樹の末端でのある形質の状態1と0の期待頻度は，もう一方の形質の期待頻度と同じである．この2つの形質の形質状態分布が110と100であったとする．6.2節ですでに証明した一致定理により，第1の形質は (AB) C というグルーピングを支持するが，第2の形質はA(BC)を支持する．では，この2つの形質を合わせたとき，その結論はどうなるだろうか？

6.3節では，2分類群の場合，派生的一致の方が原始的一致よりも強く近縁性を支持するためには，派生的形質状態が原始的状態よりも期待値として稀でなければならないことを証明した．すなわち，系統樹の末端での1と0の期待頻度が p と q であるとき ($p+q=1$)，スミス／コックドゥードルの第1定理を次に示す：

(SQ-1)　　$\mathrm{Exp}\,[R(A,\ B)/11] < \mathrm{Exp}\,[R(C,\ D)/00]$
　　　　　となる必要十分条件は，$p<q$ である．

2分類群の結果を3分類群の場合にそのまま外挿すると，110形質が100形質よりも重要であるとみなされるのは，状態1が系統樹の末端で状態0よりも稀であると期待されるときだけであるという予想が得られる．すなわち，すなおに考えれば，次のように予想される：

(SQ-2)　　$\mathrm{Exp}\,[R(A,\ B)/110\&100] < \mathrm{Exp}\,[R(B,\ C)/110\&100]$
　　　　　となる必要十分条件は，$p<q$ である．

以下では，この予想はほぼ当たってはいるが，正解ではないことを示そう．私がこれから証明するのは：

(SQ-3)　　$\mathrm{Exp}\,[R(A,\ B)/110\&100] < \mathrm{Exp}\,[R(B,\ C)/110\&100]$
　　　　　は，$p \leq q$ ならば成立する．系統樹の末端で $p>q$ であり，根から始まるこの分岐プロセスがある世代でほぼ平衡に達するならば，$\mathrm{Exp}\,[R(A,\ B)/110\&100] > \mathrm{Exp}\,[R(B,\ C)/110\&100]$ となる

という命題である．「ほぼ平衡に達する」という表現の意味は，後で詳しく説明しよう．とりあえず，(SQ-3)は生じ得るすべての場合を網羅しているわけではないことに注意したい．それは，末端で $p>q$ であっても，この系があ

る世代でほぼ平衡に達しないケースには言及していないからである．(SQ-3)の第1命題を証明するなかで，(SQ-2)が厳密には正しくない理由を1つ示す．それが成立しないのは $p=q$ のときである．(SQ-2) は (SQ-3) よりも単純な命題だから，まずはじめに (SQ-2) の推測について調べよう．しかし，その証明が終わるまでには，(SQ-3) が証明されているだろう．

"R_i" は A と B が i 次類縁関係にあることを表す．同様に，"R_j" は B と C が j 次類縁関係にあることを，"R_k" は A と C が k 次類縁関係にあることをそれぞれ表す（$1 \leq i, j, k \leq n$）．真の分岐にもとづくグルーピングが (AB)C だったならば $i<j=k$ となり，A(BC) が真であれば $j<i=k$，そして (AC)B が真ならば $k<i=j$ となることに注意しよう．ベイズの定理から，(SQ-2) を書き換えると：

$$\sum_{ijk} i \Pr[110\&100/R_i] \Pr[R_i] < \sum_{ijk} j \Pr[110\&100/R_j] \Pr[R_j]$$

となる必要十分条件は，$p<q$ である

となる．上式をさらに変形すると：

(1) $\sum_{ijk} i \Pr[110\&100/R_i \& R_j \& R_k] \Pr[R_i \& R_j \& R_k]$
$< \sum_{ijk} j \Pr[110\&100/R_i \& R_j \& R_k] \Pr[R_i \& R_j \& R_k]$

となる必要十分条件は，$p<q$ である

となる．(1) の2つの総和記号は**すべての ijk** の組にわたる和を計算している．実際には，それぞれの総和は3つの部分和——(AB)C となる組，A(BC) となる組，(AC)B となる組——に分割できる．

いくつかの記号を導入しておこう．$i<j=k$ のとき：

$\Pr[111/R_i \& R_j] = r_{ij}$, $\Pr[110/R_i \& R_j] = x_{ij}$
$\Pr[101/R_i \& R_j] = s_{ij}$, $\Pr[100/R_i \& R_j] = y_{ij}$
$\Pr[001/R_i \& R_j] = t_{ij}$, $\Pr[000/R_i \& R_j] = z_{ij}$

と表す．$j<i=k$ のとき：

$\Pr[110/R_i \& R_j] = g_{ij}$, $\Pr[100/R_i \& R_j] = h_{ij}$

と表す．$k<i=j$ のとき：

$\Pr[110/R_i \& R_k] = m_{ki}$, $\Pr[100/R_i \& R_k] = n_{ki}$

と表す．この10通りの可能性を図22に示した．

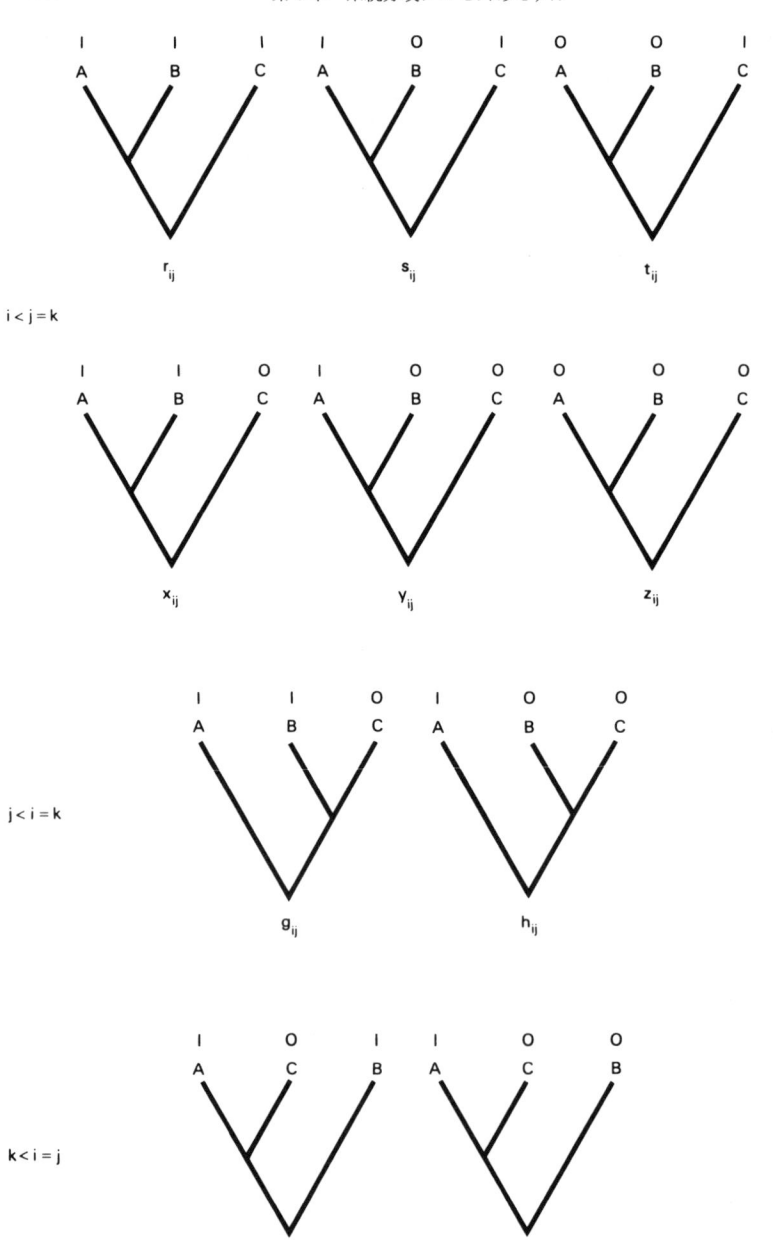

第6章　系統分岐プロセスのモデル

$i < j = k$

I I I A B C r_{ij}	I I I A B C s_{ij}	I O I A B C t_{ij}

I I O A B C x_{ij}	I O O A B C y_{ij}	O O O A B C z_{ij}

$j < i = k$

I I O A B C g_{ij}	I O O A B C h_{ij}

$k < i = j$

I O I A C B m_{ki}	I O O A C B n_{ki}

図 22 10通りの場合について，3分類群の類縁度 (i, j, k と表す) を与えたときに，系統樹の末端においてある形質分布が得られる確率を示す．

ここで(1)式は，次のように同値変形できる：

(2) $\sum_{i<j=k} i x_{ij} y_{ij} \Pr(R_i \& R_j \& R_k)$
$+ \sum_{j<i=k} i g_{ij} h_{ij} \Pr(R_i \& R_j \& R_k)$
$+ \sum_{k<i=j} i m_{ki} n_{ki} \Pr(R_i \& R_j \& R_k)$
$< \sum_{i<j=k} j x_{ij} y_{ij} \Pr(R_i \& R_j \& R_k)$
$+ \sum_{j<i=k} j g_{ij} h_{ij} \Pr(R_i \& R_j \& R_k)$
$+ \sum_{k<i=j} j m_{ki} n_{ki} \Pr(R_i \& R_j \& R_k)$

となる必要十分条件は，$p<q$ である．

(1)を展開したこの式は，ijk の組を条件とするとき2つの形質が互いに独立であることを踏まえている．一方，分岐グルーピングを条件としたとき，2つの形質が独立ではないことは，5.6節で Felsenstein(1979) を論じたときに指摘した．

g_{ij} と h_{ij} および s_{ij} と t_{ij} の間には対称性がある．とくに，$a>b$ なる任意の a, b に対して，

$$g_{ab} = s_{ba}, \quad h_{ab} = t_{ba}$$

が成立する．さらに，m_{ki} と n_{ki} は $i=j$ のときにかぎり定義されるから，$i m_{ki} n_{ki} = j m_{ki} n_{ki}$ が成り立つ．

したがって，(2)を書き換えると：

(3) $\sum_{i<j} i x_{ij} y_{ij} \Pr(R_i \& R_j \& R_k)$
$+ \sum_{i<j} i s_{ij} t_{ij} \Pr(R_i \& R_j \& R_k)$
$< \sum_{i<j} j x_{ij} y_{ij} \Pr(R_i \& R_j \& R_k)$
$+ \sum_{i<j} j s_{ij} t_{ij} \Pr(R_i \& R_j \& R_k)$

となる必要十分条件は，$p<q$ である

となり，さらに簡単にすると：

(4) $\sum_{i<j} (j-i)(x_{ij} y_{ij} - s_{ij} t_{ij}) \Pr(R_i \& R_j) > 0$

となる必要十分条件は，$p<q$ である

となる．ここで，$(j-i)$ という項はつねに符号が正である[25]．

証明したいのは：

(5) 　　任意の i, j に対して $x_{ij}y_{ij} > s_{ij}t_{ij}$ となる必要十分条件は，$y_{ij} > s_{ij}$ である

という命題である．まず始めに，図 22 で定義した系統樹では次式が成り立つ：

(6) 　　任意の i, j に対して　　$r_{ij} + 2s_{ij} + t_{ij} = p$,
　　　　任意の i, j に対して　　$x_{ij} + 2y_{ij} + z_{ij} = q$.

そして：

(7) 　　任意の i, j に対して　　$r_{ij} + s_{ij} + x_{ij} + y_{ij} = p$,
　　　　任意の i, j に対して　　$s_{ij} + t_{ij} + y_{ij} + z_{ij} = q$.

(6)と(7)からすぐ：

(8) 　　任意の i, j に対して　　$s_{ij} + t_{ij} = x_{ij} + y_{ij}$

が導ける．

この(8)を用いて，(5)を証明しよう．便宜的に添字 i と j を省略すると，以下のような式変形ができる：

$$(s+t)^2 = (x+y)^2, \quad \text{(8)から}$$
$$2st + s^2 - x^2 = 2xy + y^2 - t^2,$$
$$2st + (s-x)(s+x) - (y-t)(y+t) = 2xy,$$
$$2st + (s-x)[(s+x) - (y+t)] = 2xy, \quad \text{(8)から}$$
$$xy - st = (s-x)(s-y). \quad \text{(8)から}$$

6.1 節の一致性の証明から $(s-x) < 0$ である．これは，$xy > st$ が成り立つ必要十分条件が $y > s$ であることを意味する．したがって，(5)が成立することが証明された．

上から，任意の i, j 値に対して $(y-s)$ は $(xy-st)$ と同じ符号をもつことがわかった．次に y と s の間の一般的な関係を調べる必要がある．そこで，i を固定して j を変化させたとき，y と s の値がどのように影響されるかをみよ

註 25 　(SQ-2)とは少し異なる予想があり，それは最終的に命題(4)に帰着できる．それは，ある形質を条件とする期待類縁度を他の形質で条件づけた期待類縁度と比較する次の命題である：Exp $[R_i/110] <$ Exp $[R_j/100]$ となる必要十分条件は $p<q$ である．

う．

次の単純な事実からはじめよう：

(9) 　　$j=n$ ならば $y_{ij}>s_{ij}$
　　となる必要十分条件は，$p<q$ である．

これが正しいことは，$k=0,1$ に対して：

$$j=n \text{ ならば } \Pr[A=1\ \&\ B=0\ \&\ C=k/R_i\ \&\ R_j]$$
$$=\Pr[A=1\ \&\ B=0/R_i\ \&\ R_j]\Pr[C=k/R_i\ \&\ R_j]$$

であることからわかる．したがって $j=n$ のとき $y_{ij}>s_{ij}$ が成立する必要十分条件は：

$$q\Pr[A=1\ \&\ B=0/R_i\ \&\ R_j]>p\Pr[A=1\ \&\ B=0/R_i\ \&\ R_j]$$

である．

次に，i を固定して j を増加させたときに s_{ij} と y_{ij} がそれぞれどのように変化するかを調べよう．このとき，$s_{ij}+y_{ij}$ は定数（$\Pr[10-/R_i]$）となることに注意しよう．したがって，s が増加するのは，y が減少したときおよびそのときに限られる．

図 23 を見よう．任意の i, j に対して $s_{ij}<s_{i,j+1}$ が成り立つのはどういうときだろうか．これまでどおり，根から末端にいたるまでの分岐プロセスを 3 段階に分割し，e_k は第 k 段階における $0\to1$ 変化の確率を，r_k はその段階での $1\to0$ 変化の確率をそれぞれ表す．

証明を簡単にするため，新しい記号を導入する．図 23 に示したように，D はこの分岐プロセスの第 3 段階の開始時点に存在していた A と B の祖先である．ここで，

$$f_0=\Pr[A=1\ \&\ B=0/D=0],$$
$$f_1=\Pr[A=1\ \&\ B=0/D=1]$$

と置く．

(i, j) という類縁関係のもとで 101 の生じる確率は：

$$(s_{i,j})\quad [e_1r_2+(1-e_1)(1-e_2)]\,e_3f_0$$
$$+[e_1(1-r_2)+(1-e_1)e_2](1-r_3)f_1$$

と表される．$(i, j+1)$ という類縁関係のもとで 101 の生じる確率は：

$$(s_{i,j+1})\quad e_1[(1-r_2)(1-r_3)+r_2e_3][(1-r_2)f_1+r_2f_0]$$

$$+(1-e_1)[e_2(1-r_3)+(1-e_2)e_3][e_2f_1+(1-e_2)f_0]$$

となる．式の変形を行なうと，$s_{i,j} > s_{i,j+1}$ が成り立つ必要十分条件は，

$$e_1r_2(1-r_2)(1-r_3-e_3)[f_1-f_0]$$
$$+(1-e_1)e_2(1-e_2)(1-r_3-e_3)[f_1-f_0]>0$$

であることがわかる．逆行不等式から，$(1-r_3-e_3)>0$ の成立は保証される．$f_1>f_0$ となる条件は，図23の第3段階を2つの「部分段階」（それぞれ a と b）に分割すればわかる．e と r に関する記法をそのまま用いると，$f_1>f_0$ が成り立つのは，

$$r_ae_b(1-e_b)+(1-r_a)(1-r_b)r_b>(1-e_a)e_b(1-e_b)+e_a(1-r_b)r_b$$

のときだけであることがわかる．これを同値変形すると

$$(1-e_a-r_a)(1-e_b-r_b)(r_b-e_b)>0$$

となる．逆行不等式から，$(1-e-r)$ の項はすべて正の符号をもつ．したがって，$f_1>f_0$ が成り立つ必要十分条件は $r_b>e_b$ である．このとき，i を固定し j を増加させると s_{ij} の値は減少する．

$y_{i,j}$ と $y_{i,j+1}$ についても同様の計算をすると，$r_b>e_b$ のときにだけ $y_{i,j}$ が増加することがわかる．

ここで注意すべき点は，i を固定し j を増加させたときの r_b と e_b の関係——第3段階の後半での $1\to 0$ と $0\to 1$ の遷移確率——は不変であるということである．実際，任意の長さの枝でのこれら2種類の変化は，u と v の関係によって決まる．つまり，s が単調減少し，y が単調増加するための必要十分条件は，$u<v$ である．

命題(9)から，$j=n$ のときの y と s の関係が $p<q$ であるかどうかによって決まることがわかった．上の証明は，y と s の増減が $u<v$ によって決まることを示した．したがって，図24に示したように，いくつかの場合にわけて考えなければならない．

この図のなかで，いくつかの場合はすぐ決着がつく．$u<v$ ならば p は q よりも小さくなければならない．この分岐プロセスが何世代続こうが，根の状態が0で始まり $u<v$ であるならば，状態1は少数派になると期待される．同様に，$u=v$ ならば，このプロセスが何世代続こうが，p は q よりも大きな値をとることができない．したがって，3つの「不可能状況」が現われることになる．

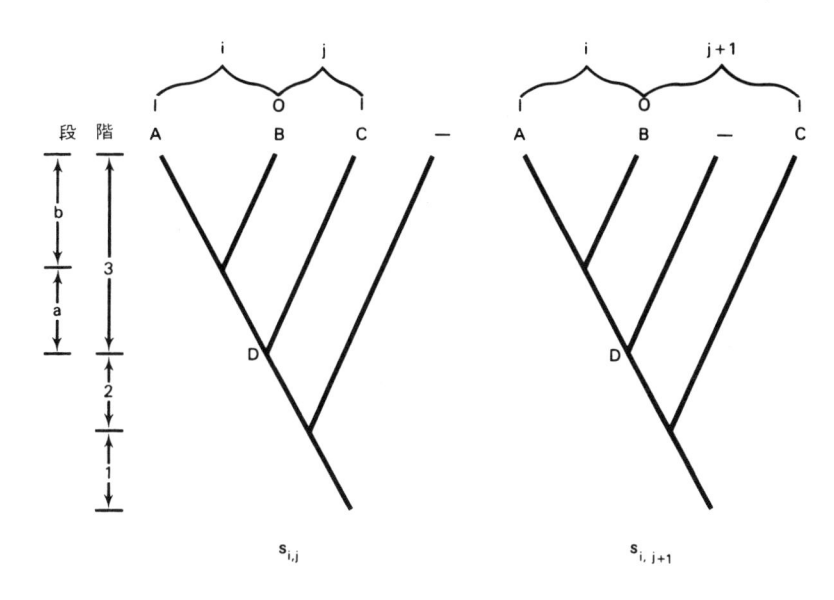

図 23　3種の類縁度を正確に与えたときに 101 形質分布が得られる確率は，iを固定してjを増加させたとき，単調に変化する．

　図の中央のケース，すなわち $u=v$ かつ $p=q$ のときも，別の意味で不可能である．しかし，図には一応入れておいた．$u=v$ のとき平衡状態での 1 と 0 の期待頻度は 1/2 である．けれども，有限の世代数に対しては $p<q$ である．平衡に達するのは極限においてである．

　しかし，この $u=v$ かつ $p=q$ のケースは，進化系が平衡に到達したときの推論の結果を示している．それは (SQ-2) 予想と矛盾しない．$u=v$ だから，y と s の勾配は平坦である．さらに，y と s は $j=n$ で同一の値をとる．したがって，グラフ y と s の下の面積は同じである．

　次に，図の第 1 行すなわち $p<q$ の場合を調べよう．$u=v$ と $u>v$ の場合はすぐわかる．$j=n$ のときに y と s に関して上で得た結果および y と s の勾配が u と v の関係によってどのように変化するかをみれば，この 2 つの場合には，$i<j$ なる任意の i, j に対して $y_{ij}>s_{ij}$ であることがわかる．$(y-s)$ はつねに正であるから，$(xy-st)$ の符号もつねに正である．したがって，命題 (4) の総和は正であり，このとき $p<q$ となる．

　$p<q$ かつ $u<v$ の場合についてはもっとくわしく調べる必要がある．$u<v$ だから，y は正の勾配をもち，s は負の勾配をもつ．$p<q$ だから，$j=n$ で

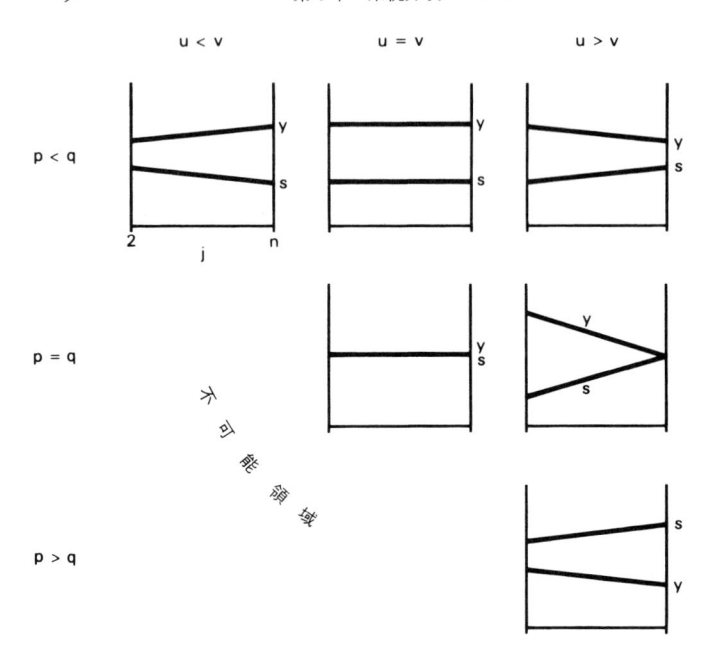

図 24 y_{ij} と s_{ij} の大小関係. i を固定し j を増加させると，それぞれは単調に変化する. y と s の大小関係は，p と q の大小関係から，$j=n$ のときに決定される. y と s の勾配は u と v の大小関係によって決まる.

は $y > s$ である．とすると，j が小さくなったとき，y と s はどこかで交わるのだろうか？

　i を固定して j を減少させていくと，極限では3分岐が現われる．すなわち，$i=j$ のケースである．3分岐はわれわれの2分岐的モデルでは実際には生じないから，それは y_{ij} と s_{ij} の関数の数学的な極限状態という意味をもつ．とくに，$u<v$ かつ $p<q$ のとき，3分岐 y_{ii} は y_{ij} の下限であり，s_{ii} は s_{ij} の上限である[26]．したがって，$u<v$ かつ $p<q$ ならば，$y_{ii} > s_{ii}$ であることがわかるだろう．

　図25に示した2つの3分岐について考えよう．$s_{ii} < y_{ii}$ となる必要十分条件は：

註26　図23に示した s_{ij} と $s_{i,j+1}$ の関係に関する論証は，e_a と r_a がともにゼロであっても，すなわち3分岐 $s_{i,j}$ であっても，そのまま成り立つ．

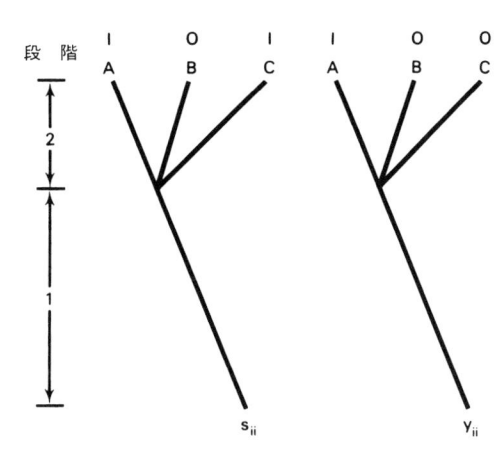

図 25 3分岐 s_{ii} と y_{ii} は，i を固定し j を減少させたときの s_{ij} と y_{ij} の数学的な極限である．

$$(1-e_1) e_2^2 (1-e_2) + e_1 (1-r_2)^2 r_2$$
$$< (1-e_1) e_2 (1-e_2)^2 + e_1 (1-r_2) r_2^2$$

である．簡単にすると：

$$e_1(1-r_2) r_2 [1-2r_2] < (1-e_1) e_2 (1-e_2) [1-2e_2]$$

となり，さらに変形すると：

$$(10) \quad (1-e_1)/e_1 > \frac{(1-r_2) r_2 (1-2r_2)}{e_2 (1-e_2)(1-2e_2)}$$

となる．ここで，259ページで説明した枝遷移確率と u, v との関係を踏まえて，この (10) 式を「瞬間的」遷移確率 u と v を用いて表現しよう．まず始めに，(10) 式の左辺は：

$$(1-e_1)/e_1 = (v + k^N u)/(u - k^N u)$$

となる．ただし，$k=(1-u-v)$ であり，N は図25での第1段階の時間区間の総数である．ここでは，$u<v$ だから，$(1-e_1)/e_1$ は v/u よりも小さくなることはない．したがって，v/u が(10)の右辺よりも大きいことを示せば，(10) が証明できるだろう．すなわち，(10) を証明するためには：

$$(11) \quad v/u > \frac{(u+k^M v)(v-k^M v)(1-2v+2k^M v)}{(u-k^M u)(v+k^M u)(1-2u+2k^M u)}$$

が成り立つことを示せば十分である．この式で，M は図25の第2段階の時間

区間の総数である．命題 (11) を簡単にすると：

$$(v+k^M u)[1-2u(1-k^M)] > (u+k^M v)[1-2v(1-k^M)]$$

となり，さらに変形すると：

$$(v-u)[1-k^M+2(u+v)k^M(1-k^M)] > 0$$

となる．この式は，$v>u$ のとき成立する．

　この結果は，図24の左上の場合が (SQ-2) 予想と一致することを示している．たとえ i を固定しながら j を小さくしたとしても，$y_{ij} > s_{ij}$ はやはり成立する．

　次に，$p=q$ かつ $u>v$ の場合に移ろう．$p=q$ だから，$j=n$ のとき y と s は値が等しくなる．$u>v$ だから，y の勾配は負であり，s の勾配は正となる．よって，y 曲線の下の部分の面積は s 曲線下の面積よりも大きくなる．したがって，(4) 式の $(xy-st)$ の総和は必ず正になる．

　このケースがおもしろいのは，それが (SQ-2) の反証になっているという点である．その予想によれば，系統樹の末端で派生的状態と原始的状態の期待頻度が等しければ，110形質と100形質という観察のもとで，種 A と B の期待近縁度と，B と C の期待近縁度は同じ値にならなければならない．しかし，上の $p=q$ かつ $u>v$ のケースは，たとえ $p=q$ であっても派生的状態の一致の方が証拠として重要であることを示している．したがって，派生的状態が証拠として特別に重要である理由は，単にその期待頻度だけではないということがわかる．

　しかし，この結論は，共有原始形質に対して共有派生形質が（このモデルのもとでは）いつでも証拠として重視されるべきであるという結論ではない．図24の右下のケースから，このことが示される．$j=n$ では $s>y$ であることおよび s の勾配は正であり y の勾配は負であることが事前にわかっている．このとき，y と s の曲線はどこかで交わるだろうか？

　これを調べるために，再び図25の3分岐を考えよう．$u>v$ かつ $p>q$ のとき，s_{ii} は s_{ij} の下限であり，y_{ii} は y_{ij} の上限である．われわれが知りたいのは，$s_{ii} > y_{ii}$ となる条件である．命題(10)では，$s_{ii} < y_{ii}$ となる正確な条件を導いた．この式を少し変形すると，$s_{ii} > y_{ii}$ となる必要十分条件は：

$$(12) \quad e_1/(1-e_1) > \frac{e_2(1-e_2)(1-2e_2)}{r_2(1-r_2)(1-2r_2)}$$

となる．(12) の左辺は図25の3分岐の第1段階で生じる事象を記述してい

るが，(12)の右辺はその第2段階での事象を記述する．比 $e_1/(1-e_1)$ を T と表そう．この T が u, v, e_2 および r_2 のある関数で表される数を上まわったとき，(12) が真となることを証明しよう．

(12) を瞬間的遷移確率を用いて表現すると：

$$(13) \quad T > \frac{(u-k^M u)(v+k^M u)(1-2u+2k^M u)}{(v-k^M v)(u+k^M v)(1-2v+2k^M v)}$$

となる．上式をさらに変形をすると：

$$(14) \quad uv(T-1)+2uv(u-vT)(1-k^M)-k^M(u^2-v^2 T) \\ +2(u^3-v^3 T)k^M(1-k^M)>0$$

となる．

T は u/v よりも必ず小さくなる．したがって，(14)の左辺第2項と第4項は必ず正になる（$u>v$ だから）．そこで，左辺第1項と第3項の和が同様に正になる条件を導こう．この条件がわかれば，(14) は証明される．

要するに：

$$uv(T-1)-k^M(u^2-v^2 T)>0$$

となる条件を示せばよい．この式を簡単にすると：

$$T > \frac{uv+u^2 k^M}{uv+v^2 k^M}$$

となるが，この式は：

$$(15) \quad T > \frac{u(1-e_2)}{v(1-r_2)}$$

と変形できる．

v/u は T の極限平衡値だった．それはまた T の上限でもある．さらに，$u>v$ だから，$(1-e_2)<(1-r_2)$ であることもわかっている．つまり，(15)は，3分岐での確率 s_{ii} が別の3分岐での確率 y_{ii} よりも大きくなるためには，T すなわち $e_1/(1-e_1)$ がその平衡値にどれほど接近しなければならないかを表している．

$(1-e_2)/(1-r_2)$ という数値は，図25の分岐プロセスでの第2段階の時間長に依存する．この値が最大となるのは，第2段階の時間区間の数が非常に少ないかまたは区間数が多くても単位区間そのものが微小なときである．$(1-e_2)/(1-r_2)$ の上限は1である（$k=0$ のとき）．その下限は v/u である（k が

無限のとき).したがって,第2段階の時間長が0であるとしたら,Tはその平衡値に達していなければならない.一方,第2段階の時間長が無限であれば,Tは値1でもかまわない.

系統樹末端でのp/qの平衡値はu/vである.けれども,有限時間での分岐プロセスでp/qが1.0を越えるとき,より大きい平衡値には到達しないだろう.ここで得た$s_{ii}>y_{ii}$となる十分条件は,根から1世代の間に$e_1/(1-e_1)$がその平衡値u/vに「接近」していることである.この「接近」の程度は,残る第2段階にどれだけの時間が残されているかに依存する.最低でも$e_1/(1-e_1)$は1.0を越えなければならない.

ここで導いた条件は,共有原始形質が共有派生形質よりも重要視されるための十分条件ではあっても必要条件ではないことを強調したい.$p>q$であることおよびこの進化系が根から1世代の間に平衡に接近するという条件は,命題(4)の$(xy-st)$が**すべての**i, jの組$(i<j)$に対して負となる十分条件である.しかし,この「全員一致」の条件がなくても,重みをつけた総和が負になることはあり得るだろう.

この単純な(SQ−2)——それが厳密には正しくないことを上で証明した——と(SQ−3)のちがいについては,補足説明が必要だろう.図24の$u>v$の列をみよう.この列を上から下に向かって進むと,ある分岐進化プロセスの3つの発展段階の様子がわかる.

$u>v$だが,状態1が多数派形質状態として0に取って代わるだけの時間がほとんどないときには,0は系統樹末端で多数派形質状態であり続けると期待される.だから,派生的状態の一致は原始的一致よりも重要であるとみなされる.けれども,この系がもっと長く進化できれば,交点($p=q$となる点)に到達できるだろう.ちょうどそこに留まるかぎり,その分岐プロセスは(SQ−2)への反証例となる.このとき,派生的状態と原始的状態の期待頻度は同じだが,派生的一致の方が原始的一致よりも重要視される.

最後に,uがvよりも十分大きく,分岐現象間には短い時間区間がたくさんあり,1世代経っただけで$p>q$となる状況を仮定しよう.この分岐プロセスが何世代も進行したとする.このとき,原始的一致は派生的一致よりも重要視されるべきである.なぜなら,このとき派生的状態は原始的状態よりも頻度が高いと期待されるからである.

(SQ−2)という単純な定式化は厳密には正しくないが,かなり真実に近いことがわかった.証拠としての重要性は期待頻度の低さに比例するという規則への唯一の反証例であることが示された状況は,一瞬だけ現われたものの

すぐ消えてしまった．それが $u>v$ かつ $p=q$ というケースである．理論的なことだが，(SQ−2) が偽であることと (SQ−3) が真であることから，$\mathrm{Exp}\,[R_i/110\&100] < \mathrm{Exp}\,[R_j/110\&100]$ が成立する一般的な条件式は u, v および N の関数となるだろう．この一般的条件の，完全ではないが，良い近似になっているのが $p<q$ という条件である．

訳者あとがき——「かみそり」を系統学的に鍛えること

　　　　こんにちなお論議されているのは，オッカム自身の「剃刀」の性格もしくは用途に関する問題である．すなわち，オッカムはかれの「剃刀」をふるって何を剃りおとそうとしたのか，余分な諸々の存在 (entia) か，それとも不必要な仮説なのかが論議されており，一言でいうと，「オッカムの剃刀」は形而上学的原理であったのか，それとも方法論的原則であったと解釈すべきか，が問題とされている．そして，一般的に言って，オッカムにたいして批判的な論者は前者を，オッカム哲学を積極的に評価する論者は後者の解釈をとる傾向がある．

　　　　　　　　　　　　　　　　　　　　　（稲垣 [1990, p.72]）

　体系学 (systematics) とは，生物のもつ属性にもとづいて多様な生物界を体系化 (systematize) する学問分野です．体系化の基準をどこに置くかは昔から議論の的で，いまなお論争の火種になっています．過去30年にわたる体系学の論争史を知ることは，この学問分野の現在を理解するために不可欠であり，同時に科学史・科学哲学の格好のケーススタディとなっています (Hull [1988])．しかし，この論争史については，これ以上深入りしません．
　体系化の基準として最も有効なのは生物間の血縁関係（系統関係）であると私は考えます．日本ではこの点についていまもなお頑強に抵抗する分類学者がいますが，彼らの反論の論拠は，多くの場合，説得力が欠けています．対象生物群の系統関係をまず始めに推定することから体系化が始まるという考え方は，今日多くの体系学者が受け入れている基本的立場であると私は信じています．その時点で入手できる最良のデータにもとづいて系統関係をできるだけ正確に推定することは，狭い意味での体系学者だけでなく，一般生物学の研究者にとっても有用であることが立証されつつあります．

では，データにもとづいて系統関係を推定するとは，いったい何を意味しているのでしょうか．いかなる前提が系統推定の背後にあるのでしょうか．そして，それらの前提の妥当性はどのようにして示されるのでしょうか．今回翻訳した『過去を復元する』の中心テーマはこれです．現在のデータから過去の歴史を復元するという行為を，生物哲学・進化学・統計学の知識を駆使しながら，解明しようと試みています．とくに，現代の体系学の世界で，系統推定の方法論として広く用いられている分岐学(cladistics)に焦点を絞り，分岐学理論の根幹を支える最節約性(parsimony)の批判的検討を行ないます．

　分岐学は，昆虫学者 Willi Hennig の著作を通じて急速に広まり，いまでは最も有力な体系学の理論として普及しています．形質状態の変化の総数が最小になるように系統関係を推定するという分岐学の理論は，従来から体系学の重要な情報源であった形態データのみならず，近年急速に蓄積されている分子データへの適用も盛んです(Swofford et al. [1996])．本書では，分岐学についての詳しい説明は省かれていますが，すでに教科書が何冊も出版されていますので (Eldredge and Cracraft [1980]，Wiley [1981]，Nelson and Platnick [1981]，Wiley et al. [1991]，三中 [1997])，詳細はこれらをご参照下さい．

　分岐学にもとづく系統推定法——本書では分岐学的最節約法 (cladistic parsimony)という言葉で示される——は，形質進化数を最小化するという最適化基準を設定します．この最適化基準はいかなる理由で正当化されるのか，という一貫した問題を著者のソーバー教授は掲げます（第1章）．

　ある量を最小化するという基準は，単に「純粋方法論的」な仮説選択の基準にすぎないのでしょうか(多くの分岐学者が主張するように)，それとも進化プロセスに関して現象面での仮定を置いているのでしょうか（分岐学への反対者が主張するように）．ソーバー教授は，両者のこれまでの主張を検討する限り，賛成論・反対論はともに論理的な欠陥があったと指摘します（第4章）．つまり，最節約性が純粋方法論的基準であるとする分岐学者の擁護(たとえば James Farris)は，最節約性が現象面での仮定をまったく置かないことをいまだに証明できておらず，一方，反対者の反論(たとえば Joseph Felsenstein)は十分条件を必要条件にすりかえるという論理の誤りを犯しているのでやはり反証とはいえない，と評決します（第5章）．

　最節約性に関する対立するこの2つの見解——方法論的原則かそれとも存在論的原理（形而上学的原理）か——は，最節約性の思想的な源泉とされる

14世紀の唯名論者ウィリアム・オブ・オッカムの思想にもやはり当てはまります．冒頭に引用したように，後世「オッカムの剃刀」という誤った伝説化を経験したオッカム自身の哲学が，方法論的かそれとも存在論的であるかは，中世哲学では現在もなお論争の的になっているそうです（稲垣[1990]，清水[1990]）．

ソーバー教授は，この問題に対して，まったく新しい視点を導入します．つまり，最節約性に関するこの論争にこれまで決着がつかなかったのは，一般科学的(global)な最節約性を議論していたからであって，もっと個別科学的な(local)な最節約性の検討を行なわなければならない，と彼は言います．つまり，すべての科学に通用する最節約性の可否を論じるのではなく，個々の科学において最節約性がどのような役割を果たしているのかを調べるべきである，と主張したのです．

ソーバー教授は，最節約性の方法論的伝統と存在論的伝統をディヴィッド・ヒュームにまでさかのぼり，存在論的伝統がなぜ凋落したのかを探ります（第2章）．次いで，最近になって確率論的因果性に関連して議論される「共通原因の原理」が，その存在論的伝統の復活であること，そして仮説発見(abduction)のような非演繹的推論では背景仮定が重要であることを指摘します（第3章）．

本書での個別科学とはもちろん進化生物学です．ソーバー教授は，進化プロセスの確率モデルを構築し，統計学的な尤度(likelihood)にもとづく判定基準を前面に立て，系統推定法の比較評価を行ないます．それを踏まえて，分岐学的最節約法が立証されるパラメーター条件を明らかにしようと試みます（第6章）．

多くの読者は，ソーバー教授の飽くことない探索と執拗な追究のようすを目の当たりにして，思わず息苦しささえ感じてしまうのではないでしょうか．しかし，徹底的に疑うことが哲学の本質であるとしたら，まちがいなく本書は典型的な「哲学の本」です．生物学者がふだん深く考えないような概念・理論・仮定の皮を1枚ずつ剝ぎ取りながら，背景にある哲学的根源を暴く，という本書の基本姿勢は，ソーバー教授の唱導する生物哲学（philosophy of biology）の精神——生物学に深く根ざした哲学を目指す——の表れであると私は感じました．

著者のエリオット・ソーバー教授の経歴について紹介します．ソーバー教授は，1948年6月6日生まれで，今年48歳．1974年にハーバード大学で学

位を取得後，ウィスコンシン大学（マディソン）の哲学科に移り，現在は同大学のハンス・ライヘンバッハ教授(1989年以降)ならびにヴィラス教授(1993年以降) の地位にあり，哲学科長も務めています．

ソーバー教授の専門は科学哲学と生物哲学，とりわけ1980年代に入ってからは，主として進化生物学の哲学的側面の研究を進め，自然選択理論・系統体系学・文化進化・利他主義・最適化理論など現代進化学の最前線で生まれる問題を科学哲学の観点からアプローチする数多くの論文を発表しています．以下に列挙するように，進化生物学はもちろんのこと，生物哲学や一般哲学の教科書を含む，数多くの著書・編著があります：

- *Simplicity* [1975], Clarendon Pr., Oxford；
- *Conceptual Issues in Evolutionary Biology* [編著 1984, 1994], The MIT Pr., Massachusetts；
- *The Nature of Selection* [1984, 1993], Univ. Chicago Pr., Chicago；
- *Reconstructing the Past* [1988], The MIT Pr., Massachusetts（本書）；
- *Core Questions in Philosophy* [1990, 1995], Prentice-Hall, Englewood Cliffs；
- *Reconstructing Marxism* [共著 1992], Verso, London；
- *Philosophy of Biology* [1993], Westview, Boulder；
- *From a Biological Point of View* [1994], Cambridge Univ. Pr., New York．

現在，David S. Wilson 教授との共著で，*Altruism* という本を執筆中とのことです．

最節約性に関する彼の研究経歴は長く，最初の著書（Sober [1975]）以来，現在にいたるまでこのテーマを研究活動の1つの核に据えています．系統学の分野でソーバー教授の名前を頻繁に目にするようになったのは，1983年以降のことで，本書『過去を復元する』の原書が出版された1988年を含む数年間に精力的に研究を進めたことがうかがえます．

とりわけ，単純性あるいは最節約性というオッカム以来の伝統的哲学問題の延長線上に現代の生物体系学における系統推定問題を見据え，進化生物学という個別科学における最節約性の背景仮定を追究した本書『過去を復元する』は，進化生物学と科学哲学の両分野で注目を集めました．1991年に，本書に対して，アメリカ科学哲学界では権威のあるラカトシュ賞（Lakatos Award）がソーバー教授に贈られたことは，本書が科学哲学に与えた貢献の

大きさを物語っています．

　最節約原理をその方法論の根幹とする分岐学(cladistics)，すなわち最節約法 (parsimony method) は，本書で提起されたさまざまな問題点，とりわけ最節約法への支持あるいは批判の論拠にはどちらも欠陥があるというソーバー教授の指摘は，正面から受け止める必要があります．本書に対して，分岐学者はさまざまな反応を示しています (Nelson [1989], Donoghue [1990])．最節約原理の哲学的背景に関する本書の記述は，おおむね歓迎されていますが，最節約性の背景仮定の確率的評価に関しては，考察した仮想例が単純すぎるのではないかと批判されています．

　たとえば，本書では，分岐学的最節約法は共有原始形質には系統学的情報がまったくないとみなしていると記述されています．確かに，本書の仮想例のほとんどを占める単純な3対象問題では，共有原始形質と共有派生形質とをはっきり区別でき，最節約法のもとで前者は系統推定に寄与しないと考えます．しかし，一般的に言えば，ある系統レベルで共有原始形質であったとしても，もっと高次系統レベルではその同じ形質が共有派生形質と判定されるかもしれません．したがって，系統学的情報の有無は固定されているわけではなく，系統のレベルとともに変動するとみなす必要があります．

　また，本書では，形質状態は事前に原始的状態と派生的状態が推定されていることを前提にして議論が進められています．しかし，実際には，形質状態の原始性と派生性の区別を分岐分析に先立って行なう必要はありません．とすると，彼のいう形質状態の「一致」(matching)さえあれば分岐学的最節約法は実行でき，得られた無根樹に外群によって根をつけたときはじめて，原始性と派生性が決まると考えた方が適切でしょう．

　さらに，本書では，分子系統学で普及しつつある最尤法（長谷川・岸野 [1996]）に関して，統計学的一致性や攪乱変数の処理をめぐる批判的見解が述べられていますが，それで決着がついたわけではありません (Felsenstein [1991])．

　しかし，これらの指摘は，本書への反論ではなく，むしろ今後さらに考察を進めるべき方向を示唆したと考えるべきでしょう．

　今年はじめの私信で，ソーバー教授は，系統仮説の選択だけではなく，もっと一般的なモデル選択問題にいま関心をもっていること，そして有力なモデル選択基準である赤池情報量規準(AIC)について検討していると書いてきました．本訳書の「日本語版への序文」でも言及しているように，彼は AIC にもとづく情報量統計学を仮説選択における現代版最節約原理の1つとして

とらえているようです．最節約性の本質への探究はいまも続いているのです．
　著者自身認めているように，本書は内容的に決して消化しやすい本ではありません．入門的教科書ではなく，専門的モノグラフと位置づけられる本書は，むしろ最節約性という難題と格闘した「挑戦の書」とみなすべきでしょう．しかも，これほど格闘し続けてもなお解明し切れない疑問がいくつも残されているのです．単純性問題のもつ底知れぬ複雑さをあらためて思い知らされました．

　本書の翻訳に当たっては，多くの方々のお世話になりました．まずはじめに，5年前に翻訳を思い立ったとき，ぜひ出版するよう励ましていただき，お世話になった太田邦昌氏（松戸市）にお礼を申し上げます．太田氏の励ましがなければ，内容的にこれほどきつい本の翻訳を完成させようなどという野心はきっと起らなかったにちがいありません．また，途中段階の訳稿を読んで有益なコメントをいただいたり，さりげなく「まだ出ないの」とか「本当に出るの」と訳者を刺激していただいた太田邦昌氏や直海俊一郎氏・宮正樹氏（両氏とも千葉県立中央博物館）・遠藤康弘氏（東大総合研究博物館）・西山智明氏(東大理学部付属植物園)・星野浩一氏(北大水産学部)ら多くの方々からのご教示に感謝いたします．
　原書に散見された，内容の間違いと表記の不統一については，ソーバー教授に確認を取った上で訂正しました．引用文については，極力もとの文献と照合しました．また，参考文献リストについて，補足をつけました．原著者のソーバー教授には，たび重なる質問や依頼の電子メールにその都度ご返事をいただき，さらには日本語版への序文まで書いていただきました．教授のご厚意に深く感謝いたします．
　最後に，この翻訳がようやく完成できたのは，ともすれば停滞しがちだった訳業を絶え間なく叱咤激励し，長期間にわたって見守っていただいた，蒼樹書房の仙波喜三氏のおかげです．仙波氏には，どのように感謝していいのか，お礼の言葉が見つかりません．ほんとうにありがとうございました．

1996年5月

三中信宏

<引用文献>
Donoghue, M.J. [1990]: Why parsimony? *Evolution*, 44(4): 1121-1123.
Eldredge, N. and J. Cracraft [1980]: *Phylogenetic patterns and the Evolutionary process*. Columbia Univ. Pr., New York. (篠原 明彦・駒井 古実・吉安 裕・橋本 里志・金沢 至 共訳[1989]:『系統発生パターンと進化プロセス:比較生物学の方法と理論』. 蒼樹書房, 東京.)
Felsenstein, J. [1991]: (Review). *Journal of Classification*, 8(1): 122-125.
長谷川政美・岸野洋久 [1996]:『分子系統学』岩波書店, 東京.
Hull, D.L. [1988]: *Science as a process*. Univ. of Chicago Pr., Chicago.
稲垣 良典 [1990]:『抽象と直観──中世後期認識理論の研究』創文社, 東京.
三中 信宏 [1997]:『生物系統学』東京大学出版会, 東京.
Nelson, G. [1989]: (Review). *Systematic Zoology*, 38(3): 293-294.
Nelson, G. and N. Platnick [1981]: *Systematics and biogeography*. Columbia Univ. Pr., New York.
清水 哲郎 [1990]: 元祖《オッカムの剃刀》:性能と使用法の分析. 季刊『哲学』, (11): 8-23.
Swofford, D.L., G.J. Olsen, P.J. Waddell and D.M. Hillis [1996]: Phylogenetic inference. pp.407-514 in: *Molecular systematics*, second edition. (Hillis, D.M., C. Moritz and B.K. Mable, eds.) Sinauer Ass., Sunderland.
Wiley, E.O. [1981]: *Phylogenetics*. John Wiley & Sons, New York. (宮 正樹・西田 周平・沖山 宗雄 共訳 [1991]:『系統分類学──分岐分類の理論と実際』文一総合出版, 東京.)
Wiley, E.O., D. Siegel-Causey, D.R. Brooks and V.A. Funk. [1991]: *The compleat cladist*. Univ. of Kansas Mus. of Nat. Hist., Lawrence. (宮 正樹 訳 [1992]:『系統分類学入門:分岐分類の基礎と応用』, 文一総合出版, 東京.)

訳者解説——余波:「かみそり」をさらに鍛えること

　本書『過去を復元する』が,生物学哲学(philosophy of biology)の立場から生物系統学という個別科学に切り込んだ著作であることは旧版の訳者あとがきに書いたとおりです.以下では,原書出版後20年あまりが経過した現在,本書がどのような意義をいまなおもち続けているのかについて補足的解説をしておきましょう.

1. 生物学哲学のローカライズされた生き方とは

　「科学とはこうあるべきだ」というグローバルな科学観を天上で振りかざすのではなく,ローカルな個別科学がうごめく地上にいったん降りることで,現代の生物学哲学は新たな実りある境地を開いたと私は考えています.そうであるならば,現在の生物系統学でリアルタイムに展開されている議論の輪のなかに,本書で論じられているいくつかのテーマがいまでも生き続けていると示すことが,本書の価値がいまだに曇っていない最良の証といえるでしょう.

　そもそも,科学者にとって科学哲学とは何なのかという疑問に対する回答をはじめに示しておく必要があります(三中[2003],[2007]).科学者にとっての科学哲学とは何よりもまず論争のための「武器」であることに尽きます.言い換えれば,「武器」として使えない科学哲学(者)は科学者にとってまったく存在価値をもたないということです.一見,偏狭な極論としか考えられない見解かもしれませんが,1970年代以降の生物体系学での分類と系統をめぐる論争のなかではまさにそれが現実だったということです.

　たとえば,カール・R・ポパー(Karl R. Popper)は,この時期の体系学論争では絶えず引用されてきた科学哲学者でした(三中・鈴木[2002]).彼の「反証可能性」の主張をよりどころにして分類構築や系統推定を論じる数多くの論文が,*Systematic Zoology* 誌(後の *Systematic Biology* 誌)や *Cla-*

distics 誌にたびたび掲載されました．もちろん，体系学者によって繰り返し駆り出されたポパーの科学哲学は，よくよく考えてみればそのまま進化学や体系学に当てはめられるわけではありません．もともと，ポパー自身は物理学や化学を前提にしてその科学方法論を作り上げてきたわけですから，歴史科学（古因科学 palaetiology: O'Hara［1988］,［1997］あるいは歴史叙述科学 historiographic sciences: Tucker［2004］）としての性格をもつ進化系統学にはそのまま適用できなかったはずだからです．

実際，ポパーはその著書『開かれた社会とその敵・第二部』において，普遍法則の発見を目指す一般化科学ならびにその普遍法則にもとづいて将来予測をする応用科学は，歴史科学とは根本的にちがうと述べています（Popper［1966］: 訳書，p. 245）:

> 原則的に，われわれが特殊な出来事とその説明に関心を抱いているならば，われわれは必要とされているあまたの普遍法則を当然視するのである．さて，特殊な出来事およびその説明にこのような関心を抱いている科学は，一般化科学からは鋭く区別して，歴史科学と呼べよう．

ポパーの言う「歴史科学」は，本書の中心テーマである系統推定論にそのまま当てはまります．もちろん，物理学や化学での反証可能性が歴史科学（ここでは系統推定論）に適用できないわけではありません．ポパー自身は歴史科学の言明もまた反証可能であると言っているからです（Popper［1980］: 611）:

> 古生物学，地球上の生命の進化史，文学史，技術史，科学史のような歴史科学は科学としての性格をもたないと私が主張したように考えている人がいる．しかし，それはまちがいである．私の考えではこういう歴史科学は科学としての性格を備えているのだ．私はそれを喜んで認めよう．多くの場合，歴史科学の仮説はテスト可能である．歴史科学は個別事象 unique events を記述するがゆえにテスト不可能であるかのごとく考えている者が見受けられる．けれども，個別事象の記述は，ほとんどの場合それらの記述からテスト可能な将来予測 prediction もしくは過去予測 postdiction を導出すればテストは可能なのである．

ポパーの見解にしたがえば，歴史科学の言明がテスト可能であるのは，そ

れが何らかの予測を生み，その予測が繰り返しテストできるという条件を満たすときに限られてしまいます（Rieppel［2003］）．しかし，生物の進化や系統を研究する際には，普遍言明ではなく単称言明として仮説が立てられていることがほとんどです．自然淘汰や中立浮動のように進化プロセス過程の仮説ならば，確かにより普遍的な形式で述べることができるでしょう．しかし，ある単系統群に関する仮説や共通祖先についての仮説は，時空的な限定を受けるため必然的に単称的にならざるを得ません．

少なくともかつての科学哲学者は，物理学や化学を典型的科学として想像する能力はあっても，進化学や歴史学といった他のタイプの科学があり得ることにはほとんど関心を払いませんでした．しかし，生物体系学や系統推定論の研究者は自らの学問領域にローカライズされた科学哲学を「武器」として必要としていたわけです．

2. 系統推定論における弱い推論とアブダクション

この地球上に分布する多様な生物たちをどのように理解すればいいのかについて，生物体系学者たちは長年にわたって論議を重ねてきました．生物のもつ形態学的な特徴の類似性にもとづいて分類群を構築していこうとする「分類思考」（三中［2009］）と，生物がたどってきた進化の歴史を復元しようとする「系統樹思考」（三中［2006］）との対置は，生物体系学における体系化のよりどころを何に求めるかのちがいだったと言えるでしょう．

過去半世紀におよぶ生物体系学の現代史を科学哲学の立場から振り返ると，1970年代までの論争ではポパーの主著『科学的発見の論理』（1968a）で展開された反証可能性の理論をそのまま適用することがほとんどでした．あの時代は系統や進化を厳格な反証可能性や確証可能性（本書で言う「強反証」あるいは「強確証」）の文脈のもとで論議していたということです．しかし，1980年代に入ると論議の趨勢に変化が現われてきました．それは，研究者たちがポパーの後期理論，とくに『実在論と科学の目的』（1983）のなかで彼が展開した験証度（corroboration）の理論に，体系学者たちが関心を向け始めた時期と重なります．強い意味での反証可能性や確証可能性を弱めた「弱反証」あるいは「弱確証」にもとづいて，証拠としてのデータから仮説に対する相対的な支持の程度を判定しようという新たな気運でした．

証拠としてのデータが仮説に与える経験的支持は，演繹や帰納が含意する論理的真偽に比べればはるかに弱い関係でしかありません．しかし，そのような弱い関係のもとでも，データによる仮説の選択力はなお失われてはいま

せん．証拠に照らしてより強く支持される仮説を選ぶという非演繹的推論の基準は，19世紀の哲学者チャールズ・S・パース（Charles S. Peirce）の提唱する「アブダクション（abduction）」すなわち「仮説発見」という推論の系譜に属しています（三中［2006］）．

　アブダクションという推論では理論や仮説の真偽は問題ではありません．要点は観察データのもとでいずれの対立仮説が「ベストの説明」を与えるかを相互比較することです．伝統的な推論様式である演繹と帰納は対極的に見えますが，仮説の真偽を判定するという点では軌を一にしています．他方，アブダクションは，対立する仮説それぞれの真偽ではなくそれらを競り合わせるという点で決定的なちがいがあります．ただし，アブダクションをこのように与えられたデータのもとでの仮説間の競争と定義すると，それは果てしない推測の連鎖であることを意味します．なぜなら，新しいデータの登場により，以前はベストであった仮説の判定が覆される可能性がいつでもあるからです．

　ポパー流の仮説演繹主義は強い意味での論理的関係をデータと系統樹との間に要求します．しかし，現実には両者の間には証拠による相対的支持という弱い関係しか成立し得ないだろうというのがソーバー教授の見解です．証拠による相対的支持という非演繹的推論（すなわちアブダクション）が歴史科学としての系統推定論の基礎であり，それは同時に統計科学における思潮と深いつながりがあるとソーバー教授は本書で示唆しています．実際，次に論じるように，本書の原書が出版された1990年代以降の体系学者たちは，系統推定論の基礎をさらに確立すべく，ポパーの「験証度」の理論を踏まえて系統推定論におけるアブダクションの基礎をかためようとしていきました．

　まずはじめに，ポパーが提唱した験証度の理論（Popper［1968b］，［1983］）にもとづいて，系統樹（h）と形質データ（e）ならびに背景的知識（b）との関係を示します（Helfenbein and DeSalle［2005］，Faith［2006］参照）．ここでの背景的知識（b）とは「理論をテストする間は，問題のないものとして（仮に）受け入れる事柄すべて」（Popper［1968b］，訳書 p. 435）です．系統推定における背景的知識とは，たとえば生物進化という根本仮定とか個々の形質に関する進化モデルを指しています．観察された形質データ（e）がある系統樹（h）に対して与える支持の程度は，仮説の論理的確率としての「条件付き確率」（Popper［1968a］の言う相対的確率）の差 $p(e|hb) - p(e|b)$ で表わされます．この式の $p(e|b)$ は b によって条件づけられた e の論理的確率であり，$p(e|hb)$ は「hb」すなわち「h かつ b」という連言命

題によって条件づけられた e の論理的確率となります．系統推定論の上では，これらの条件付き確率の差 $p(e|hb)-p(e|b)$ は，共通の背景的知識（生物進化上のモデル）のもとで，ある系統樹がデータに対して与える条件付き確率の差と解釈できます．

「験証度（degree of corroboration）」とは，この条件付き確率の差 $p(e|hb)-p(e|b)$ の絶対値が1以内となるように補正した

$$C(h,e,b)=\{p(e|hb)-p(e|b)\}/\{p(e|hb)-p(e|hb)\times p(e|b)+p(e|b)\}$$

です（Popper［1983］: 240）．系統樹 h の験証度を増加させるためには，分子第1項 $p(e|hb)$ の値を大きくすると同時に，第2項 $p(e|b)$ の値を小さくする必要があります．第1項は，個々の系統樹が形質データに対して与える確率すなわち尤度ですから，系統樹ごとにその値は異なり，データとの整合性が高い系統樹ほど高い値をとります．ポパーの定義した験証度を最大化するような系統樹を選択すればよいことになります．この系統樹の選択基準により，必要最低限の背景知識 b のもとで，共通祖先に由来する形質間のホモロジー（相同性）を最大化し，それと同時に形質データ e を説明するためにアドホックに仮定するホモプラシー（同じ形質状態が別々に進化する非相同性）を最少化する系統樹 h を選べばよいことになります．

3. 最節約原理とモデル選択論との連携

ソーバー教授は，旧版の日本語版序文で示唆しているように，最節約法をポパーの反証理論や験証度理論に結びつけるのではなく，むしろ統計学で影響力を増しつつあるモデル選択論を踏まえた最節約基準の正当化を目指しています．日本人統計学者である故・赤池弘次が提唱した AIC（赤池情報量基準）にもとづく情報量統計学を科学哲学的に解釈することにより，最節約法の基盤をより強化しようという研究の方向性は，本書の出版に続くソーバー教授のその後の研究業績にも反映されています（Forster and Sober［1994］，［2004］, Sober［2008］）．

系統推定への験証度の理論の適用は，もともと最節約法の支持者が最節約原理のもとでもっとも単純な系統樹を選択するという最適性基準を正当化するための戦略でした．しかし，近年では，ポパーが論理的確率によって定義した験証度を統計学的には多数派の頻度的確率によって再解釈すれば，最尤法もまたポパーの科学哲学（反証主義）の枠内で解釈可能であるという主張が聞かれます（de Queiroz & Poe［2001］，［2003］）．もし最尤法が反証主義

であると解釈できるとすると，これまでの最節約法との関係は一筋縄ではいかなくなるでしょう．この論争はまだしばらくは続きそうです（Kluge [2001]; Faith & Trueman [2001]; Farris et al. [2001]; Siddall [2001], Rieppel [2003]）．

しかし，もっと重要な問題は，系統推定にあたってモデルがどのような意味をもっているのかという点です．ソーバー教授は本書において「モデルなくして推論なし」という立場を取ります．つまり，進化に関するモデルをまったく置かないとすると，形質情報から系統推定ができるという根本のところがないがしろにされるだろうという立場です．確かに，進化モデルを明示的に置いてこなかった最節約法の支持者にしても，生物進化そのものの仮定あるいは形質状態の進化に関する仮定を置かずに系統樹を構築することはそもそもできないにちがいありません．むしろ現在問題になるのは，どこまで複雑かつ詳細なモデルを設定することが許されるのかという点です．

最尤法の支持者は複雑な進化モデルを仮定し，そのモデルに含まれる多くのパラメーター（形質状態の遷移確率や分岐年代など）をデータから最尤推定することにより，最節約法では期待できない，より精度の高い系統推定が可能になるはずだと主張してきました．しかし，進化モデルに関する最尤法と最節約法の関係を解明した一連の数理的研究（Penny et al. [1994]; Tuffley & Steel [1997]; Steel & Penny [2000]; Semple & Steel [2003]）を踏まえるならば，形質ごとに別々の互いに独立な進化をすると仮定する最高度に複雑な進化モデル（「no-common-mechanism」モデル）のもとでは，最尤法と最節約法が導く最適系統樹は完全に一致することが数学的に証明されました．本書の「復刊によせて」でソーバー教授が書いているように，最節約法と最尤法とは歴史的に見て近縁な方法論として定式化されてきました．現時点では最終的な決着を見たわけではありませんが，最節約法と最尤法との関係は論争の当事者が考えている以上に近しいものかもしれません．

4. 最節約法・最尤法・ベイズ法：今後の展望

21世紀に入り，系統推定論は新たな段階に入りました．それは，1990年代以降の分子系統学における統計学的方法の発展と進化モデルを踏まえた系統推定の方法論に対する関心の高まりです（Nei & Kumar [2000], Felsenstein [2004], Yang [2006]）．最節約法の他に最尤法やベイズ法など明示的な進化確率モデルを要求する統計学的方法の適用は，ハードウェア（コンピューター）とソフトウェア（アルゴリズム）の両面での長足の進歩により，

系統推定論で幅広く利用されるようになってきました（Hall［2007］; Lemey et al.［2009］）．本書が出版された1980年代はまだ最節約法と最尤法との論争だけでした．しかし，1990年代末から新世紀に入って急速に普及したベイズ法（ベイジアンMCMC法）を用いた系統推定は方法論間の新たな論議の幕開けを宣言しました（Yang［2006］）．

　実際の系統推定の作業の観点からいえば，系統推定のための背景的仮定（b）をどのように置くのかという問題の方がはるかに重要になります（Siddall and Kluge［1997］）．とりわけ，進化モデルにもとづく系統推定法（最尤法やベイズ法）ではさまざまな背景的仮定を置くことがそれらの手法を実行する上での前提となっています．験証度の式に戻ると，第1項を構成する論理的確率 $p(e|hb)$ の値は系統樹 h と形質データ e との整合性に比例してその値が決まります．しかし，仮説 h の験証度を上げるためには，第2項の論理的確率 $p(e|b)$ の値も同時に小さくする必要があるでしょう．これは，背景的仮定 b を最少にとどめることにより実現できます．結果として，モデルを踏まえた系統推定法は，最尤法の場合は形質進化モデル，ベイズ法の場合はさらに事前確率に関するモデルを積み重ねるために，どうしても $p(e|b)$ 値が大きくなり，結果として系統樹の験証度は低下してしまう——ポパーの験証度の理論からの結論はこうなります．

　もちろん，このような科学哲学的論議だけで問題に決着がつくわけではありません．系統推定法の選択とは，とどのつまりアブダクションのための最適性基準（目的関数）の選択にほかなりません（三中［1997］，［2006］）．最適性基準の選び方としては，たとえばコンピューターを用いた数値シミュレーションを用いてそれぞれの系統推定法の「癖」を知り，どのような状況で誤った推定をする可能性があるかを見極めるというやり方がここ十数年の流行になっています（Felsenstein［2004］）．このようなシミュレーション研究の長所は，シミュレーションが実行されたある限定された条件での挙動を明示的に示すことができる点にあります．一方，その短所は，シミュレーションにより得られた結論を，シミュレーションされていない状況にどこまで外挿（ないし一般化）できるかが不明であるという点に尽きます．

　いずれにせよ，系統推定のための方法論をめぐる論議はまだまだ尽きません．私たちは確立された系統推定法をすでに手にしているわけではなく，改良途中のツールを暫定的に用いているにすぎないのです．系統推定における最節約法・最尤法・ベイズ法の取捨選択は，個別の状況ごとに計算シミュレーションにもとづいてそのパフォーマンスを比較検討すると同時に，各方法

の背後にひそむ一般的な仮定が何かを探り出すという両方向からのアプローチがいまでも必要なのだろうと結論せざるを得ません。このような現状を考えるときソーバー教授が20年も前に書いた本書はその後の論争の進展を予期させる内容を含んでおり，生物学哲学・生物系統学・統計科学にまたがっていまなお参照される基本文献であることに異論はないと考えます。なお，尤度主義者を自認するソーバー教授は，ベイズ法に関しては一貫して批判的なスタンスから論考を発表されています（Sober［2002］, Forster and Sober［2004］）。

さらに言うならば，カール・ポパーが生物体系学者にとって「役に立つ」科学哲学者であり続けたのとまったく同じ意味で，エリオット・ソーバーもまた「役に立つ」生物学哲学者であり続けると言うとソーバー教授ははたして気分を害されるでしょうか？

5. 著者のプロフィールの補足

本書の著者エリオット・ソーバー教授の経歴については旧版の訳者あとがきも参照してください。2003〜2005年にアメリカ科学哲学会会長を務めたソーバー教授はその後も生物学哲学に関する多数の著書・論文を精力的に発表し続けておられます（詳細はソーバー教授のウェブサイトを参照のこと：http://philosophy.wisc.edu/sober/）。共著を含むソーバー教授の単行本の追加リストは次のとおりです：

- *Unto Others : The Evolution and Psychology of Unselfish Behavior*［1998］（David Sloan Wilson と共著），Harvard Univ. Pr., Cambridge.
- *Philosophy of Biology, Second Edition*［2000］, Westview Pr., Boulder.
- *Conceptual Issues in Evolutionary Biology, Third Edition*［2006］, MIT Pr., Massachusetts.
- *Core Questions in Philosophy: A Text with Readings, Fifth Edition*［2008］, Pearson Education New York.
- *Evidence and Evolution: The Logic Behind the Science*［2008］, Cambridge Univ. Pr., Cambridge.

このうち生物学哲学の教科書『*Philosophy of Biology, Second Edition*』は，昨年，日本語訳が出版されました：エリオット・ソーバー著［松本俊吉・網谷祐一・森元良太訳］『進化論の射程：生物学の哲学入門』（2009年刊行，春秋社，東京）。

生物系統学はチャールズ・ダーウィンやエルンスト・ヘッケルが目指した

壮大な「生命の樹」の復元を目指してきました．そして，「生命の樹」を復元するための方法論の開発と改良が系統推定論の目標となりました．過去半世紀にわたって繰り広げられた系統推定法をめぐる論争は，1990年代以降に長足の進歩を遂げた分子系統学のもとで，DNAの塩基配列やタンパク質のアミノ酸配列を情報源とする分子系統樹の推定という新たな段階を迎えています．もちろん，大量の分子データにもとづく研究は従来の生物系統学では解明できなかった問題を次々に解きながら，その威力を学問的にも社会的にも示しつつあります．

ここで，そのような分子系統学における系統推定の哲学や理論をめぐっては，本書で述べられている進化学・統計学・生物学哲学，さらにはコンピューター科学の交わる境界領域での論議がいまなお進行していることに目を向ける必要があるでしょう．膨大なデータは確固たる方法論のもとで初めて十分に活かしきることができるからです．冒頭の「復刊によせて」でソーバー教授が書いているように，2008年にケンブリッジ大学出版局から出された最新刊『*Evidence and Evolution: The Logic Behind the Science*（証拠と進化：科学の背後にある論理）』は，本書の延長線上に位置づけられる本です．とくに，系統推定論の世界で本書が出版されたあとの1990年代以降に発展したベイズ法と，本書の主役である最節約法ならびに最尤法との詳細な比較検討の論議はぜひこの新刊を参照してください．

6. 最後に――蒼樹清誉の教え

本書『過去を復元する』の旧版は，1996年に蒼樹書房から刊行されました．当時，このような生物学哲学の分野の書籍は日本ではほとんどなかったにもかかわらず，翻訳出版にいたったのは私にとっては幸運でした．残念ながら2004年3月をもって蒼樹書房は廃業し，それとともに本書は書籍流通ルートからは消えることになりました．しかし，その後も私のもとには本書の入手を希望する連絡が絶えませんでした．また，近年，日本でも生物学哲学の研究者が若手を中心に増えつつあり今後の活躍が期待されます．このような状況を鑑みれば，本書を手に取る潜在的読者はきっと少なくないでしょう．訳者としてはいつかは復刊させたいとの思いがくすぶりつづけ，実際いくつかの出版社から復刊の申し入れがあったり，こちらからもちかけたりしたこともありましたが，いずれも実現にはいたりませんでした．このたび勁草書房から復刊の申込みがあり，このようなかたちで本書をふたたび世に送り出すことができたのは幸運の再来だったとしか言いようがありません．長

らくお待たせしてしまったソーバー教授は，今回の復刊をたいへん喜んで，日本語版のための新しい文章を寄稿してくださいました．どうもありがとうございました．また，担当編集者の鈴木クニエさんには，企画の立ち上げにはじまり出版にいたるまでお世話になりました．最後に，版権を快く譲ってくださった旧・蒼樹書房社長の仙波喜三さんにもお礼を申し上げます．今回の復刊に際して，鈴木さんとともに横浜の本牧にある仙波さんのご自宅まで印刷フィルムを引き取りにうかがいました．いまから 15 年も前，翻訳原稿を小脇に抱えて文京区水道のマンションの一室にあった蒼樹書房に通った日々が思い出されます．「蒼樹清誉」－いまはもうないこの出版社の志を本書を通して引き継ぐことができ，この 6 年間抱えてきた肩の荷をやっと降ろすことができました．

2010 年 1 月

三 中 信 宏

<引用文献>

Faith, D. P. [2006]: Science and philosophy for molecular systematics: Which is the cart and which is the horse? *Molecular Phylogenetics and Evolution*, 38: 553–557.

Faith, D. P. and Trueman, J. W. H. [2001]: Towards an inclusive philosophy for phylogenetic inference. *Systematic Biology*, 50: 331–350.

Farris, J. S., Kluge, A. G. and Carpenter, J. M. [2001]: Popper and likelihood versus "Popper*". *Systematic Biology*, 50: 438–444.

Felsenstein, J. [2004]: *Inferring Phylogenies*. Sinauer Associates, Sunderland, xx+664 pp.

Forster, M. and Sober, E. [1994]: How to tell when simpler, more unified, or less ad hoc theories will provide more accurate predictions. *The British Journal for the Philosophy of Science*, 45: 1–36.

Forster, M. and Sober, E. [2004]: Why likelihood? Pp. 153–190 in: Taper, M. L. and Lele, S. R. (eds.), *The Nature of Scientific Evidence: Statistical, Philosophical, and Empirical Considerations*. The University of Chicago Press, Chicago.

Hall, B. G. [2007]: *Phylogenetic Trees Made Easy: A How-to Manual, Third Edition*. Sinauer Associates, Sunderland.

Helfenbein, K. G. and DeSalle, R. [2005]: Falsifications and corroborations: Karl Popper's influence on systematics. *Molecular Phylogenetics and Evolution*, 35: 271-280. [Corrigendum (2005): *Ibid.* 36: 200]

Kluge, A. G. [2001]: Philosophical conjectures and their refutations. *Systematic Biology*, 50: 322-330.

Lemey, P., Salemi, M., and Vandamme, A. -M. (eds.) [2009]: *The Phylogenetic Handbook: A Practical Approach to Phylogenetic Analysis and Hypothesis Testing, Second Edition*. Cambridge University Press, Cambridge.

三中信宏 [1997]:『生物系統学』東京大学出版会, 東京.

三中信宏 [2003]: 科学論は科学からみれば〈たわごと〉なのかもしれない. 生物科学, 55:10-14.

三中信宏 [2006]:『系統樹思考の世界:すべてはツリーとともに』, 講談社 (現代新書1849), 東京.

三中信宏 [2007]: 科学哲学は役に立ったか:現代生物体系学における科学と科学哲学の相利共生. 科学哲学 (日本科学哲学会会誌), 40: 43-54.

三中信宏 [2009]:『分類思考の世界:なぜヒトは万物を「種」に分けるのか』, 講談社 (現代新書2014), 東京.

三中信宏・鈴木邦雄 [2002]: 生物体系学におけるポパー哲学の比較受容. 所収:日本ポパー哲学研究会編, 『批判的合理主義・第2巻:応用的諸問題』, pp. 71-124. 未來社, 東京.

Nei, M. and Kumar, S. [2000]: *Molecular Evolution and Phylogenetics*. Oxford University Press, New York [根井正利, S・クマー著 (大田竜也・竹崎直子訳) [2006]:『分子進化と分子系統学』, 培風館, 東京].

O'Hara, R. J. [1988]: Homage to Clio, or, toward an historical philosophy for evolutionary biology. *Systematic Zoology*, 37: 142-155

O'Hara, R. J. [1997]: Population thinking and tree thinking in systematics. *Zoologica Scripta*, 26: 323-329.

Penny, D., Lockhart, P. J., Steel, M. A. and Hendy, M. D. [1994]: The role of models in reconstructing evolutionary trees. Pp. 211-230 in: Scotland, R. W., Siebert, D. J. and Williams, D. M. (eds.), *Models in Phylogeny Reconstruction*. Oxford University Press, Oxford.

Popper, K. R. [1966]: *The Open Society and Its Enemies, Vol. 2. The High Tide of Prophecy: Hegel, Marx, and Aftermath. Fifth Edition*. Routledge & Kegan Paul [小河原誠・内田詔夫訳 [1980].『開かれた社会とその敵・第

二部．予言の大潮：ヘーゲル，マルクスとその余波』．未來社]
Popper, K. R. [1968a]: *The Logic of Scientific Discovery*. Harper Torchbooks [大内義一・森博訳 [1971-2]:『科学的発見の論理（上・下）』恒星社厚生閣]
Popper, K. R. [1968b]: *Conjectures and Refutations: The Growth of Scientific Knowledge*. Harper Torchbooks. [藤本隆志・石垣壽郎・森博訳 [2009].『推測と反駁：科学的知識の発展 [新装版]』．法政大学出版局]
Popper, K. R. [1980]: Evolution. *New Scientist*, 87: 611
Popper, K. R. [1983]: *Realism and the Aim of Science*. Routledge, [小河原誠・蔭山泰之・篠崎研二訳 [2002]:『実在論と科学の目的（上・下）』岩波書店．]
de Queiroz, K. and Poe, S. [2001]: Philosophy and phylogenetic inference: A comparison of likelihood and parsimony mathods in the context of Karl Popper's writings on corroboration. *Systematic Biology*, 50: 305–321.
de Queiroz, K. and Poe, S. [2003]: Failed refutations: Further comments on parsimony and likelihood methods and their relationship to Popper's degree of corroboration. *Systematic Biology*, 52: 352–367.
Rieppel, O. [2003]: Popper and systematics. *Systematic Biology*, 52: 259–271.
Semple, C. and Steel, M. [2003]: *Phylogenetics*. Oxford University Press, Oxford.
Siddall, M. E. [2001]: Philosophy and phylogenetic inference: A comparison of likelihood and parsimony methods in the context of Karl Popper's writings on corroboration. *Cladistics*, 17: 395–399.
Siddall, M. E. and Kluge, A. G. [1997]: Probabilism and phylogenetic inference. *Cladistics*, 13: 313–336.
Sober, E. [2004]: Bayesianism - its scope and limits. *Proceedings of the British Academy*, 113: 21–38.
Steel, M. and Penny, D. [2000]: Parsimony, likelihood, and the role of models in molecular phylogenetics. *Molecular Biology and Evolution*, 17: 839–850.
Tucker, A. [2004]: *Our Knowledge of the Past : A Philosophy of Historiography*. Cambridge University Press, Cambridge.
Tuffley, C. and Steel, M. [1997]: Links between maximum likelihood and maximum parsimony under a simple model of site substitution. *Bulletin of Mathematical Biology,* 59: 581–607.

Yang, Z. [2006]: *Computational Molecular Evolution*. Oxford University Press, Oxford, xvi+357 pp.（藤博幸・加藤和貴・大安裕美訳［2009］『分子系統学への統計的アプローチ：計算分子進化学』，共立出版，東京）

参 考 文 献

Ackermann, R. [1976]: *The Philosophy of Karl Popper.* Amherst, Mass.: University of Massachusetts Press.
Ashlock, P. [1971]: Monophyly and associated terms. *Systematic Zoology* 20: 63–69.
Ashlock, P. [1972]: Monophyly again. *Systematic Zoology* 21: 430–437.
Beatty, J. [1982]: Classes and cladists. *Systematic Zoology* 31: 25–34.
Beauchamp, T., and Rosenberg, A. [1981]: *Hume and the Problem of Causation.* Oxford: Oxford University Press.
Bell, J. [1965]: On the Einstein Podolsky Rosen Paradox. *Physics* 1: 196–200.
Birnbaum, A. [1969]: Concepts of statistical evidence. In S. Morgenbesser et al. (eds.), *Philosophy, Science, and Method.* New York: St. Martin's, pp. 112–143.
Bock, W. [1981]: Functional-adaptive analysis in evolutionary classification. *American Zoologist* 21: 5–20.
Burtt, E. [1932]: *The Metaphysical Foundations of Modern Physical Science.* London: Routledge and Kegan Paul.
Camin, J., and Sokal, R. [1965]: A method for deducing branching sequences in phylogeny. *Evolution* 19: 311–326.
Cartmill, M. [1981]: Hypothesis testing and phylogenetic reconstruction. *Zeitschrift für Zoologische Systematik und Evolutionforschung* 19: 73–96.
Cavalli-Sforza, L., and Edwards, A. [1967]: Phylogenetic analysis: models and estimation procedures. *Evolution* 32: 550–570.
Clauser, J., and Horne, M. [1974]: Experimental consequences of objective local theories. *Physical Review* D10: 526-535.
Cohen, M., and Nagel, E. [1934]: *Introduction to Logic and Scientific Method.* New York: Harcourt, Brace.
Colless, D. [1970]: The phenogram as an estimate of phylogeny. *Systematic Zoology* 19: 352–362.
Cracraft, J. [1974]: Phylogenetic models and classification. *Systematic Zoology* 23: 71–90.
Cracraft, J. [1981]: The use of functional and adaptive criteria in phylogenetic systematics. *American Zoologist* 21: 21–36.
Crick, F. [1968]: The origin of the genetic code. *Journal of Molecular Biology* 38: 367–379.
Crisci, J., and Stuessy, T. [1980]: Determining primitive character states for phylogenetic reconstruction. *Systematic Botany* 6: 112–135.
Darwin, C. [1859]: *On the Origin of Species.* Cambridge, Mass.: Harvard University Press, 1964.
Dawkins, R. [1976]: *The Selfish Gene.* Oxford: Oxford University Press.
Dobzhansky, T., Ayala, F., Stebbins, G., and Valentine, J. [1977]: *Evolution.* San Francisco: W. H. Freeman.
Duhem, P. [1914]: *The Aim and Structure of Physical Theory.* Princeton: Princeton University Press, 1954.

Earman, J. [1986]: *A Primer on Determinism*. Dordrecht: Reidel.
Edidin, A. [1984]: Inductive reasoning and the uniformity of nature. *Journal of Philosophical Logic* 13: 285–302.
Edwards, A. [1970]: Estimation of the branch-points of a branching-diffusion process. *J. R. Stat. Soc.* B32: 155–174.
Edwards, A. [1972]: *Likelihood*. Cambridge: Cambridge Univerity Press.
Edwards, A., and Cavalli-Sforza, L. [1963]: The reconstruction of evolution. *Ann. Hum. Genet.* 27: 105.
Edwards, A., and Cavalli-Sforza, L. [1964]: Reconstruction of evolutionary trees. In V. Heywood and J. McNeill (eds.), *Phenetic and Phylogenetic Classification*. New York: Systematics Association Publication No. 6, pp. 67–76.
Eells, E. [1982]: *Rational Decision and Causality*. Oxford: Oxford University Press.
Eells, E., and Sober, E. [1983]: Probabilistic causality and the question of transitivity. *Philosophy of Science* 50: 35–57.
Einstein, A. [1905]: The electrodynamics of moving bodies. In H. Lorentz et al., *The Principle of Relativity*. New York: Dover, 1952, pp. 35–65.
Einstein, A., Podolsky, B., and Rosen, N. [1936]: Can quantum-mechanical description of reality be considered complete? *Physical Review* 47: 777–780.
Eldredge, N., and Cracraft, J. [1980]: *Phylogenetic Patterns and the Evolutionary Process*. New York: Columbia University Press.
Eldredge, N., and Tattersall, I. [1982]: *The Myths of Human Evolution*. New York: Columbia University Press.
Ereshefsky, M. [1988]: Where's the species? *Biology and Philosophy*, forthcoming.
Estabrook, G. [1972]: Cladistic methodology: a discussion of the theoretical basis for the induction of evolutionary history. *Annual Review of Ecology and Systematics* 3: 427–456.
Estabrook, G., Johnson, C., and McMorris, F. [1975]: An idealized concept of the true cladistic character. *Mathematical Biosciences* 23: 263–272.
Estabrook, G., Johnson, C., and McMorris, F. [1976]: A mathematical foundation for the analysis of cladistic character compatibility. *Mathematical Biosciences* 21: 181–187.
Farris, J. [1973]: On the use of the parsimony criterion for inferring evolutionary trees. *Systematic Zoology* 22: 250–256.
Farris, J. [1976]: Phylogenetic classification of fossils with recent species. *Systematic Zoology* 25: 271–282.
Farris, J. [1977]: Phylogenetic analysis under Dollo's law. *Systematic Zoology* 26: 77–88.
Farris, J. [1978]: Inferring phylogenetic trees from chromosome inversion data. *Systematic Zoology* 27: 275–284.
Farris, J. [1979]: The information content of the phylogenetic system. *Systematic Zoology* 28: 483–519.
Farris, J. [1983]: The logical basis of phylogenetic analysis. In N. Platnick and V. Funk (eds.), *Advances in Cladistics*, vol. 2. New York: Columbia University Press, pp. 7–36. (Reprinted in Sober [1984b].)
Feller, W. [1966]: *An Introduction to Probability Theory and Its Applications*. New York: John Wiley.
Felsenstein, J. [1973a]: Maximum likelihood estimation of evolutionary trees from continuous characters. *Amer. J. Hum. Genet.* 25: 471–492.
Felsenstein, J. [1973b]: Maximum likelihood and minimum-step methods for estimating evolutionary trees from data on discrete characters. *Systematic Zoology* 22: 240–249.
Felsenstein, J. [1978]: Cases in which parsimony or compatibility methods will be positively misleading. *Systematic Zoology* 27: 401–410. (Reprinted in Sober [1984b].)
Felsenstein, J. [1979]: Alternative methods of phylogenetic inference and their interrelationships. *Systematic Zoology* 28: 49–62.

Felsenstein, J. [1981]: A likelihood approach to character weighting and what it tells us about parsimony and compatibility. *Biological Journal of the Linnaean Society* 16: 183–196.
Felsenstein, J. [1982]: Numerical methods for inferring evolutionary trees. *Quarterly Review of Biology* 57: 379–404.
Felsenstein, J. [1983a]: Methods for inferring phylogenies: a statistical view. In J. Felsenstein (ed.), *Numerical Taxonomy*. Heidelberg: Springer Verlag.
Felsenstein, J. [1983b]: Parsimony in systematics: biological and statistical issues. *Annual Review of Ecology and Systematics* 14: 313–333.
Felsenstein, J. [1984]: The statistical approach to inferring evolutionary trees and what it tells us about parsimony and compatibility. In T. Duncan and T. Stuessy (eds.), *Cladistics: Perspectives on the Reconstruction of Evolutionary History*. New York: Columbia University Press, pp. 169–191.
Felsenstein, J., and Sober, E. [1986]: Parsimony and likelihood: an exchange. *Systematic Zoology* 35: 617–626.
Fink, W. [1982]: The conceptual relation between ontogeny and phylogeny. *Paleobiology* 8: 254–264.
Fisher, R. [1938]: Comments on H. Jeffrey's 'Maximum Likelihood, Inverse Probability, and the Method of Moments.' *Annals of Eugenics* 8: 146–151.
Fisher, R. [1950]: *Statistical Methods for Research Workers*. London: Oliver and Boyd, 11th edition.
Fisher, R. [1956]: *Statistical Methods and Scientific Inference*. Edinburgh: Oliver and Boyd.
Forster, M. [1986]: Statistical covariance as a measure of phylogenetic relationship. *Cladistics* 2: 297–319.
Friedman, K. [1972]: Empirical simplicity as testability. *British Journal for the Philosophy of Science* 23: 25–33.
Gaffney, E. [1979]: An introduction to the logic of phylogeny reconstruction. In J. Cracraft and N. Eldredge (eds.), *Phylogenetic Analysis and Paleontology*. New York: Columbia University Press, pp. 79–112.
Ghiselin, M. [1969]: *The Triumph of the Darwinian Method*. Berkeley: University of California Press.
Ghiselin, M. [1974]: A radical solution to the species problem. *Systematic Zoology* 23: 536–544.
Glymour, C. [1980]: *Theory and Evidence*. Princeton: Princeton University Press.
Goldman, A. [1986]: *Epistemology and Cognition*. Cambridge, Mass.: Harvard University Press.
Good, I. J. [1967]: The white shoe is a red herring. *British Journal for the Philosophy of Science* 17: 322.
Good, I. J. [1968]: The white shoe qua herring is pink. *British Journal for the Philosophy of Science* 19: 156–157.
Goodman, N. [1952]; Sense and certainty. *Philosophical Review* 61: 160–167. (Reprinted in Goodman [1972, pp. 60–68].)
Goodman, N. [1958]: The test of simplicity. *Science* 128: 1064–1069. (Reprinted in Goodman [1972, pp. 279–294].)
Goodman, N. [1965]: *Fact, Fiction, Forecast*. Indianapolis: Bobbs Merrill.
Goodman, N. [1967]: Uniformity and simplicity. *Geological Society of America*. Special Paper 89: 93–99. (Reprinted in Goodman [1972, pp. 347–354].)
Goodman, N. [1970]: Seven strictures on similarity. In L. Foster and J. Swanson (eds.), *Experience and Theory*. Boston: University of Massachusetts Press. (Reprinted in Goodman [1972, pp. 437–446].)
Goodman, N. [1972]: *Problems and Projects*. Indianapolis: Bobbs Merrill.

Gould, S. [1977]: *Ontogeny and Phylogeny*. Cambridge, Mass.: Harvard University Press.
Gould, S. [1985]: False premise, good science. In *The Flamingo's Smile*. New York: Norton, pp. 126–138.
Hacking, I. [1965]: *The Logic of Statistical Inference*. Cambridge: Cambridge University Press.
Hacking, I. [1971]: Jacques Bernouilli's art of conjecturing. *British Journal for the Philosophy of Science* 22: 209–229.
Hanson, N. [1958]: *Patterns of Discovery*. Cambridge: Cambridge University Press.
Hempel, C. [1965a]: *Philosophy of Natural Science*. Englewood Cliffs, NJ: Prentice-Hall.
Hempel, C. [1965b]: Studies in the logic of confirmation. In *Aspects of Scientific Explanation and Other Essays*. New York: Free Press.
Hempel, C. [1967]: The white shoe: no red herring. *British Journal for the Philosophy of Science* 18: 239–240.
Hennig, W. [1965]: Phylogenetic systematics. *Annual Review of Entomology* 10: 97–116. (Reprinted in Sober [1984b].)
Hennig, W. [1966]: *Phylogenetic Systematics*. Urbana: University of Illinois Press.
Hesse, M. [1967]: Simplicity. In P. Edwards (ed.), *The Encyclopedia of Philosophy*, vol. 7. New York: Macmillan, pp. 445–448.
Hoenigswald, H. [1960]: *Language Change and Linguistic Reconstruction*. Chicago: University of Chicago Press.
Hooykaas, R. [1959]: *Natural Law and Divine Miracle: A Historico-Critical Study of the Principle of Uniformity in Geology, Biology, and Theology*. Leiden: E. J. Brill.
Hull, D. [1970]: Contemporary systematic philosophies. *Annual Review of Ecology and Systematics*. 1: 19–53. (Reprinted in Sober [1984b].)
Hull, D. [1978]: A matter of individuality. *Philosophy of Science* 45: 335–360. (Reprinted in Sober [1984b].)
Hull, D. [1979]: The limits of cladism. *Systematic Zoology* 28: 416–440.
Hull, D. [1988]: *Science as a Process: An Evolutionary Account of the Social and Conceptual Development of Science*. Chicago: University of Chicago Press.
Hume, D. [1939]: *A Treatise of Human Nature*. L. A. Selby-Bigge (ed.). Oxford: Clarendon Press, 1968.
Hume, D. [1948]: *An Inquiry Concerning Human Understanding*. Indianapolis: Bobbs Merrill, 1955.
Janvier, P. [1984]: Cladistics: theory, purpose, and evolutionary implications. In J. Pollard (ed.), *Evolutionary Theory: Paths into the Future*. Chichester: Wiley, pp. 39–75.
Jeffrey, R. [1956]: Valuation and acceptance of scientific hypotheses. *Philosophy of Science* 23: 237–246.
Jeffrey, R. [1975]: Probability and falsification: critique of the Popperian program. *Synthese* 30: 95–117.
Jeffreys, H. [1957]: *Scientific Inference*. Cambridge: Cambridge University Press, 2nd edition.
Kalbfleisch, J., and Sprott, D. [1970]: Applications of likelihood methods to models involving large numbers of parameters. *Journal of the Royal Statistical Society* B32: 175–208.
Kemeny, J. [1953]: The use of simplicity in induction. *Philosophical Review* 62: 391–408.
Kendall, M., and Stuart, A. [1973]: *The Advanced Theory of Statistics*, vol. 2. New York: Haffner, 3rd edition.
King, M., and Wilson, A. [1975]: Evolution at two levels: molecular similarities and biological differences between humans and chimpanzees. *Science* 188: 107–116.
Kitcher, P. [1982]: *Abusing Science: The Case Against Creationism*. Cambridge, Mass.: The MIT Press. A Bradford book.
Kitcher, P. [1985]: Darwin's achievement. In N. Rescher (ed.), *Reason and Rationality in Science*. Washington, D.C.: University Press of America.
Kitcher, P. [ms]: Species. unpublished.

Kluge, A. [1984]: The relevance to parsimony to phylogenetic inference. In T. Duncan and T. Stuessy (eds.), *Cladistics: Perspectives on the Reconstruction of Evolutionary History*. New York: Columbia University Press, pp. 24–38.
Kluge, A. [1985]: Ontogeny and phylogenetic systematics. *Cladistics* 1: 13–28.
Kluge, A., and Farris, J. [1969]: Quantitative phyletics and the evolution of anurans. *Systematic Zoology* 18: 1–32.
Kluge, A., and Strauss, R. [1985]: Ontogeny and systematics. *Annual Review of Ecology and Systematics* 16: 247–268.
Kornblith, H. [1985]: *Naturalizing Epistemology*. Cambridge, Mass.: The MIT Press. A Bradford book.
Kuhn, T. [1970]: *Structure of Scientific Revolutions*. Chicage: University of Chicage Press.
Kyburg, H. [1961]: *Probability and the Logic of Rational Belief*. Middletown: Wesleyan University Press.
Lakatos, I. [1978]: *Philosophical Papers*. vol. I: *The Methodology of Scientific Research Programmes*. J. Worrall and G. Currie (eds.). Cambridge: Cambridge University Press.
Lane, C., Marbaix, G., and Gurdon, J. [1971]: Rabbit haemoglobin synthesis in frog cells: the translation of reticulocyte 9S RNA in frog oocytes. *Journal of Molecular Biology* 61: 73–91.
Lequesne, W. [1969]: A method of selection of characters in numerical taxonomy. *Systematic Zoology* 18: 201–205.
Maddison, W., Donoghue, M., and Maddision, D. [1984]: Outgroup analysis and parsimony. *Systematic Zoology* 33: 83–103.
Maxwell, G. [1962]: The ontological status of theoretical entities. In H. Feigl and G. Maxwell (eds.), *Minnesota Studies in the Philosophy of Science*, vol. iii. Minneapolis: University of Minnesota Press.
Mayr, E. [1963]: *Animal Species and Evolution*. Cambridge, Mass.: Harvard University Press.
Mayr, E. [1969]: *Principles of Systematic Zoology*. New York: McGraw Hill.
Meacham, C., and Estabrook, G. [1985]: Compatibility methods in systematics. *Annual Review of Ecology and Systematics* 16: 431–446.
Mickevich, M. [1978]: Taxonomic congruence. *Systematic Zoology* 27: 143–158.
Mill, J. [1859]: *A system of Logic, Ratiocinative and Inductive*. New York: Harper and Brothers.
Nei, M. [1987]: *Molecular Evolutionary Genetics*. New York: Columbia University Press.
Nelson, G. [ms]: Cladograms and trees. unpublished.
Nelson, G. [1972]: Comments on Hennig's 'Phylogenetic Systematics' and its influence on ichthyology. *Systematic Zoology* 21: 364–371.
Nelson, G. [1973]: 'Monophyly Again?': a reply to P. Ashlock. *Systematic Zoology* 22: 310–312.
Nelson, G. [1979]: Cladistic analysis and synthesis: principles and definitions with a historical note on Adanson's *Familles des Plantes* (1763–1764). *Systematic Zoology* 28: 1–21.
Nelson, G., and Platnick, N. [1981]: *Systematics and Biogeography: Cladistics and Vicariance*. New York: Columbia University Press.
Newton, I. [1953]: *Newton's Philosophy of Nature: Selections from His Writings*. New York: Haffner.
Neyman, J. [1950]: *First Course in Probability and Statistics*. New York: Henry Holt.
Neyman, J. [1952]: *Lectures and Conferences on Mathematical Statistics and Probability*. Washington, D.C.: Washington Graduate School, U.S. Department of Agriculture, 2nd edition.
Neyman, J. [1957]: "Inductive behavior" as a basic concept of philosophy of science. *Rev. Inst. de Stat.* 25: 7–22.
Patterson, C. [1981]: Significance of fossils in determining evolutionary relationships. *Annual Review of Ecology and Systematics* 12: 195–223.

Patterson, C. [1982]: Morphological characters and homology. In K. Joysey and A. Friday (eds.), *Problems of Phylogenetic Reconstruction*. London: Academic Press, pp. 21–74.

Paul, C. [1982]: The adequacy of the fossil record. In K. Joysey and A. Friday (eds.), *Problems of Phylogenetic Reconstruction*. London: Academic Press, pp. 75–117.

Platnick, N. [1977]: Cladograms, phylogenetic trees, and hypothesis testing. *Systematic Zoology* 26: 438–442.

Platnick, N., and Cameron, D. [1977]: Cladistic methods in textual, linguistic, and phylogenetic analysis. *Systematic Zoology* 26: 380–385.

Poincaré, H. [1952]: *Science and Hypothesis*. New York: Dover.

Popper, K. [1959]: *The Logic of Scientific Discovery*. London: Hutchinson.

Popper, K. [1963]: *Conjectures and Refutations*. London: Routledge and Kegan Paul.

Putnam, H. [1974]: The "corroboration" of theories. In P. Schilpp (ed.), *The Philosophy of Karl Popper*, vol. II. La Salle, Ill.: Open Court. (Reprinted in H. Putnam, *Mathematics, Matter, and Method*. Cambridge: Cambridge University Press, 1975, pp. 250–269.)

Quine, W. [1952]: Two dogmas of empiricism. In *From a Logical Point of View*. Cambridge, Mass.: Harvard University Press, 2nd edition, pp. 20–46.

Quine, W. [1960]: *Word and Object*. Cambridge, Mass.: The MIT Press.

Quine, W. [1966]: Simple theories of a complex world. In *The Ways of Paradox and Other Essays* New York: Random House. pp. 242–246.

Reichenbach, H. [1938]: *Experience and Prediction*. Chicago: University of Chicago Press.

Reichenbach, H. [1949]: The philosophical significance of the theory of relativity. In P. A. Schilpp (ed.), *Albert Einstein: Philosopher-Scientist*. La Salle, Ill.: Open Court, pp. 287–312.

Reichenbach, H. [1951]: *The Rise of Scientific Philosophy*. Chicage: University of Chicago Press.

Reichenbach, H. [1956]: *The Direction of Time*. Berkeley: University of California Press.

Reichenbach, H. [1958]: *The Philosophy of Space and Time*. New York: Dover.

Ridley, M. [1986]: *Evolution and Classification*. London: Longman's.

Rosen, D. [1978]: Vicariant patterns and historical explanations in biogeography. *Systematic Zoology* 27: 159–188.

Rosenkrantz, R. [1977]: *Inference, Method, and Decision*. Dordrecht: Reidel.

Rudwick, M. [1970]: The strategy of Lyell's *Principles of Geology*. *Isis* 61: 5–55.

Ruse, M. [1979]: *The Darwinian Revolution*. Chicago: University of Chicago Press.

Russell, B. [1948]: *Human Knowledge, Its Scope and Limits*. London: George Allen and Unwin.

Salmon, W. [1953]: The uniformity of nature. *Philosophy and Phenomenological Research* 14: 39–48.

Salmon, W. [1967]: *The Foundations of Scientific Inference*. Pittsburgh: University of Pittsburgh Press.

Salmon, W. [1971]: Statistical explanation. In W. Salmon (ed.) *Explanation and Statistical Relevance*. Pittsburgh: University of Pittsburgh Press.

Salmon, W. [1975]: Theoretical explanation. In S. Korner (ed.), *Explanation*. Oxford: Blackwell, pp. 118–145.

Salmon, W. [1978]: Why ask "why?" *Proceedings and Addresses of the American Philosophical Association* 51: 683–705.

Salmon, W. [1984]: *Scientific Explanation and the Causal Structure of the World*. Princeton: Princeton University Press.

Schaeffer, B., Hecht, M., and Eldredge, N. [1972]: Phylogeny and paleontology. *Evolutionary Biology* 6: 31–46.

Sellars, W. [1963]: *Science Perception, and Reality*. London: Routledge and Kegan Paul.

Shapiro, R. [1986]: *Origins: A Skeptic's Guide to the Creation of Life on Earth*. New York: Bantam Books.

Simpson, G. [1961]: *Principles of Animal Taxonomy*. New York: Columbia University Press.
Smart, J. [1963]: *Philosophy and Scientific Realism*. London: Routledge and Kegan Paul.
Sneath, P. [1982]: Review of G. Nelson and N. Platnick's *Systematics and Biogeography*. *Systematic Zoology* 31: 208–217.
Sneath, P., and Sokal, R. [1973]: *Numerical Taxonomy*. San Francisco: W. H. Freeman.
Sober, E. [1975]: *Simplicity*. Oxford: Oxford University Press.
Sober, E. [1983]: Parsimony in systematics: philosophical issues. *Annual Review of Ecology and Systematics* 14: 335–358.
Sober, E. [1984a]: Common cause explanation. *Philosophy of Science* 51: 212–241.
Sober, E. [1984b]: *Conceptual Issues in Evolutionary Biology*. Cambridge, Mass.: The MIT Press. A Bradford book.
Sober, E. [1984c]: *The Nature of Selection: Evolutionary Theory in Philosophical Focus*. Cambridge, Mass.: The MIT Press. A Bradford book.
Sober, E. [1987]: Explanation and causation: a review of Wesley Salmon's *Scientific Explanation and the Causal Structure of the World*. *British Journal for the Philosophy of Science* 38: 243–257.
Sober, E. [1988]: Likelihood and convergence. *Philosophy of Science* 55: 228–237.
Sober, E. [1989]: Independent evidence about a common cause. *Philosophy of Science*, forthcoming.
Sokal, R. [1985]: The continuing search for order. *American Naturalist* 126: 729–749.
Sokal, R., and Sneath, P. [1963]: *Numerical Taxonomy*. San Francisco: W. H. Freeman.
Splitter, L. [1988]: Species and identity. *Philosophy of Science*, forthcoming.
Stevens, P. [1980]: Evolutionary polarity of character states. *Annual Review of Ecology and Systematics* 11: 333–358.
Stove, D. [1973]: *Probability and Hume's Inductive Skepticism*. Oxford: Oxford University Press.
Strawson, P. [1952]: *Introduction to Logical Theory*. London: Methuen.
Stroud, B. [1977]: *Hume*. London: Routledge and Kegan Paul.
Suppes, P., and Zinotti, M. [1976]: On the determinism of hidden variable theories with strict correlation and conditional statistical independence of observables. In P. Suppes, *Logic and Probability in Quantum Mechanics*. Dordrecht: Reidel.
Thompson, E. [1975]: *Human Evolutionary Trees*. Cambridge: Cambridge University Press.
Van Fraassen, B. [1980]: *The Scientific Image*. Oxford: Oxford University Press.
Van Fraassen, B. [1982]: The Charybdis of realism: epistemological implications of Bell's inequality. *Synthese* 52: 25–38.
Wald, A. [1949]: Note on the consistency of the maximum likelihood estimate. *Annals of Mathematical Statistics* 20: 595–601.
Watrous, L., and Wheeler, Q. [1981]: The out-group comparison method of character analysis. *Systematic Zoology* 30: 1–11.
Wiley, E. [1975]: Karl R. Popper, systematics, and classification: a reply to Walter Bock and other evolutionary taxonomists. *Systematic Zoology* 24: 233–242.
Wiley, E. [1979a]: Ancestors, species, and cladograms—remarks on the symposium. In J. Cracraft and N. Eldredge (eds.), *Phylogenetic Analysis and Paleontology*. New York: Columbia University Press, pp. 211–226.
Wiley, E. [1979b]: Cladograms and phylogenetic trees. *Systematic Zoology* 28: 88–92.
Wiley, E. [1981]: *Phylogenetics: The Theory and Practice of Phylogenetic Systematics*. New York: John Wiley.
Wiley, E. [ms]: Process and pattern: cladograms and trees. unpublished.

＜参考文献リストの訂正と補足＞

下記は，参考文献リストの訂正と補足である．原著者に確認をとった上で，アルファベット順に列挙する．

Ereshefsky, M. [1988] → Ereshefsky, M. [1989] : Where's the species? : comments on the phylogenetic species concepts. *Biology and Philosophy*, 4 : 89-96.
Farris, J. [1973] → Farris, J. [1973] : A probability model for inferring evolutionary trees. *Systematic Zoology* 22 : 250-256.
Kitcher, P. [ms] → Kitcher, P. [1984] : Species. *Philosophy of Science* 51 : 308-333.
Sober, E. [1989] → Sober, E. [1989] : Independent evidence about a common cause. *Philosophy of Science* 56 : 275-287.
Splitter, L. [1988] → Splitter, L. [1988] : Species and identity. *Philosophy of Science* 55 : 323-348.
Wiley, E. [ms] → Wiley, E. [1987] : Process and pattern : cladograms and trees. In P. Hovenkamp, E. Gittenberger, E. Hennipman, R. de Jong, M.C. Roos, R. Sluys & M. Zandee (eds.), *Systematics and evolution : a matter of diversity*. Utrecht Univ., Utrecht, pp.233-247.

人名索引

Ackermann, R., 151 n
Ashlock, P., 36 n
Barrett, M., 15, 199 n
Beatty, J., 162 n
Beauchamp, T., 92 n
Bell, J., 113, 114, 116
Bock, W., 264
Burtt, E., 77
Camin, J., 32 n, 144, 195, 228
Cartmill, M., 264
Cartwright, N., 15
Cavalli-Sforza, L., 32 n, 145, 193
Cohen, M., 80 n
Colless, D., 32, 101-102
Cracraft, J., 15, 25 n, 37, 43 n, 44, 152, 154, 155, 159-161, 271, 279
Crick, F., 27
Crisci, J., 269
Darwin, C., 26, 43
Denniston, C., 15, 248, 267 n
Descartes, R., 17, 18, 71-72, 78, 223, 224
Dobzhansky, T., 27, 52 n
Donoghue, M., 265 n
Duhem, P., 84, 159 n
Earman, J., 19 n, 30 n
Edidin, A., 93
Edwards, A., 15, 32 n, 131, 145, 192, 193, 208, 217
Eells, E., 15, 89 n, 129 n
Einstein, A., 9, 69, 72, 113, 176
Eldredge, N., 25 n, 37, 39 n, 44, 152, 154, 155, 159-161, 270, 279
Enc, B., 15
Ereshefsky, M., 40
Estabrook, G., 179 n, 229
Farris, S., 15, 32, 39 n, 163 ff., 181, 193 ff., 212, 219, 229, 231, 265 n, 273, 275

Feller, W., 260 n
Felsenstein, J., 15, 25, 156 n, 181, 193, 196 ff., 212, 219, 225 ff., 239, 240, 245, 280 n
Fink, W., 270
Fisher, R., 201 n, 207, 208, 217
Forster, M., 15, 120 n, 245 n
Friedman, K., 60 n
Gaffney, E., 152, 153, 154, 279
Garland, T., 15, 270
Gauss, C., 69, 70
Ghiselin, M., 26, 43 n
Glymour, C., 60 n
Goldman, A., 220 n
Good, I., 88-89
Goodman, N., 60 n, 74, 79 n, 177 n, 178 n
Gould, S., 94 n, 269, 270
Gurdon, J., 27
Hacking, I., 15, 208, 219 n
Hanson, N., 177 n
Hecht, M., 39 n, 270
Hempel, C., 85 ff., 121, 151 n
Henning, W., 14, 32 n, 39 n, 44, 144 ff., 162 n
Hesse, M., 60
Hobbes, T., 44 n
Hooykaas, R., 94 n
Hull, D., 15, 25 n, 40 n, 43 n, 178 n, 181
Hume, D., 12, 18, 63 ff., 72, 74, 79, 82, 90, 92, 149, 215
Janvier, P., 270
Jeffrey, R., 151 n, 217
Jeffreys, H., 60 n, 172 n
Johnson, C., 229
Kemeny, J., 60 n
Kendall, M., 207
Keynes, J., 216
King, M., 31
Kirsch, J., 15

人名索引

Kitcher, P., 15, 26, 44 n
Kluge, A., 15, 156, 270
Kornblith, H., 220
Krajewski, C., 15
Kuhn, T., 9, 177 n
Kyburg, H., 216 n
Lakatos, I., 151 n
Lane, C., 27
Leibniz, G., 75 n
Lyell, C., 94 n
Mach, E., 69, 72
Maddison, D., 265 n
Maddison, W., 265 n
Marbaix, G., 27
Maxwell, G., 177 n
Mayr, E., 15, 36 n, 43
McMorris, G., 229
Meacham, C., 179 n
Mickevich, M., 175 n
Mill, J., 80 n
Nagel, E., 80 n
Nei, M., 241 n
Nelson, G., 37 n, 38, 39 n, 43 n, 152, 174, 175 n
Newton, I., 30, 75-78, 82, 104
Neyman, J., 207, 215
Patterson, C., 264, 270
Paul, C., 270
Pierce, C., 73
Platnick, N., 37 n, 43 n, 152, 174
Plato, 37 n
Podolsky, B., 113
Poincaré, H., 69, 72
Popper, K., 12, 60 n, 69 n, 72 n, 151, 157, 158, 159 n, 173, 231
Putnam, H., 151 n
Quine, W., 60 n, 84, 113, 159 n, 177 n
Reichenbach, H., 12, 69 ff., 97, 98, 106, 109, 112 n, 113, 116, 118, 120 n, 128, 140, 185, 215, 245
Ridley, M., 25 n, 269, 270

Riemann, B., 69
Rosen, D., 40
Rosen, N., 113
Rosenberg, A., 15, 92 n
Rosenkrantz, R., 60 n, 89, 91, 131, 151 n, 215
Rudwick, M., 94 n
Ruse, M., 26
Russell, B., 17, 18, 106, 118 n, 130 n
Salmon, W., 12, 80 n, 97, 98, 109, 112 n, 120 n, 128, 151 n
Schaeffer, B., 39 n, 270
Sellars, W., 177 n
Shapiro, R., 28 n
Simpson, G., 36 n
Smart, J., 177 n
Sneath, P., 32, 99 n, 102, 241, 245, 264
Sober, E., 30 n, 60 n, 72 n, 118, 129 n, 163 n, 169, 197, 231, 240, 265 n, 279 n, 281 n
Sokal, R., 32, 99 n, 102, 144, 175 n, 195, 228, 241, 245
Splitter, L., 44 n
Springer, M., 15
Stampe, D., 15
Stevens, P., 269 n
Stove, D., 92 n
Strauss, R., 270 n
Strawson, P., 82 n
Stroud, B., 92 n
Stuart, A., 207
Stuessy, T., 269 n
Suppes, P., 110
Tattersall, I., 39 n
Van Fraassen, B., 110, 114 n, 115
Wald, A., 202, 206, 207
Watrous, Q., 265 n
Wheeler, Q., 265 n
Wiley, E., 15, 25 n, 35 n, 40, 43 n, 44, 152, 154, 155, 175 n
Wilson, A., 31
Zinotti, M., 110

事項索引

アドホック性（ad hocness） 155
安定性（stability） 174 ff →「頑健性」も参照
胃腸の疾患（gastro-intestinal distress） 106 ff
一致/不一致（matching/nonmatching） 105, 140, 246 ff, 254 →「相同形質」も参照
一致，統計学的（consistency, statistical） 103, 199, 200 ff, 223, 236, 245, 246 →「尤度」も参照
遺伝率（heritability） 23
因果（関係）（causality） 112 →「由来関係」「共通原因」も参照
　因果の推移性 129
　近因と遠因 126
ウイルス（virus） 24
演繹（deduction） 30, 49, 54, 60-61, 148, 157, 170-171, 177, 182
オッカムの剃刀（Ockham's razor） →「最節約性」を参照
重みづけ（weighting） →「形質」を参照
回帰分析（regression analysis） 168
懐疑論（skepticism） 11, 17, 18, 22, 48, 68-69, 224
外群（outgroup） 38, 129, 130 n →「単系統群」「方向性」も参照
確実性（certainty） →「推論の誤謬性」を参照
確証（comfirmation） →「尤度」を参照
　確証の強弱 265, 273-274
　確証の理論依存 83-84, 89, 94, 97, 103-104, 116, 171 n, 176 ff, 239, 279-280, 283
　比較的確証 110, 121, 129, 131, 158, 166-167, 245-246
攪乱変数（nuisance parameters） 182 ff →「尤度」も参照
確率（probability） →「ベイズ主義」「尤度」を参照
　枝遷移確率と瞬間的遷移確率 183, 187, 198 n, 225, 232, 243, 259-260, 266, 280

反証可能性と確率 157, 166, 171-172
ホモプラシーの確率 54, 169-170, 182, 193-194, 203-205
尤度 vs. 確率 131, 202, 249
化石（fossils） 39
仮説発見（abduction） 73, 90-91, 97 →「共通原因」も参照
型/個例（type/token） 105, 118, 129, 138, 139, 140
仮定（assumptions） →「前提」を参照
完系統（holophyly） →「単系統群」を参照
頑健性（robustness） 141, 272 ff
観察（observation） →「確証」を参照
　観察上は等価 70-73
　理論と観察 176 n, 176 ff, 199 n
幾何学（geometry） 69 ff
稀少性（rarity） →「形質」を参照
帰納（induction） 60, 64, 65, 66, 72, 81, 91, 93, 215 n, 283 →「仮説発見」「確証」も参照
機能基準（functional criterion） 271
逆行（reversal） →「変化と停滞」を参照
逆行不等式（backward inequality） 244, 249, 265
共通原因（common causes） 12, 57, 98, 109, 111, 113, 115, 118-119, 123, 130, 133, 283 →「尤度」「濾過」も参照
　共通原因の確率 118-119, 140-141
　共通原因の尤度 124, 139, 184-185
　複数の共通原因 127-129
共分散（covariance） 120, 245 n
共有原始形質（symplesiomorphy） →「原始性」を参照
共有派生形質（synapomorphy） →「派生性」を参照
曲線のあてはめ問題（curve-fitting problem） 67-69
距離尺度法（distance methods） 241

事項索引

切り落とし法（cut method） 37
近交（inbreeding） 130 n
偶然の一致（coincidence） 105, 118-119
群選択（group selection） 281
経験主義（empiricism） 69, 86, 93, 121, 282
形質（characters） 33, 45, 56, 158-159 →「派生性」「原始性」「方向性」も参照
　稀少形質 255 ff, 268, 274
　形質状態 56, 277
　適応形質 274
　独立性と形質の重みづけ 151, 156, 227, 229, 241, 273
系統樹（tree） 23, 41, 42, 44, 163, 180, 183, 226 →「類縁度」も参照
血縁仮説（genealogy, hypothesis of） 23, 35-36, 40-42, 187 →「分岐学」「分岐図」「確証」「系統樹」も参照
決定論（determinism） 19 n, 30, 112
経路（pathway） →「進化の経路」を参照
原始仮定（primitive postulate） 93 n, 208, 217
原始性（plesimorphy） 45, 55, 101, 146, 251 →「派生性」「固有派生形質」「形質」も参照
検証可能性（testability） 71, 113, 151 ff →「最節約性と反証可能性」も参照
合意樹（consensus trees） 175 n
向上進化（anagenesis） 43
古生物学的基準（paleontological criterion） 270
個体発生基準（ontogenetic criterion） 269 ff
個別帰結（special consequences） 172
コーヒーカップ（coffee cup） 221 ff
古文書の系統（texts, genealogies） 23
固有派生形質（autapomorphy） →「原始性」を参照
個例（token） →「型/個例」を参照
最節約性（parsimony） →「派生性」「補助原理」「一致性」「尤度」「単純性」「安定性」を参照
　科学哲学における最節約性 11, 59, 72, 74 ff, 134
　存在論的/方法論的最節約性 60, 63, 66, 73, 74-78, 94, 144-145
　大域的/局所的最節約性 59-62, 94, 154
　最節約性と最小進化 145, 167 ff, 234, 241, 273
　最節約性と反証可能性 151 ff
　最節約性の一致性 200 ff, 243-244

分岐学における最節約性 11, 46, 52, 59, 144-145, 151, 152 ff, 282
最良事例戦略（best case strategy） →「尤度」「攪乱変数」を参照
雑種（hybrid species） →「網状系統」を参照
3分岐（trifurcation） 291-292
自然選択（natural selection） 23 →「形質」も参照
実証主義（positivism） 177 →「経験主義」も参照
遮断（screen-off） 108 →「濾過」を参照
種（species） 40, 43, 44, 161
　種選択 279
収斂（convergence） →「相同形質」「一致性, 統計学的」を参照
受容（acceptance） 214 ff →「確証」「尤度」も参照
証拠，全証拠の原理（evidence, principle of total） 159 n, 171, 175
情報（information）
　形質の情報内容 233-234, 247, 276
　情報破壊の過程 20-22
進化速度（rates of evolution） 101, 193, 225, 228, 234, 240, 244, 246 n, 259, 279-280
進化の経路（evolutionary pathway） 165, 194, 195, 199, 227. 248, 276-277
進化分類学（evolutionary taxonomy） 24-25, 181
新形質（novelty） →「派生性」を参照
信頼性（reliability） 220 ff
推論規則の合理的基準（criteria of adequacy of inference rule） 102, 103, 124 →「前提」も参照
推論の誤謬性（fallibility of inference） 103, 110, 150, 154, 162, 212, 220 →「帰納」「信頼性」も参照
スミス/コックドゥードル問題（Smith/Quackdoodle problem） 254 ff, 284 ff
斉一性原理（uniformity, principle of） 64, 67, 74, 78 ff, 89, 92
整合性法（compatibility methods） 159n, 204 n, 226-227, 228-229, 234, 241
生殖隔離（reproductive isolation） 23, 43
生物地理学（biogeography） 34n
生命の起源（origin of life） 27-28
説明能力（explanatory power） 162 ff
遷移確率（transition probability） →「確率」

を参照
全体的類似性 (overall similarity) 24, 32, 46, 76, 99 ff, 120, 175, 241, 245, 276, 282 →「一致/不一致」も参照
前提 (presupposition) 80, 168, 169, 174, 179, 185, 192, 206-207, 218-219, 236, 245, 267, 273, 277, 283
相関 (correlation) 97-98, 104ff, 112, 113, 114, 117, 118, 119, 122, 130, 131, 132, 140
創造科学 (creationism) 26, 76-77
相同形質/ホモプラシー (homology/homoplasy) 11, 52 ff, 56, 75, 100, 155, 163, 166, 167 ff, 173 →「派生性」も参照
　相同形質/ホモプラシーと共有派生形質 148, 176, 180, 264 ff, 254
　相同形質/ホモプラシーの限界 168, 172, 193, 239-240, 267, 273
祖先的形質 (ancestral characters) →「原始性」を参照
祖先と子孫 (ancestors and descendants) 25, 38, 39-40, 41
体系学 (systematics) 23, 31, 175
多型 (polymorphism) 225
玉に瑕 (fly in ointment) 230, 235, 237
多面発現性 (pleiotropy) 274 n
単系統群 (monophyletic group) 35-38, 41, 160-161
単純性 (simplicity) 63, 68, 73, 83 →「最節約性」も参照
知覚 (perception) 106, 221-222
定義 (definition) 159-161
停滞 (stasis) →「変化と停滞」を参照
適応形質 (adaptive characters) →「形質」を参照
哲学 (philosophy) 9-10, 13-14, 22, 141 →「経験主義」も参照
伝統主義 (conventionalism) 71-73
同時性 (simultaneity) 176
独立性 (independence) →「形質」を参照
時計仮説 (clock hypothesis) →「進化速度」を参照
突然変異 (mutation) 260 n
どれでもいいや原理 (indifference, principle of) 247, 271 n
二次的借用 (secondary borrowing) 24
認識論的/存在論的の区別 (epistemological/ontological distinction) 110 n, 116

派生性 (apomorphy) 46, 47 n, 55, 146, 162, 165, 177, 251, 276-277 →「補助原理」「形質」「相同形質」「原始性」も参照
派生的形質 (derived character) →「派生性」を参照
パターン (pattern)
　パターンとプロセス 23 ff, 29, 30, 33, 165
　パターン分岐学 25, 30
発見/証明 (discovery/justification) 64
反証可能性 (falsifiability) 151 ff, 172-173 →「演繹」「最節約性」「確率」も参照
ビッグバン (Big Bang) 129-130
必要/十分条件 (necessary/sufficient conditions) 32-33, 54, 78, 101, 104 n, 125, 153, 187, 200, 230-231, 234-6, 240, 245, 267
表形学 (pheneticism) 24, 32, 181 →「全体的類似性」も参照
剽窃 (plagiarism) 98, 131
フォン・ベアの法則 (Von Bear's law) →「発生学的基準」を参照
浮動, ランダムな遺伝的 (drift, random genetic) 192-193
分岐学 (cladistics) 24, 25, 30, 37 →「最節約法」「派生性」「補助原理」「Hennig(人名)」も参照
分岐図 (cladogram) 41, 42, 155 n, 183
分岐プロセス (branching process) 33, 40, 241-242 →「確率」も参照
分散 (variance) 168
分類 (classification) 6-7, 32, 33, 37-38
平衡 (equilibrium) 20-21, 275 n, 284, 296
並行進化 (parallelism) →「相同形質」を参照
ベイズ主義 (Bayesianism) 132-133, 140, 172 n, 189, 192, 208, 216, 224, 240, 246
変化と停滞 (change and stasis) 183, 198 →「進化速度」も参照
方向性 (polarity) 48, 49, 165, 176, 183 n, 263ff, 277 →「機能基準」「逆行不等式」「発生学的基準」「外群」「古生物学的基準」も参照
保守性 (conservativism) →「形質」を参照
補助原理 (auxiliary principle) 149 ff
ホモロジー (homology) →「相同形質」を参照
マルコフ連鎖 (Markov chain) 165 n, 199 n, 260 n
明快な規則 (straight rule) 215 →「帰納」も参照

事項索引

網状系統（reticulate genealogy）　24, 35, 39
モデル，の現実性（models, realism of）　205, 207, 281 ff
尤度（likelihood）　22 n, 54 n, 124, 125, 134, 221-223, 247, 258 →「受容」「ベイズ主義」「確率」も参照
　最良事例　190 ff, 219, 228, 232, 236, 240, 281
　尤度と一致性　201 ff, 245-246, 258
　尤度と最節約性　145, 169-171, 181 ff, 225 ff, 230, 246 ff
　尤度と相関　124
由来（関係）（begetting）　23, 24, 35, 41, 43, 159-161, 164, 241-242
幼形成熟（neoteny）　270
利他行動（altruism）　281

量子力学（quantum mechanics）　111-117
理論の完全性（theory, completeness of）　113, 128, 164-165 →「確証」「観察」も参照
リンゴとオレンジ問題（比較できないものを比較せねばならないという）（apples-and-oranges problem）　272
類縁度（degree of relatedness）　34, 242, 243-244, 248
類似性（similarity）→「全体的類似性」を参照
連言的分岐（conjunctive fork）　106 ff
濾過（screening-off）　108, 112, 121, 125 ff, 130
論理的強さ/弱さ（logical strength/weakness）　28
Wahlundの原理（Wahlund's principle）　256 n

原著者略歴
エリオット・ソーバー（Elliott Sober）
1948年生まれ，1969年ペンシルバニア大学卒業，1974年ハーバード大学でPh.D.を取得．1974年ウィスコンシン大学哲学科助教授，1980年同大哲学科准教授，現在，同大学哲学科ハンス・ライヘンバッハ教授ならびに同大学ウィリアム・F・ヴィラス教授．2003～2005年アメリカ科学哲学会会長．
現在の研究テーマは，進化生物学における最節約原理・自然淘汰・文化進化などに関する生物学哲学の観点からのアプローチ．

訳者略歴
三中信宏（みなか　のぶひろ）
1958年京都市生まれ，1980年東京大学農学部卒業，1985年同大学大学院農学系研究科博士課程修了．現在，独立行政法人農業環境技術研究所生態系計測領域上席研究員．東京大学大学院農学生命科学研究科教授（生物・環境工学専攻），および東京農業大学大学院農学研究科客員教授を兼任．農学博士．
専門は進化生物学と生物統計学．現在は，主として系統樹の推定方法に関する理論を研究している．著書に『分類思考の世界』，『系統樹思考の世界』（以上，講談社），『生物系統学』（東京大学出版会），『現代によみがえるダーウィン』（共著，文一総合出版），『批判的合理主義・第2巻』（共著，未來社），訳書にスコット・カマジン他『生物にとって自己組織化とは何か』（共訳，海游舎），スティーヴン・ジェイ・グールド『ニワトリの歯』（共訳，早川書房）などがある．
ウェブサイト　http://cse.niaes.affrc.go.jp/minaka/
ブログ　http://d.hatena.ne.jp/leeswijzer/
ツイッター　http://twitter.com/leeswijzer/

過去を復元する　最節約原理，進化論，推論
2010年4月20日　第1版第1刷発行

著　者　エリオット・ソーバー
訳　者　三中信宏
発行者　井村寿人

発行所　株式会社　勁草書房
112-0005　東京都文京区水道2-1-1　振替 00150-2-175253
（編集）電話　03-3815-5277／FAX 03-3814-6968
（営業）電話　03-3814-6861／FAX 03-3814-6854
理想社・青木製本

©MINAKA Nobuhiro　2010

ISBN978-4-326-10194-8　Printed in Japan

JCOPY〈(社)出版者著作権管理機構 委託出版物〉
本書の無断複写は著作権法上での例外を除き禁じられています。
複写される場合は，そのつど事前に，(社)出版者著作権管理機構
（電話 03-3513-6969、FAX 03-3513-6979、e-mail: info@jcopy.or.jp)
の許諾を得てください。

＊落丁本・乱丁本はお取替いたします。

http://www.keisoshobo.co.jp

▼双書　現代哲学　最近20年の分析的な哲学の古典を紹介する翻訳シリーズ
［四六判・上製，一部仮題］

F・ドレツキ／水本正晴訳
行動を説明する　　　　　　　　　　　　　　　　　　　3570 円
　　因果の世界における理由

J・キム／太田雅子訳
物理世界のなかの心　　　　　　　　　　　　　　　　　3150 円
　　心身問題と心的因果

S・P・スティッチ／薄井尚樹訳
断片化する理性　　　　　　　　　　　　　　　　　　　3675 円
　　認識論的プラグマティズム

D・ルイス／吉満昭宏訳
反事実的条件法　　　　　　　　　　　　　　　　　　　3990 円

C・チャーニアク／柴田正良監訳
最小合理性　　　　　　　　　　　　　　　　　　　　　3465 円

L・ラウダン／小草・戸田山訳
科学と価値　　　　　　　　　　　　　　　　　　　　　3570 円
　　相対主義と実在論を論駁する

N・カートライト／野内・戸田山訳
物理法則はどのように嘘をつくか　　　　　　　［続　　刊］

J・エチェメンディ／岡本賢吾監訳
論理的帰結関係の概念　　　　　　　　　　　　［続　　刊］

　　　　　　　　＊表示価格は 2010 年 4 月現在．消費税は含まれております．